建筑信息模型（BIM）技术应用系列新形态教材

U0722988

建筑构造与BIM技术应用

汤　辉　汤　健　信晓红　主　编
汤蕴华　孙兆英　杨文生　副主编

清华大学出版社
北京

内 容 简 介

本书在编写过程中，以实用性、适用性、系统性为主旨，采用现行国家标准规范，将理论与实际应用紧密结合。本书共14个项目，其中项目1~7讲解建筑构造，介绍了基础、地下室、墙体、楼地面、楼梯、屋顶、门窗等部分的构造知识。项目8讲解了建筑施工图识读的基本知识，包括图纸组成、图示内容、综合识读步骤等，并提供工程施工图，方便学生进行综合识读训练。项目9~14讲解了建筑模型的创建，包括使用Revit绘制工程施工图的墙体、门窗、楼板、屋面板、柱、梁、楼梯等构件。

本书既可作为高职高专、成人高校的建筑工程技术、工程造价、建设工程管理、建筑装饰、房地产经营与管理等专业的教材，也可作为岗位培训教材或供土建工程技术人员学习参考。

图书在版编目（CIP）数据

建筑构造与BIM技术应用 / 汤辉, 汤健, 信晓红主编. -- 北京 : 清华大学出版社, 2025. 7.
（建筑信息模型（BIM）技术应用系列新形态教材）. -- ISBN 978-7-302-69813-5
Ⅰ. TU204
中国国家版本馆 CIP 数据核字第 202597SB24 号

责任编辑：杜　晓
封面设计：曹　来
责任校对：李　梅
责任印制：沈　露

出版发行：清华大学出版社
　　　网　　　址：https://www.tup.com.cn，https://www.wqxuetang.com
　　　地　　　址：北京清华大学学研大厦A座　　　　邮　　编：100084
　　　社 总 机：010-83470000　　　　　　　　　　邮　　购：010-62786544
　　　投稿与读者服务：010-62776969，c-service@tup.tsinghua.edu.cn
　　　质量反馈：010-62772015，zhiliang@tup.tsinghua.edu.cn
　　　课件下载：https://www.tup.com.cn，010-83470410
印 装 者：三河市人民印务有限公司
经　　销：全国新华书店
开　　本：185mm×260mm　　印　张：12.25　　字　数：276千字
版　　次：2025年7月第1版　　　　　　　印　次：2025年7月第1次印刷
定　　价：49.00元

产品编号：103939-01

前　言

　　"建筑构造与识图"是土建施工类和工程管理类专业的一门专业基础课。本书以建筑行业现行标准和规范为基础，结合"1+X"建筑工程识图职业技能等级证书的考核内容，介绍了民用建筑的基本组成以及各组成部分的构造原理和做法，立足实用、强化能力、注重实践。

　　本书通过项目形式结合 BIM 技术的实操介绍了基础、地下室、墙体、楼地面、楼梯、屋顶、门窗等部分的建筑构造原理知识；通过 BIM 工具建立建筑工程模型，根据二维图纸绘制成出三维模型，使建筑构造的学习更加形象直观。本书主要特色如下。

　　（1）本书内容融入新规范、新技术，紧密结合工程实际。

　　（2）本书基于"教、学、做一体化，任务导向，以学生为中心"的课程理念，将 BIM 技术应用与建筑构造知识紧密结合。

　　（3）本书内容结合"1+X"建筑工程识图职业技能等级证书，实现"双元开发""书证融通"。

　　（4）本书附有完整的建筑结构施工图及三维模型，便于教师实训课的开展与学生学习。

　　本书由北京交通职业技术学院汤辉、北京工业大学汤健、嘉兴建筑工业学校信晓红担任主编，嘉兴建筑工业学校汤蕴华、北京交通职业技术学院孙兆英和杨文生担任副主编。具体编写分工如下：汤辉编写项目 1~5，汤健编写项目 6 并负责提供图纸，孙兆英编写项目 7，汤蕴华编写项目 8，杨文生编写项目 9，信晓红编写项目 10~14，全书由汤辉和汤健统稿、定稿。

　　由于编者水平有限，书中难免存在不足与疏漏之处，敬请广大读者批评指正。

编　者

2025 年 2 月

目　　录

项目 1　民用建筑概述

思维导图

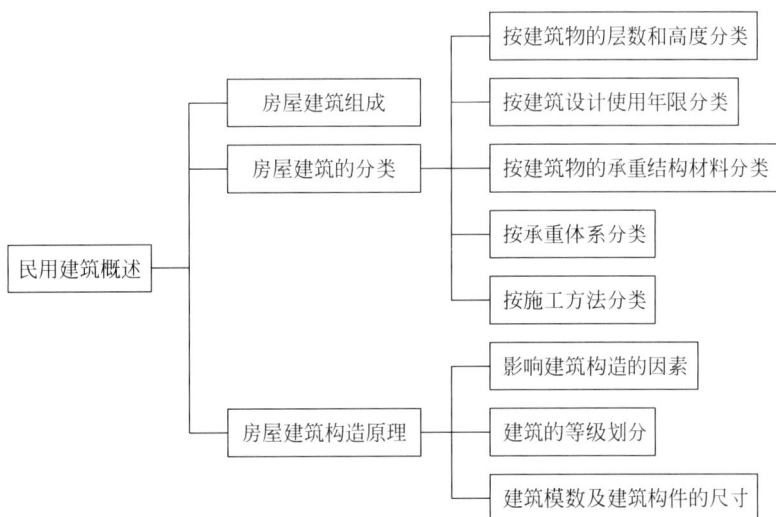

民用建筑概述
- 房屋建筑组成
- 房屋建筑的分类
  - 按建筑物的层数和高度分类
  - 按建筑设计使用年限分类
  - 按建筑物的承重结构材料分类
  - 按承重体系分类
  - 按施工方法分类
- 房屋建筑构造原理
  - 影响建筑构造的因素
  - 建筑的等级划分
  - 建筑模数及建筑构件的尺寸

情境背景

　　建筑是根据人们物质生活和精神生活的要求，为满足各种不同的社会过程的需要而建造的有组织的内部和外部的空间环境。建筑一般包括建筑物和构筑物，满足功能要求并提供活动空间和场所的建筑称为建筑物，是供人们生活、学习、工作、居住以及从事生产和文化活动的房屋，如工厂、住宅、学校、影剧院等，如图 1-1～图 1-3 所示；仅满足功能要求的建筑称为构筑物，如水塔、纪念碑等，如图 1-4 所示。本书分析的建筑是指建筑物。

图 1-1　工厂

图 1-2　住宅

图 1-3　影剧院

图 1-4　烟囱

观察身边的建筑物，如学校的教学楼、宿舍、自己家居住的住宅楼，从材料角度看、从高度角度看，它们各属于什么建筑？它们的组成部分一样吗？试着分别说出各个组成部分的名称，并思考建筑构造的每个部分都有什么作用。

1.1　房屋建筑组成

一般民用建筑由基础、墙（柱）、楼板（梁）和地坪层、楼梯、屋顶、门窗等构配件组成。除以上六项外，还有一些附属部分，如阳台、雨篷、散水、勒脚、女儿墙、采光井等，根据具体情况设置，与六大主要构件共同满足建筑物的使用功能要求，如图 1-5 所示。房屋建筑各组成部分的作用如下。

1. 基础

基础是建筑物埋在地面以下的承重构件，承受着建筑物的全部荷载，并把这些荷载传给土层。

2. 墙（柱）

外墙是建筑物的围护构件，抵御外界对室内的影响，且外墙还可与柱一样，作为建筑物的垂直构件，承受楼面、屋面传递的荷载，并传递给基础。内墙用来分隔建筑物的内部空间。

3. 楼板（梁）和地坪层

楼板（梁）和地坪层是分隔建筑空间的水平承重构件，承受作用在其面上的各种荷载，并将荷载通过墙或柱传给基础，还具有一定的隔声、防火、防水功能。

4. 楼梯

楼梯是建筑物的垂直交通构件，平时作为联系上、下层之间的竖向交通通道，发生火灾时作为安全疏散的通道。

5. 屋顶

屋顶是建筑物顶部的围护构件，抵御外界对室内的影响，又是承重构件，承受作用在其面上的风雪等各种荷载，并将荷载通过墙或柱传递给基础。

6. 门窗

门的主要作用是交通联系，并兼采光和通风的作用。窗的主要作用是采光和通风，兼有眺望窗外景色的作用。

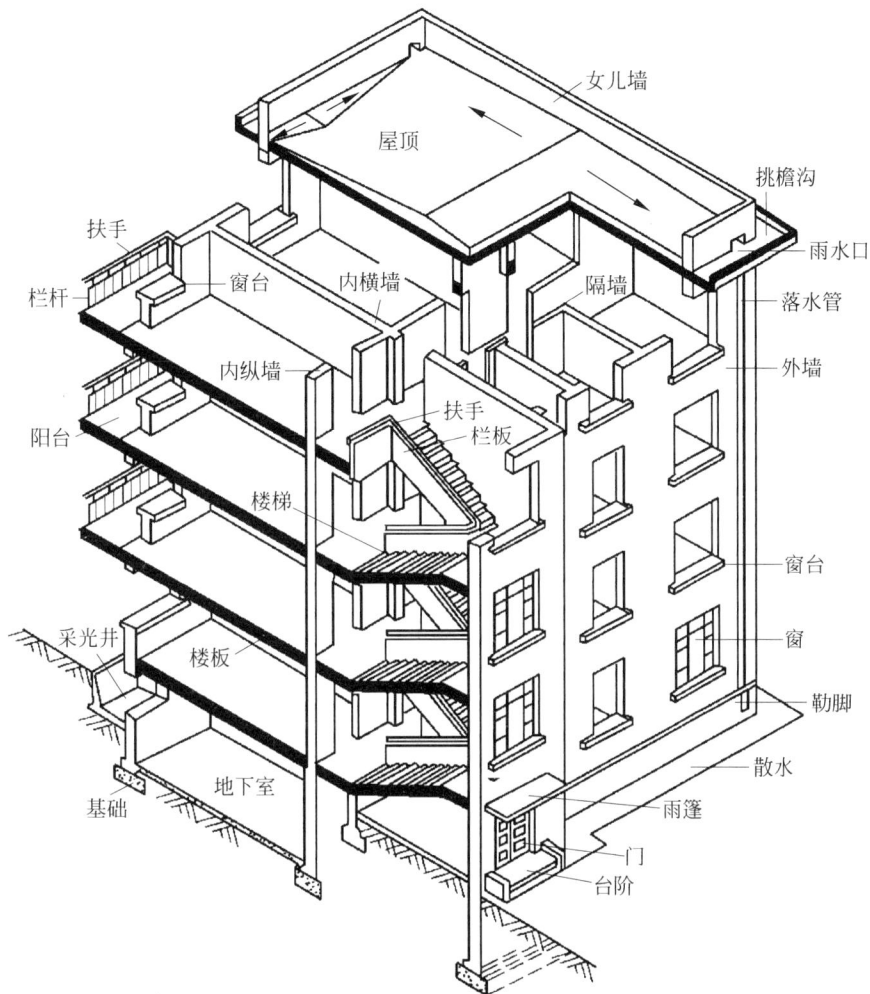

图 1-5 建筑物的组成

1.2 房屋建筑的分类

建筑常用的分类方法有以下几种。

1.2.1 按建筑物的层数和高度分类

根据《民用建筑设计统一标准》(GB 50352—2019)的规定,民用建筑按地上建筑高度或层数进行分类时,应符合下列规定:

(1)建筑高度不大于 27m 的住宅建筑、建筑高度不大于 24m 的公共建筑,以及建筑高度大于 24m 的单层公共建筑,为低层或多层民用建筑;

(2)建筑高度大于 27m 的住宅建筑和建筑高度大于 24m 的非单层公共建筑,且高度不大于 100m 的,为高层民用建筑;

(3)建筑高度大于 100m 为超高层建筑。

1.2.2 按建筑设计使用年限分类

设计使用年限是在设计阶段人为规定的一个期限，在该期限内，房屋建筑在正常设计、施工、使用、维护条件下，不需要进行大修就能按设计目的正确使用。

建筑结构的设计基准期应为 50 年。民用建筑的设计使用年限应符合表 1-1 的规定。

表 1-1 民用建筑的设计使用年限

类别	设计使用年限 / 年	示　　例
1	5	临时性建筑
2	25	易于替换结构构件的建筑
3	50	普通建筑和构筑物
4	100	纪念性建筑和特别重要的建筑

1.2.3 按建筑物的承重结构材料分类

1. 木结构

木结构是由木材或主要由木材承受荷载的结构，通过各种金属连接件或榫卯进行连接和固定。传统木结构主要由天然材料组成，受材料本身条件的限制，多用在民用和中小型工业厂房的屋盖中。现代木结构具有绿色环保、节能保温、建造周期短、抗震耐久等诸多优点，是我国装配式建筑发展的方向之一。所谓现代木结构建筑，是指建筑的主要结构部分由木方、集成材、木质板材所构成的结构系统。其主要结构构件采用工程木材，构件连接节点采用金属连接件连接。

按建筑物的
承重结构材
料分类

2. 砖木结构

砖木结构是指建筑物的主要承重构件用砖木做成，其中竖向承重构件的墙体、柱子采用砖砌，水平承重构件的楼板、屋架采用木材。这种结构建造简单，材料容易准备，费用较低。

3. 砖混结构

砖混结构是指建筑物中竖向承重结构的墙、柱等采用砖或砌块砌筑，横向承重结构的梁、楼板、屋面板等采用钢筋混凝土。砖混结构是以小部分钢筋混凝土及大部分砖墙承重的结构。砖混结构适合开间进深较小、房间面积小、多层或低层的建筑。

4. 钢筋混凝土结构

钢筋混凝土结构是指由钢筋和混凝土两种材料结合成整体来共同受力的工程结构。钢筋混凝土结构的主要承重构件，如梁、板、柱等均采用钢筋混凝土材料，而非承重墙采用砖砌或其他轻质材料做成。

5. 钢结构

钢结构是指主要承重构件均用钢材构成的结构。钢结构的特点是强度高、自重轻、整体刚性好、变形能力强，抗震性能好，适用于建造大跨度和超高、超重型的建筑物。

6. 型钢混凝土组合结构

型钢混凝土组合结构是指把型钢埋入钢筋混凝土中的一种独立的结构形式。型钢、钢筋、混凝土三者结合，使型钢混凝土结构具备了比传统的钢筋混凝土结构承载力大、刚度大、抗震性能好的优点。与钢结构相比，其具有防火性能好，结构局部和整体稳定性好，节省钢材的优点。型钢混凝土组合结构应用于大型结构中，力求截面最小化，承载力最大，可以节约空间，但是造价比较高。

1.2.4 按承重体系分类

1. 混合结构体系

混合结构房屋一般是指楼盖和屋盖采用钢筋混凝土或钢木结构，而墙和柱采用砌体结构建造的房屋，大多用在住宅、办公楼、教学楼建筑中。混合结构不宜建造大空间的房屋。混合结构根据承重墙所在的位置，划分为纵墙承重和横墙承重两种方案。

混合结构
房屋

2. 框架结构体系

框架结构是利用梁、柱组成的纵、横两个方向的框架形成的结构体系，同时承受竖向荷载和水平荷载。其主要优点是建筑平面布置灵活，可形成较大的建筑空间，建筑立面处理也比较方便；缺点是侧向刚度较小，当层数较多时，会产生较大的侧移，易引起非结构性构件（如隔墙、装饰等）破坏而影响使用。

3. 剪力墙结构体系

剪力墙结构体系是利用建筑物的墙体（内墙和外墙）来抵抗水平力。剪力墙既承受垂直荷载，也承受水平荷载。剪力墙一般为钢筋混凝土墙，适用于小开间的住宅和旅馆等。优点是侧向刚度大，水平荷载作用下侧移小；缺点是间距小，建筑平面布置不灵活，不适用于大空间的公共建筑，另外结构自重也较大。

4. 框架－剪力墙结构体系

框架－剪力墙结构是在框架结构中设置适当剪力墙的结构，具有框架结构平面布置灵活，有较大空间的优点，又具有侧向刚度较大的优点。

5. 筒体结构体系

在高层建筑中，特别是超高层建筑中，水平荷载越来越大，起着控制作用。筒体结构是抵抗水平荷载最有效的结构体系。筒体结构可分为内筒体系、框筒体系、筒中筒体系、成束筒体系等，如图 1-6 所示。

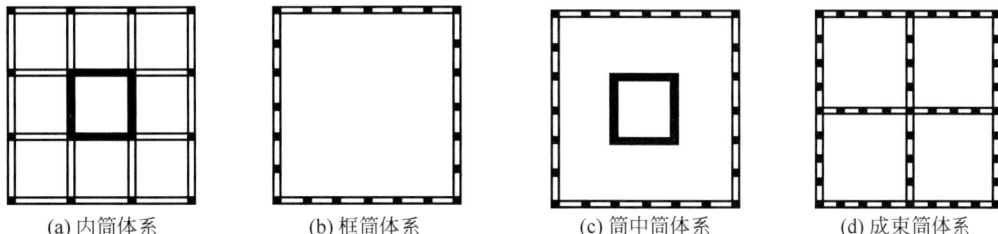

(a) 内筒体系　　(b) 框筒体系　　(c) 筒中筒体系　　(d) 成束筒体系

图 1-6 筒式体系的形式

1.2.5　按施工方法分类

1. 现浇、现砌式建筑

房屋的主要承重构件均在现场砌筑（如砖墙等）和浇筑（如钢筋混凝土构件等）而成。

2. 装配式建筑

装配式建筑是指由预制构件在工地装配而成的建筑。

1）装配式混凝土结构建筑

装配式混凝土结构建筑是指以工厂化生产的混凝土预制构件为主，通过现场装配的方式设计建造的混凝土结构类房屋建筑。装配式混凝土结构建筑的预制构件主要有预制外墙、预制梁、预制柱、预制剪力墙、预制楼板、预制楼梯、预制露台等。

2）装配式钢结构建筑

装配式钢结构建筑适用于构件的工厂化生产，可以将设计、生产、施工、安装一体化。装配式钢结构建筑的结构体系包括钢框架结构、钢框架支撑结构、简体结构等。

3）装配式木结构建筑

装配式木结构建筑采用工厂预制的各类标准或非标准木制结构组件，是以现场装配为主要手段建造而成的结构，包括装配式纯木结构、装配式木组合结构、装配式木混合结构等。

现浇混凝土构件

装配式建筑

1.3　房屋建筑构造原理

1.3.1　影响建筑构造的因素

建筑处于自然环境和人为环境中，受到各种自然因素和人为因素的作用，为提高建筑物的使用质量和耐久年限，在确定建筑构造时，必须充分考虑各种因素的影响，采取必要措施，以提高建筑物的抵御能力。

1. 自然因素

我国地域辽阔，各地区之间的气候、地质、水文等情况差别较大，为防止和减轻自然因素对建筑物的危害，保证建筑物的使用质量和耐久性，在对建筑物进行构造设计时，必须与各地的气候特点相适应，针对建筑物所受影响的性质和程度，对建筑物各个不同部位采取相应的措施，如防水、防潮、保温、隔热、防冻、防震等措施。在建筑构造设计时，也要充分利用自然因素中有利的部分，如利用太阳能改善室内热环境等。

2. 使用因素

人类在生产、生活等活动中产生的化学腐蚀、噪声、火灾等，都会对建筑物造成威胁，在进行构造设计时，必须在建筑物的相关部位采取防震、防腐、隔声等构造措施。

3. 外力因素

作用在建筑物上的外力统称为荷载，这些荷载包括建筑自重、人、家具、设备、风雪、地震等。荷载的大小及作用方式均影响着建筑构件的选材、截面形状与尺寸，是建筑设计的主要依据及结构选型的重要基础。

4.建筑技术条件因素

建筑材料、结构、设备及施工技术条件是构成建筑的基本要素，随着建筑行业的发展，新材料、新技术、新工艺不断产生，建筑构造的设计和施工也应根据行业的发展不断改进。

1.3.2　建筑的等级划分

建筑物的耐火等级是衡量建筑物耐火程度的标准。它是由组成建筑物的构件的燃烧性能和耐火极限的最低值所决定的，《建筑设计防火规范》（GB 50016—2014）（2018 年版）根据建筑材料和构件的燃烧性能和耐火极限将建筑物的耐火等级分为四级，详见表 1-2。

表 1-2　不同耐火等级建筑相应构件的燃烧性能和耐火极限　　　　单位：h

构件名称		耐火等级			
		一级	二级	三级	四级
墙	防火墙	不燃性 3.00	不燃性 3.00	不燃性 3.00	不燃性 3.00
	承重墙	不燃性 3.00	不燃性 2.50	不燃性 2.00	难燃性 0.50
	非承重墙	不燃性 1.00	不燃性 1.00	不燃性 0.50	可燃性
	楼梯间和前室的墙 电梯井的墙 住宅建筑单元之间的墙和分户墙	不燃性 2.00	不燃性 2.00	不燃性 1.50	难燃性 0.50
	疏散走道两侧的隔墙	不燃性 1.00	不燃性 1.00	不燃性 0.50	难燃性 0.25
	房间隔墙	不燃性 0.75	不燃性 0.50	难燃性 0.50	难燃性 0.25
柱		不燃性 3.00	不燃性 2.50	不燃性 2.00	难燃性 0.50
梁		不燃性 2.00	不燃性 1.50	不燃性 1.00	难燃性 0.50
楼板		不燃性 1.50	不燃性 1.00	不燃性 0.50	可燃性
屋顶承重构件		不燃性 1.50	不燃性 1.00	可燃性 0.50	可燃性
疏散楼梯		不燃性 1.50	不燃性 1.00	不燃性 0.50	可燃性
吊顶（包括吊顶格栅）		不燃性 0.25	难燃性 0.25	难燃性 0.15	可燃性

注：①除本规范另有规定以外，以木柱承重且墙体采用不燃材料的建筑，其耐火等级应按四级确定。
②住宅建筑构件的耐火极限和燃烧性能可按现行国家标准《住宅建筑规范》（GB 50368—2005）的规定执行。

1.建筑构件的燃烧性能

非燃烧体：用非燃烧材料做成的建筑构件，如砖石材、混凝土、有保护层的金属柱等。

燃烧体：用燃烧材料做成的建筑构件，如木材、塑料、纤维板等。

难燃烧体：用难燃烧材料做成的建筑构件，或用燃烧材料做成，而用非燃烧材料做保护层的建筑构件，如石膏板、石棉板、沥青混凝土构件、木板条抹灰构件等。

2.建筑构件的耐火极限

建筑构件的耐火极限，是指按建筑构件的时间－温度标准曲线进行耐火试验，从受到火的作用时，到出现失去支持能力、完整性被破坏、失去隔火作用任一现象的时段。

耐火极限的单位用 h 表示。具体判定条件如下。

（1）失去支持能力：非承重构件失去支持能力的表现为自身解体或垮塌；梁、板等受弯承重构件失去支持能力的表现为挠曲率发生大的突变。

（2）完整性被破坏：楼板、隔墙等具有分隔作用的构件，在试验中，当出现穿透裂缝或穿火的孔隙时，表明试件的完整性被破坏。

（3）失去隔火作用：具有防火分隔作用的构件，试验中背火面测温点测得的平均温度升到 140℃（不包括背火面的起始温度），或背火面测温点任一测点的温度到达 220℃ 时，则表明试件失去隔火作用。

1.3.3　建筑模数及建筑构件的尺寸

1. 建筑模数

为了建筑设计构件生产以及施工等方面的尺寸协调，从而提高建筑工业化的水平，降低造价，并提高房屋设计和建造的质量和速度，建筑设计应采用国家规定的建筑统一模数制。

建筑模数是选定的标准尺度单位，作为建筑物、建筑构配件、建筑制品以及有关设备尺寸相互间协调的基础。根据我国制定的《建筑模数协调标准》（GB/T 50002—2013），我国采用以下模数制。

（1）基本模数的数值应为 100mm，用 M 表示，即 1M＝100mm。整个建筑物和建筑物的一部分以及建筑部件的模数化尺寸，应是基本模数的倍数。

（2）导出模数应分为扩大模数和分模数，其基数应符合下列规定。

扩大模数基数应为 2M、3M、6M、9M、12M 等，主要用于建筑物的开间或柱距、进深或跨度、层高、构配件截面尺寸和门窗洞口等处。

分模数基数应为 M/10、M/5、M/2，主要用于缝隙、构造节点和构配件截面等处。

2. 建筑构配件的尺寸

为保证建筑物构配件的设计、生产、安装各阶段有关尺寸间的相互协调，建筑中把尺寸分为标志尺寸、构造尺寸和实际尺寸，如图 1-7 所示。

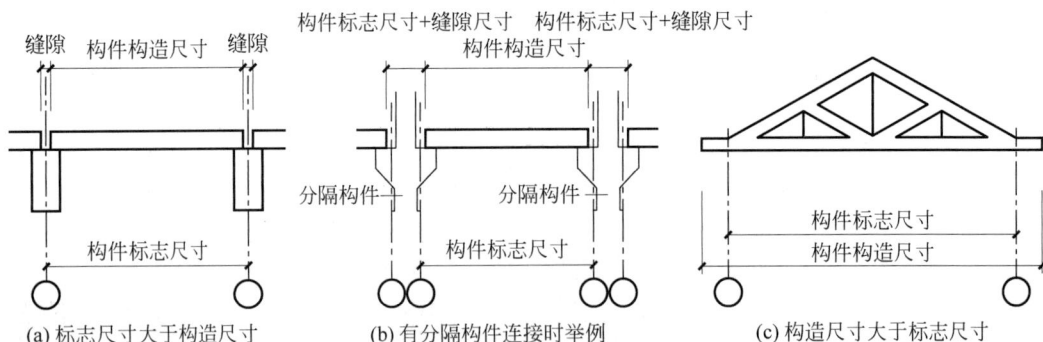

图 1-7　标志尺寸与构造尺寸的关系图

（1）标志尺寸：应符合模数数列的规定，用以标志建筑物定位轴线、定位线之间的垂直距离（如开间或柱距、进深或跨度、层高等）以及建筑构配件、建筑组合件、建筑制品及有关设备等界限之间的尺寸。

（2）构造尺寸：是建筑构配件、建筑组合件、建筑制品等的设计尺寸。一般情况下，标志尺寸减去缝隙为构造尺寸。

（3）实际尺寸：指建筑构配件、建筑组合件、建筑制品等生产制作后的实际尺寸。实际尺寸与构造尺寸间的差数应符合建筑公差的规定。

—— 项目小结 ——

建筑包括建筑物和构筑物。

一般民用建筑由基础、墙（柱）、楼板（梁）和地坪层、楼梯、屋顶、门窗等构配件组成，以及一些附属部分。

房屋建筑可按建筑物的层数和高度、建筑设计使用年限、建筑物的承重结构材料、承重体系、施工方法分类。

影响建筑构造的因素包括自然因素、使用因素、外力因素、建筑技术条件因素。

建筑物的耐火等级是衡量建筑物耐火程度的标准。

建筑模数可分为基本模数和导出模数。

建筑构配件的尺寸分为标志尺寸、构造尺寸和实际尺寸。

—— 习题 ——

一、单选题

1. 按建筑的设计使用年限分，民用建筑分为（　　　）类。

　　A. 3　　　　　　　　B. 4　　　　　　　　C. 5　　　　　　　　D. 6

2. 总高度超过（　　　）m 的建筑为超高层建筑。

　　A. 80　　　　　　　B. 100　　　　　　　C. 110　　　　　　　D. 120

3. 建筑物的耐火等级分为（　　　）级。

　　A. 一　　　　　　　B. 二　　　　　　　C. 三　　　　　　　D. 四

4. 不属于建筑构造组成部分的是（　　　）。

　　A. 墙体　　　　　　B. 屋顶　　　　　　C. 散水　　　　　　D. 地基

5. 型钢混凝土组合结构比钢结构（　　　）。

　　A. 防火性能好　　　　　　　　　　B. 节约空间

　　C. 抗震性能好　　　　　　　　　　D. 变形能力强

6. 目前多层住宅房楼房多采用（　　　）。

　　A. 砖木结构　　　　　　　　　　　B. 砖混结构

　　C. 钢筋混凝土结构　　　　　　　　D. 木结构

7. 我国建筑统一模数中规定的基本模数是（　　　）mm。

　　A. 10　　　　　　　B. 100　　　　　　　C. 200　　　　　　　D. 300

二、多选题

1. 民用建筑的基本组成构件有（　　　　）。

　　A. 墙体　　　　　　　　　B. 楼面　　　　　　　　　C. 屋顶

　　D. 地基　　　　　　　　　E. 门窗

2. 按建筑物的承重结构材料分类，建筑可分为（　　　　）。

　　A. 砖木结构　　　　　　　B. 砖混结构　　　　　　　C. 钢筋混凝土结构

　　D. 钢结构　　　　　　　　E. 索膜结构

3. 按建筑物的承重体系分类，建筑可分为（　　　　）。

　　A. 混合结构体系　　　　　B. 框架结构体系　　　　　C. 剪力墙体系

　　D. 框架 – 剪力墙结构体系　　E. 悬索体系

4. 在满足一定功能的前提下，与钢筋混凝土结构相比，型钢混凝土结构的优点在于（　　　　）。

　　A. 造价低　　　　　　　　B. 承载力大　　　　　　　C. 节省钢材

　　D. 刚度大　　　　　　　　E. 抗震性能好

5. 建筑中尺寸可以分为（　　　　）。

　　A. 标志尺寸　　　　　　　B. 定形尺寸　　　　　　　C. 构造尺寸

　　D. 定位尺寸　　　　　　　E. 实际尺寸

三、识图题

写出图 1-8 建筑物所指构件名称。

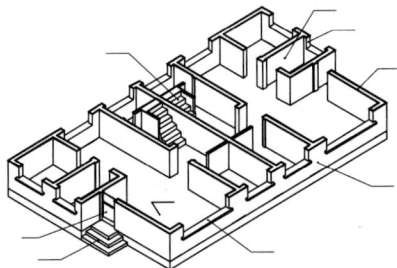

图 1-8　题图

项目 2　基础与地下室

🔖 思维导图

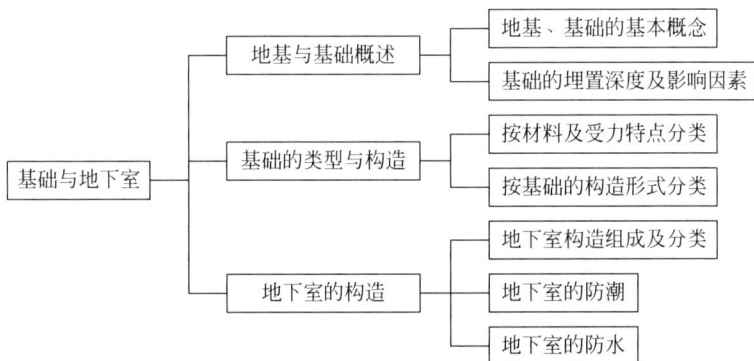

地基与基础概述 —— 地基、基础的基本概念
地基与基础概述 —— 基础的埋置深度及影响因素

基础与地下室 —— 基础的类型与构造 —— 按材料及受力特点分类
基础的类型与构造 —— 按基础的构造形式分类

地下室的构造 —— 地下室构造组成及分类
地下室的构造 —— 地下室的防潮
地下室的构造 —— 地下室的防水

📖 情境背景

　　基础工程属于地下隐蔽工程，其勘察、设计和施工质量直接关系着建筑物的安危。不同的地质条件需要选择合适的基础形式。某工程位于北京市延庆区，抗震设防烈度为8度，单建地下汽车库基础埋置较深，采用桩与筏板基础组合的形式，如图2-1所示。试思考各种形式的基础分别适用于哪种地质情况？

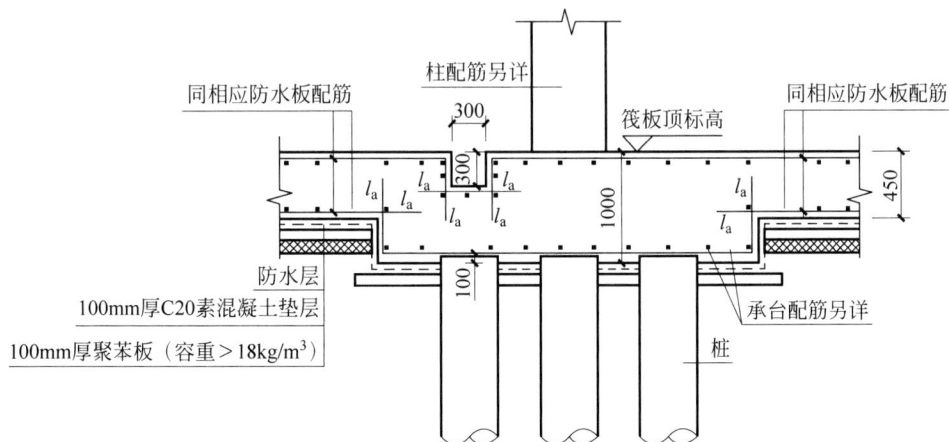

图 2-1　桩与筏板基础组合剖面图

2.1 地基与基础概述

2.1.1 地基、基础的基本概念

1. 基础的概念

基础属于建筑物的组成部分，是将结构所承受的各种作用传递到地基上的结构组成部分，是建筑物最下面的部分，与土层直接接触。

2. 地基的概念

地基不属于建筑物的组成部分，它是基础下面的土层，承受由基础传来的建筑物的全部荷载。

3. 基础与地基的关系

基础与地基共同作用，才能保证建筑物的稳定性和安全性。因此，地基需要有足够的承载能力，直接承受建筑物荷载的土层称为持力层，持力层以下的土层称为下卧层，如图 2-2 所示。

2.1.2 基础的埋置深度及影响因素

1. 基础的埋置深度

室外设计地面至基础底面的垂直距离为基础的埋置深度。一般情况下，基础埋置深度大于或等于 5m，且采用了特殊结构形式和施工方法的为深基础；埋置深度小于 5m 的为浅基础。基础的埋置深度越小，工程造价越低，但基础的埋置深度一般不小于 0.5m，如图 2-3 所示。

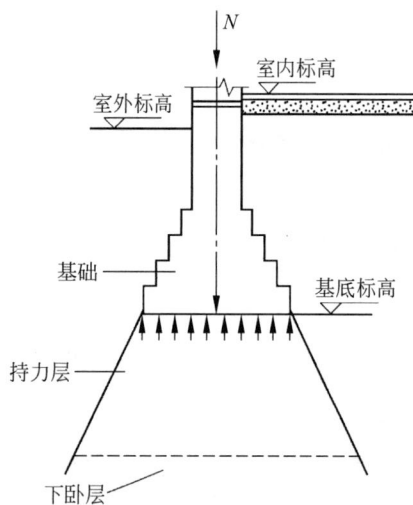

图 2-2　基础与地基

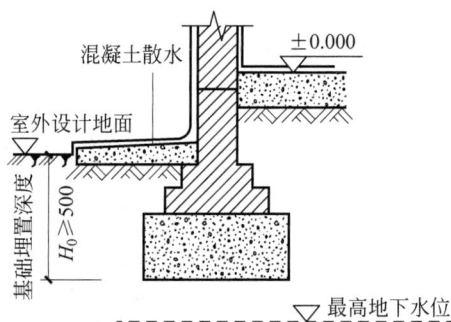

图 2-3　基础的埋置深度

2. 基础埋置深度的影响因素

基础的埋置深度，应按下列条件确定。

（1）建筑物的用途，有无地下室、设备基础和地下设施，基础的形式和构造。一般高层建筑的基础埋置深度为地面以上建筑总高度的 1/18~1/15，位于岩石地基上的高层建

筑，因为经常需要依靠基础侧面土体承担水平荷载，故其基础埋置深度应满足抗滑的要求。当建筑物设置地下室、设备基础和地下设施时，基础的埋置深度应满足其使用要求。

（2）作用在地基上的荷载大小和性质的影响。一般情况下，荷载越大，基础埋置深度越深，以确保基础具有足够的稳定性。

（3）工程地质和水文地质条件的影响。一般情况下，基础应设置在坚实的土层上，优先考虑采用天然地基和浅基础。为防止地下水位变化可能对基础施工造成的困难，基础应尽量埋置在最高地下水位以上。当地下水位下降，土的含水量减少，基础将下沉。如果基础落在最高地下水位或常年水位以下，并在最低水位以上时，地下水中若含有侵蚀性物质，会对基础产生地下水侵蚀作用。当地下水位较高，基础不能埋置在最高地下水位以上时，宜将基础埋置在全年最低地下水位以下，且不少于200mm。当基础埋置在易风化的岩层上，施工时应在基坑开挖后立即铺筑垫层，如图2-4和图2-5所示。

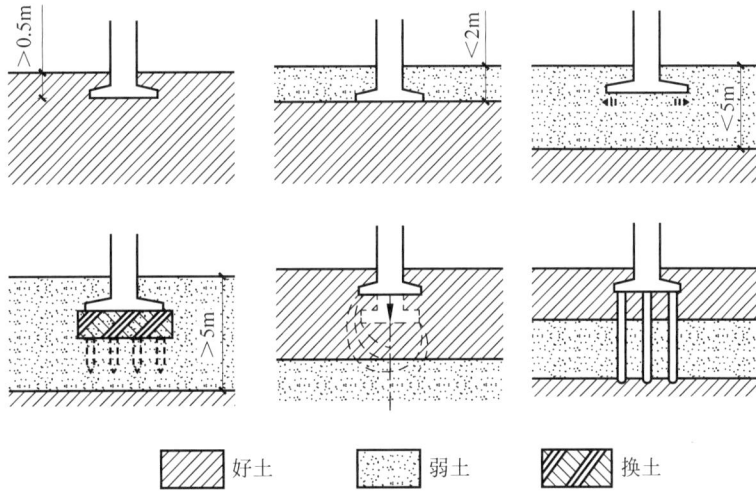

图 2-4　基础埋置深度与土质的关系

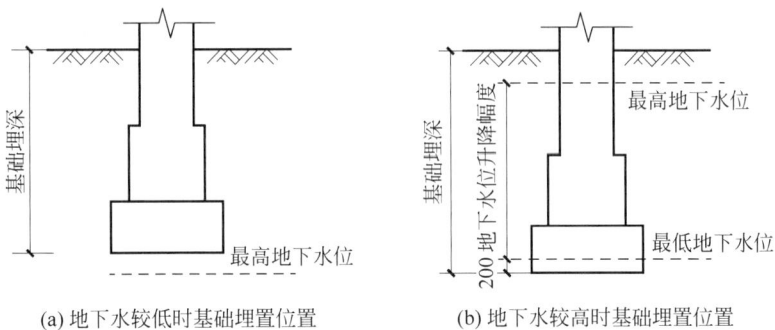

(a) 地下水较低时基础埋置位置　　　(b) 地下水较高时基础埋置位置

图 2-5　基础埋置深度与地下水的关系

（4）地基土冻胀有融陷的影响。冻结土和非冻结土的分界线为冰冻线。室外设计地面到冰冻线之间的垂直距离则为冻结深度。持续的低温，地基土冻结产生冻胀力，一般将基础埋置在冰冻线以下200mm，可以避免因地基土冻结后产生冻胀力而将基础向上拱起，如图2-6所示。

（5）相邻建筑物基础埋置深度的影响。通过工程地质勘察报告，详细了解拟建场地的地层分布、各土层的物理力学性质和地基承载力等资料，选择持力层和基础埋置深度，埋置新建建筑物基础。新建建筑物的基础不宜深于相邻的原有建筑物的基础。当新建建筑物基础埋置深度大于原有建筑埋置深度时，两个基础之间应保持一定水平净距，其数值应根据原有建筑物荷载大小、基础形式和土质情况确定。相邻建筑之间基础的水平净距一般为相邻基础底面高差的 1~2 倍。当新建建筑物基础埋置深度大于原有建筑物埋置深度，且不能满足两个基础间的水平净距为相邻基础底面高差的 1~2 倍的情况时，原有建筑受到相邻建筑的扰动之后，会发生沉降、倾斜，严重的会产生房屋的开裂。此时，应采取分段施工、设临时加固支撑、地下连续墙等施工措施，或加固原有建筑物地基，如图 2-7 所示。

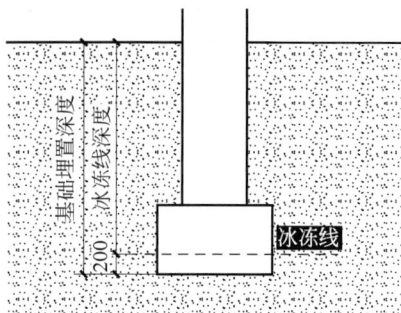

图 2-6　基础埋置深度与冰冻线的关系

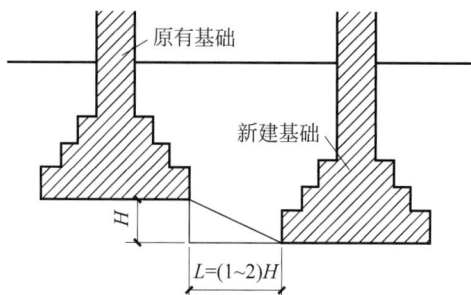

图 2-7　基础埋置深度与相邻基础的关系

2.2　基础的类型与构造

2.2.1　按材料及受力特点分类

1. 刚性基础（无筋扩展基础）

刚性基础是指由砖、毛石、素混凝土、灰土等刚性材料制作的基础。刚性基础底面宽度较大，受刚性角限制，抗压强度高，抗拉、抗剪强度低。刚性基础包括砖基础、毛石基础、混凝土基础、灰土基础等。

刚性基础中压力分角 α 称为刚性角。刚性角是指基础放宽的引线与墙体垂直线之间的夹角，不同材料的刚性角不同，主要由基础或其台阶的高宽比确定，基础底宽应根据刚性角来决定。在设计中，应尽力使基础大放脚与基础材料的刚性角一致，以确保基础底面不产生拉应力，最大限度地节约基础材料。刚性基础受刚性角的限制，构造上通过限制刚性基础宽高比来满足刚性角的要求，如图 2-8 所示。

2. 柔性基础

柔性基础又称为钢筋混凝土基础。用钢筋混凝土建造的基础，其抗压、抗拉和抗弯能力都很好，不受刚性角的限制，基础断面可以宽而薄。同样情况下，钢筋混凝土基础可以节省大量的混凝土材料和挖土方工作量，使用较为广泛。钢筋混凝土基础断面可做成锥形，最薄处高度不小于 200mm；也可做成阶梯形，每踏步高 300~500mm。通常情况下，钢筋混凝土基础下面设有素混凝土垫层，厚度为 100mm 左右；无垫层时，钢筋保护层不宜小于 70mm，以保护受力钢筋不受锈蚀，如图 2-9 所示。

(a) 基础受力在刚性角范围以内   (b) 基础宽度超过刚性角范围而破坏

二一间隔收
$\alpha=33°50'$

二皮一收
$\alpha=26°50'$

(c) 砖砌基础的刚性角范围

矩形   踏步形   锥形

(d) 素混凝土基础的刚性角范围

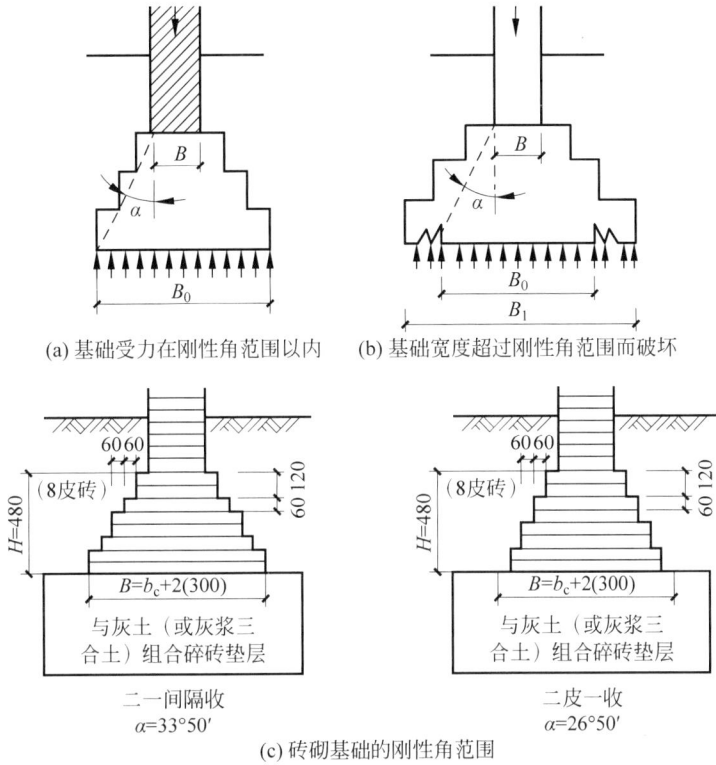

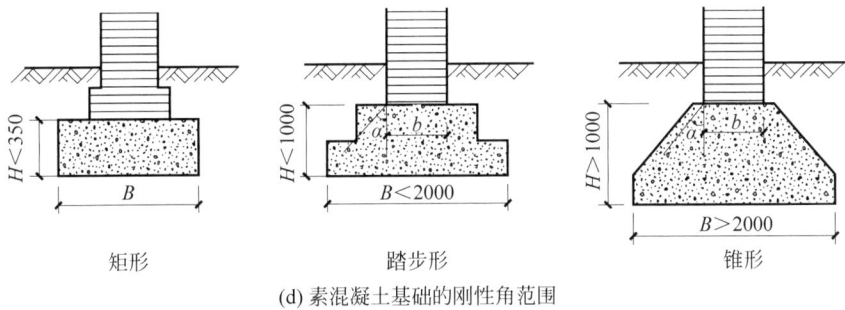

图 2-8 刚性基础的刚性角

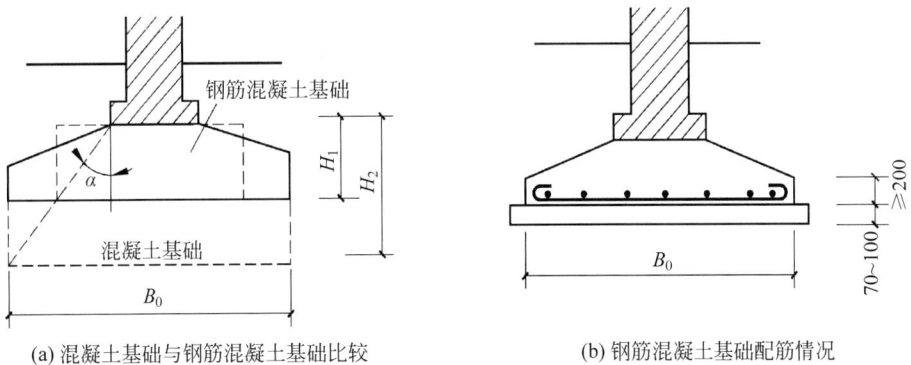

(a) 混凝土基础与钢筋混凝土基础比较   (b) 钢筋混凝土基础配筋情况

图 2-9 钢筋混凝土基础

2.2.2　按基础的构造形式分类

基础的构造形式基本上是由建筑物上部的结构形式、荷载大小和地基承载力情况确定的。当上部荷载较大，地基承载能力有变化时，基础的形式也会随之变化，常用的构造形式有以下几种基本类型。

1. 独立基础

独立基础为独立的块状，形式有台阶形、锥形、杯形等，一般多为柱下独立基础。当柱为预制时，则将独立基础做成杯形基础，将柱插入杯口，对柱进行临时支撑，然后用细石混凝土将柱周围的缝隙填实，如图 2-10 和图 2-11 所示。

基础

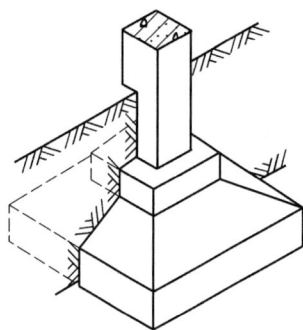

图 2-10　现浇独立基础

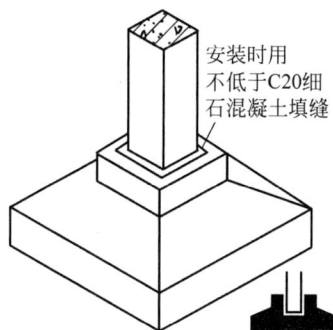

安装时用
不低于C20细
石混凝土填缝

图 2-11　现浇杯形基础

2. 条形基础

条形基础是连续带形的基础，其基础长度远大于宽度，也称为带形基础。可分为墙下条形基础和柱下条形基础。

墙下条形基础一般用于多层混合结构的墙下。柱下条形基础一般用于上部结构为框架结构或排架结构、荷载较大或荷载分布不均匀、地基承载力偏低时，如图 2-12 和图 2-13 所示。

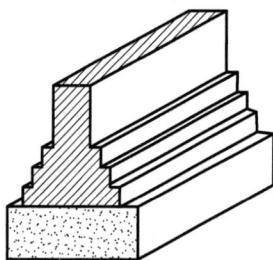

图 2-12　墙下条形基础

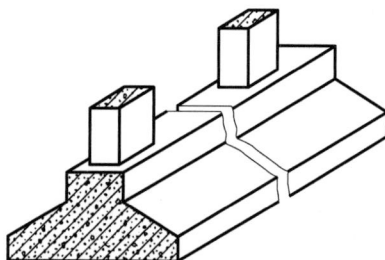

图 2-13　柱下条形基础

3. 井格式基础（柱下十字交叉基础）

当地基条件较差，如土质软弱，为了增强基础的整体刚度，避免各柱子之间产生不均匀沉降，可以沿柱网纵、横两个方向设置钢筋混凝土条形基础，形成十字交叉基础，如图 2-14 所示。

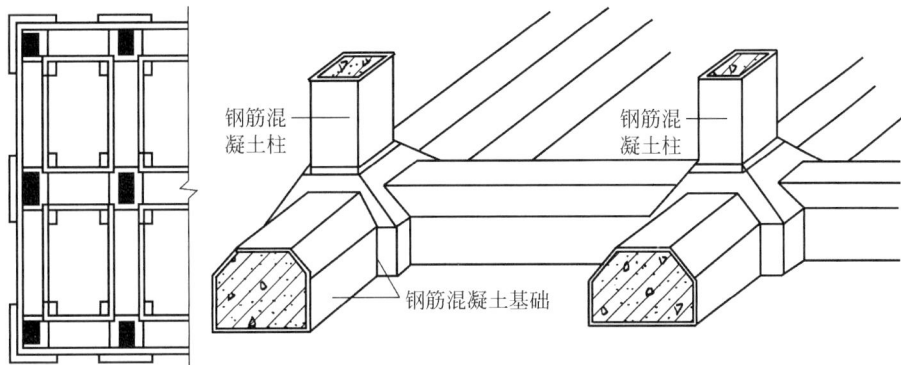

图 2-14 井格式基础

4. 筏板基础

当建筑物上部荷载较大而地基承载力较差，采用简单的条形基础或井格基础不能满足要求时，通常将墙下或柱下基础连成一片，使建筑物的荷载承受在一块整板上，称为筏板基础。筏板基础整体性好，有平板式和梁板式两种，如图 2-15 和图 2-16 所示。

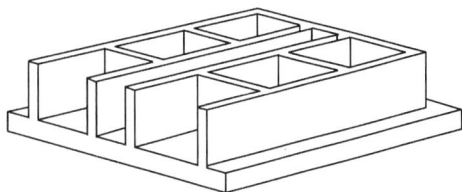

图 2-15 平板式筏板基础

5. 箱形基础

对于建筑物上部荷载较大、地基不均匀沉降要求严格的高层建筑或软土地基上的高层建筑，为了使基础具有更大的刚度，可将地下室做成整体浇筑的钢筋混凝土箱形基础。箱形基础是由钢筋混凝土底板、顶板和若干纵、横墙组成，形成空心箱体的整体结构，这种结构能承受很大的弯矩，整体性强，较适用于高层建筑，如图 2-17 所示。

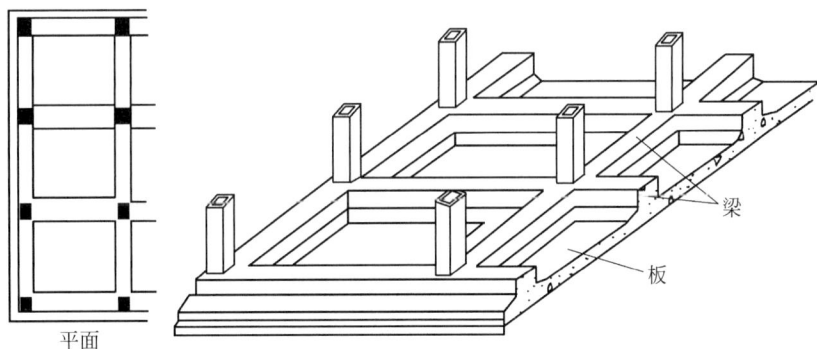

图 2-16 梁板式筏板基础

6. 桩基础

当建筑物上部荷载较大，而地基的软弱土层较厚不能满足建筑物对地基承载力和变形的要求，需要将地基较深处的坚硬土层或岩石层作为持力层时，可以采用桩基础。桩基础由桩和承台组成，如图 2-18 和图 2-19 所示。

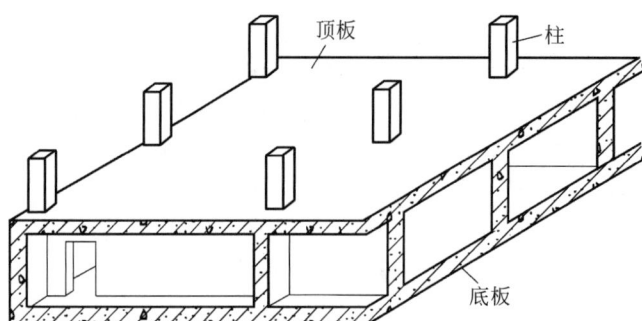

图 2-17　箱形基础

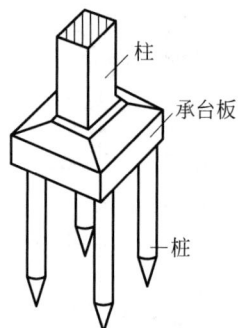

图 2-18　桩基础三维示意图

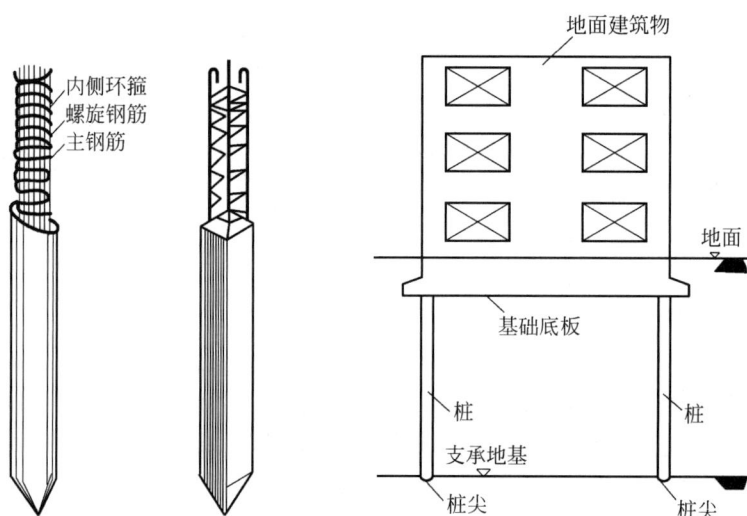

图 2-19　桩基础

2.3　地下室的构造

2.3.1　地下室构造组成及分类

1. 地下室构造组成

地下室一般由墙体、底板、顶板、门窗、楼梯和采光井六部分组成，如图 2-20 所示。

地下室

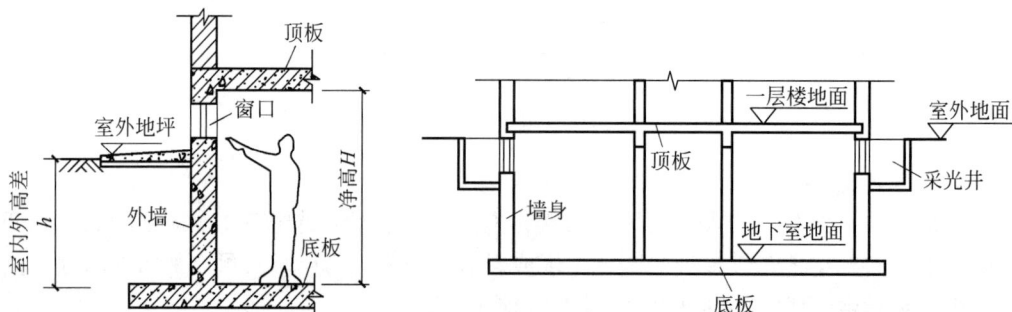

图 2-20　地下室构造组成

1）墙体

墙体不仅承受上部的垂直荷载，还要承受土、地下水及土壤冻胀时产生的侧压力。所以地下室墙的厚度应经计算确定。采用最多的为混凝土或钢筋混凝土墙。

2）底板

底板不仅承受作用于它上面的垂直荷载，当地下水位高于地下室底板时，还必须承受底板下水的浮力，所以要求底板应具有足够的强度、刚度和抗渗能力，否则易出现渗漏现象，因此地下室底板常采用现浇钢筋混凝土板。

3）顶板

顶板采用现浇或预制钢筋混凝土板。防空地下室的顶板一般为现浇板。当采用预制板时，往往在板上浇筑一层钢筋混凝土整体层，以保证顶板有足够的整体性。

4）门窗

门窗与地上部分相同。防空地下室的门应符合相应等级的防护和密闭要求，一般采用钢门或钢筋混凝土门，防空地下室一般不允许设窗。

5）楼梯

地下室的楼梯可与地面部分的楼梯结合设置。由于地下室的层高较小，故多设单跑楼梯。一个地下室至少应有两部楼梯通向地面，其中一个必须是独立的安全出口，且安全出口应与地面以上建筑物保持一定距离，一般不得小于地面建筑物高度的一半，以防止地面建筑物破坏塌落后将出口堵塞。

6）采光井

当地下室的门窗在地面以下时，为达到采光和通风的目的，应设置采光井，一般每个窗设一个，当窗的距离很近时，也可将采光井连在一起，如图 2-21 所示。

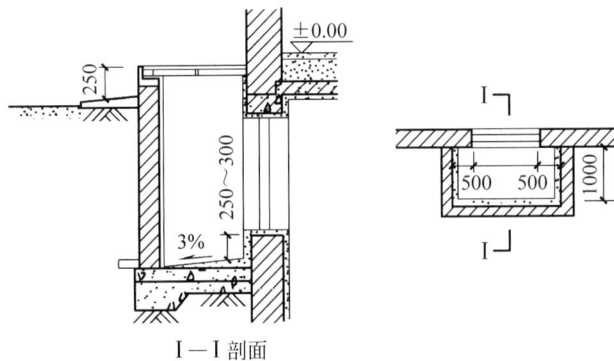

图 2-21　采光井构造

2.地下室分类

1）按使用功能分类

地下室按使用功能可分为普通地下室和防空地下室；普通地下室一般用作高层建筑的地下停车库、设备用房，根据用途及结构可做成一层、二层、三层或多层地下室；防空地下室是结合人防要求设置的隐蔽、疏散并具备保障人身安全的各项技术措施的地下工程。

2）按地下室埋入地下深度分类

地下室按埋入地下深度可分为全地下室和半地下室；全地下室指地下室地面低于室外地坪的高度超过该房间净高的 1/2；半地下室指地下室地面低于室外地坪的高度超过该房间净高的 1/3，但不超过该房间净高的 1/2，如图 2-22 所示。

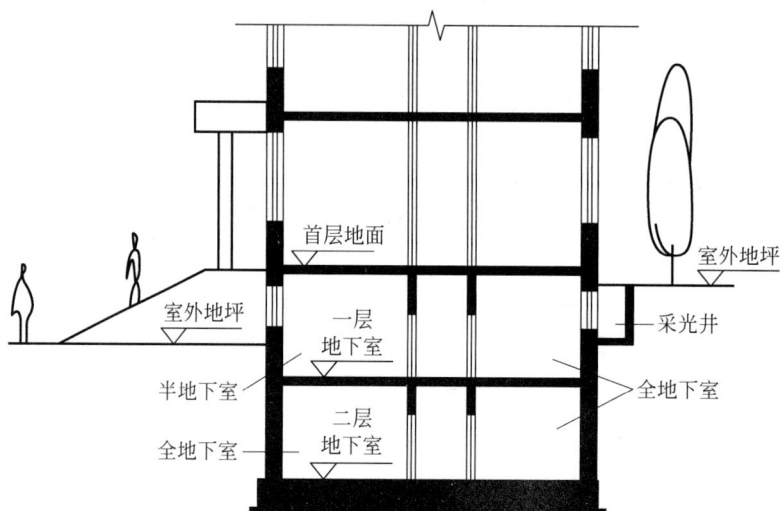

图 2-22 地下室按埋入地下的分类

3）按结构形式分类

地下室按结构形式可分为砖混结构地下室和混凝土结构地下室。

2.3.2 地下室的防潮

当地下室地坪高于地下水的常年水位和最高水位时，由于地下水不会直接浸入地下室，墙和底板仅受土层中毛细水和地表水下渗而形成的无压水影响，只需做防潮处理。如地下室墙为混凝土或钢筋混凝土结构时，本身就有防潮作用，不必再做防潮层。如地下室为砖砌体结构时，应做防潮层。

防潮构造做法是先在外墙表面抹一层 20mm 厚的水泥砂浆找平层，再涂一道冷底子油和两道热沥青；然后在外侧回填低渗透性土壤，如黏土、灰土等，土层宽度为 500mm 左右。另外，地下室的所有墙体都应设两道水平防潮层，一道设在地下室地坪附近，另一道设在室外地坪以上 150~200mm 处，以防地潮沿地下墙身或勒脚处浸入室内。

地下室底板的防潮做法是在灰土或三合土垫层上浇筑 100mm 厚密实的 C20 素混凝土，再用 1∶3 的水泥砂浆找平，然后做防潮层、地面面层，如图 2-23 所示。

2.3.3 地下室的防水

当最高地下水位高于地下室地坪时，地下水不仅会直接侵入地下室，而且地下室外墙和底板还分别受到地下水的侧压力和浮力。水压力大小与地下水高出地下室地坪高度有关，高差越大，压力越大。此时，必须做防水处理。地下室常用的防水措施有卷材防水和防水混凝土防水等。

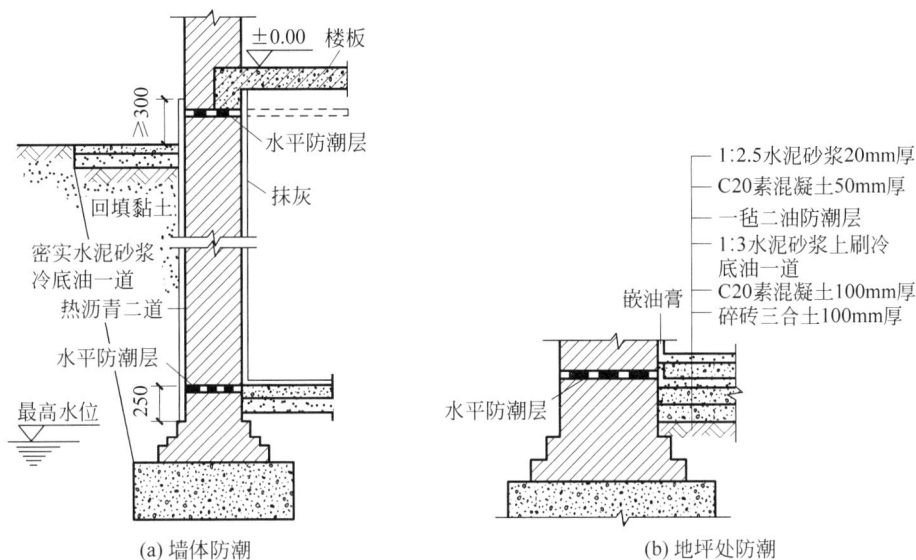

图 2-23　地下室防潮构造

1. 卷材防水

卷材防水层设在地下工程围护结构外侧（迎水面）时称为外防水（外包防水），这种方法的防水效果好，但维修困难。外防水的具体做法，是先在混凝土垫层上将防水卷材满铺整个地下室，在卷材上浇筑混凝土或水泥砂浆保护层后，再浇筑钢筋混凝土底板。底层卷材应留出足够长度与墙面垂直防水层搭接。然后在防水层外侧砌保护墙以保护防水层，并使防水层均匀受压，在保护墙与防水层之间的缝隙中灌以水泥砂浆。卷材粘贴于结构层内表面时称为内防水（内包防水），这种做法的防水效果较差，但施工简单，便于修补，常用于修缮工程，如图 2-24 和图 2-25 所示。

地下室防
水卷材

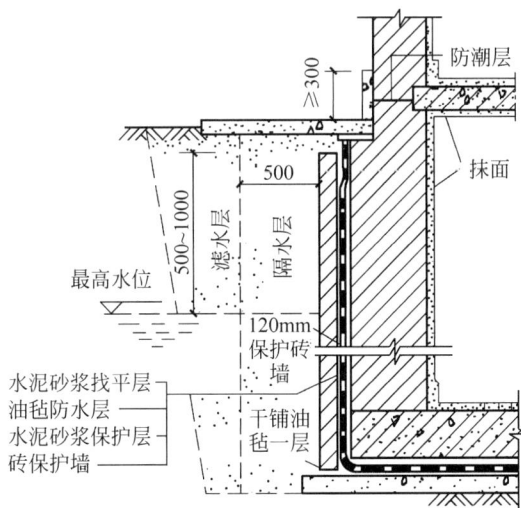

图 2-24　地下室外防水构造　　　图 2-25　地下室内防水构造

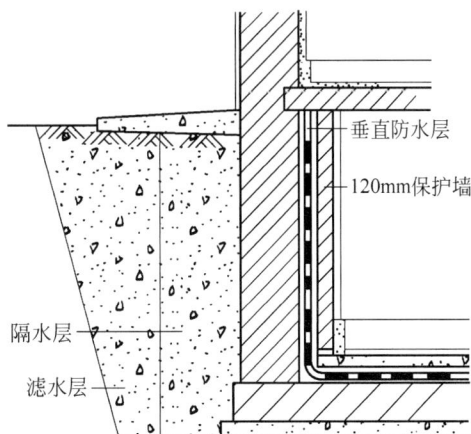

2. 防水混凝土防水

当地下室地坪和墙体均为钢筋混凝土结构时，应采用抗渗性能好的防水混凝土材料，常用的防水混凝土有普通混凝土和外加剂混凝土。地下室防水混凝土构造如图 2-26 所示。

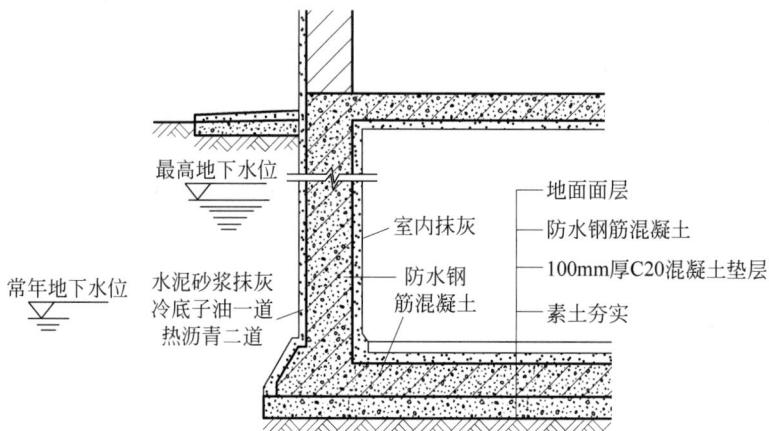

图 2-26　地下室防水混凝土构造

—— 项目小结 ——

地基是建筑物下部承担建筑总荷载的土层，它不是建筑物的组成部分。基础是建筑物的重要组成部分。

按基础的材料及受力特点，基础可分为刚性基础和柔性基础。刚性基础是由有刚性角限制的材料构成的基础。柔性基础能承受弯矩。

按基础的构造不同，基础可分为独立基础、条形基础、井格式基础、筏板基础、箱形基础、桩基础。

地下室由墙体、底板、顶板、门窗、楼梯和采光井六个主要部分组成，有窗的地下室要设采光井。

地下室设计因最高地下水位至地下室底板的距离不同，分别采用防潮和防水处理。防潮的目的是避免地下潮气的影响，防水的目的是避免有压地下水的影响。

当地下室地坪高于地下水的常年水位和最高水位时，地下室只需做防潮处理。当最高地下水位高于地下室地坪时，地下室必须做防水处理。

—— 习题 ——

一、单选题

1.（　　　）是建筑物下面与土壤层直接接触的承重构件，是建筑物的重要组成部分。

A. 地基　　　　　　　　　　　　B. 基础

C. 地基的持力层　　　　　　　　D. 地基的下卧层

2. 凡天然土层具有足够的承载力，不需经过人工加固，可直接在其上建造房屋的地基称为（　　　）。

　　A. 人工地基　　　　　　　　　　B. 复合地基

　　C. 天然地基　　　　　　　　　　D. 岩土地基

3. 埋深大于或等于 5m 的基础称为（　　　）。

　　A. 深基础　　　　　　　　　　　B. 浅基础

　　C. 不埋基础　　　　　　　　　　D. 刚性基础

4. 刚性基础的受力特点是（　　　）。

　　A. 抗拉强度大，抗压强度小　　　B. 抗拉、抗压强度均大

　　C. 抗剪强度大　　　　　　　　　D. 抗压强度大，抗拉、抗剪强度小

5. 以下基础中，刚性角最大的基础通常是（　　　）。

　　A. 混凝土基础　　　　　　　　　B. 砖基础

　　C. 砌体基础　　　　　　　　　　D. 石基础

6. 下列基础中属于柔性基础的是（　　　）。

　　A. 钢筋混凝土基础　　　　　　　B. 毛石基础

　　C. 砖基础　　　　　　　　　　　D. 素混凝土基础

7. 当建筑物设有地下室，且埋深较大时，可将基础做成（　　　）。

　　A. 箱型基础　　　　　　　　　　B. 独立基础

　　C. 条形基础　　　　　　　　　　D. 桩基础

8. 在承重柱下，一般采用（　　　）为主要柱基形式。

　　A. 独立基础　　　　　　　　　　B. 条形基础

　　C. 筏板基础　　　　　　　　　　D. 箱形基础

9. 当建筑物上部结构为砖墙承重时，通常把基础做成（　　　）。

　　A. 独立基础　　　　　　　　　　B. 条形基础

　　C. 杯形基础　　　　　　　　　　D. 筏板基础

二、多选题

1. 按基础的构造不同，可将基础分为（　　　）。

　　A. 柔性基础　　　　B. 独立基础　　　　C. 箱形基础

　　D. 刚性基础　　　　E. 桩基础

2. 按基础的材料及受力特点，可将基础分为（　　　）。

　　A. 柔性基础　　　　B. 条形基础　　　　C. 筏板基础

　　D. 刚性基础　　　　E. 桩基础

3. 下面选项中，影响基础埋深的因素有（　　　）。

　　A. 地表水位　　　　　　　　　　B. 地基土的冻胀和融陷

　　C. 相邻基础的埋深　　　　　　　D. 建筑物上部荷载大小

三、识图题

1. 图 2-27 的基础类型是什么？

（　　）基础　　　　　　（　　）基础

（　　）基础　　　　　　（　　）基础

图 2-27　基础类型

2. 识读附录中的基础平面图，完成以下填空题。

基础类型（按材料及受力特点分类）	
基础类型（按基础的构造形式分类）	
垫层厚度	
DJ$_J$01 基础底面垫层尺寸长 × 宽	
DJ$_J$01 基础底板总高度 /h_1 高度 /h_2 高度	
DJ$_J$01 基础下阶尺寸长 × 宽	
DJ$_J$01 基础上阶尺寸长 × 宽	
DJ$_J$06 基础底面垫层尺寸长 × 宽	
DJ$_J$06 基础底板总高度 /h_1 高度 /h_2 高度	
DJ$_J$06 基础下阶尺寸长 × 宽	
DJ$_J$06 基础上阶尺寸长 × 宽	

项目 3　墙体

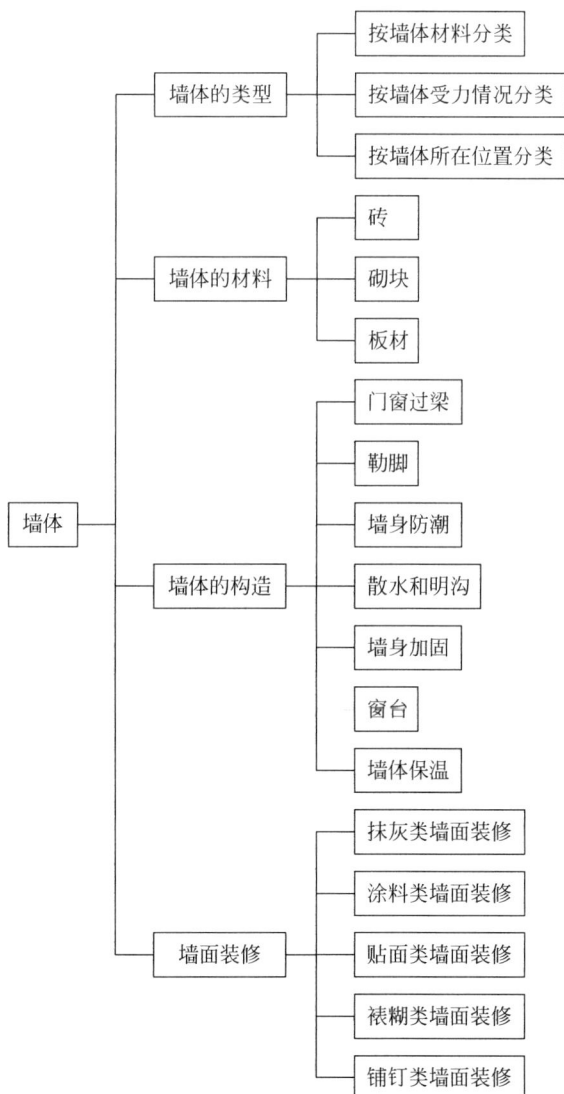

思维导图

墙体的类型
- 按墙体材料分类
- 按墙体受力情况分类
- 按墙体所在位置分类

墙体的材料
- 砖
- 砌块
- 板材

墙体的构造
- 门窗过梁
- 勒脚
- 墙身防潮
- 散水和明沟
- 墙身加固
- 窗台
- 墙体保温

墙面装修
- 抹灰类墙面装修
- 涂料类墙面装修
- 贴面类墙面装修
- 裱糊类墙面装修
- 铺钉类墙面装修

墙体

📖 **情境背景**

　　墙体是建筑构造的重要组成部分，起着承重、维护分割室内空间的作用，如图 3-1 所示。作为一名使用者，不同位置、不同房间的墙体是否有着不同的设计要求？为完成这个设计要求，应当选择什么样的墙体材料及构造做法？建筑物中的哪些构造措施需要依附在墙体上？它们和墙体有着怎样的关系？

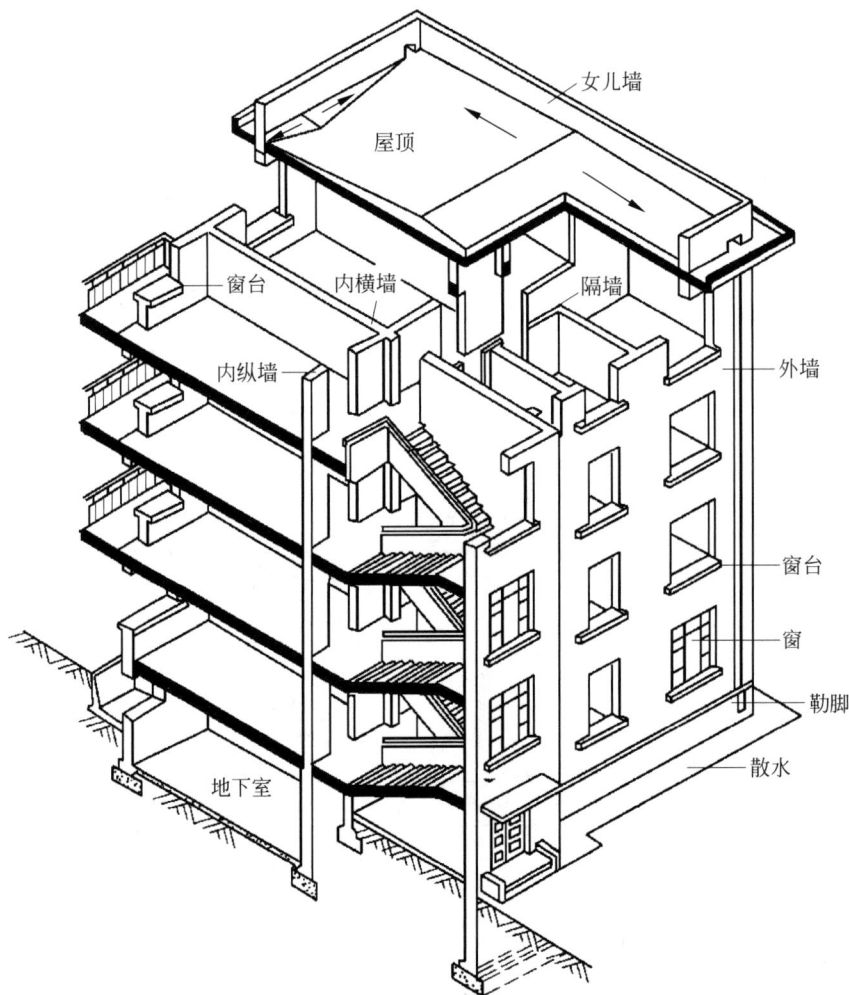

图 3-1　建筑物中的墙体

3.1　墙体的类型

　　墙体是建筑物的重要组成部分，不同类型的墙体在建筑物中起着不同的作用。

3.1.1　按墙体材料分类

　　按材料分类，墙体可分为砌体墙和非砌体墙。砌体墙是指用块体和砂浆通过一定的砌筑方法砌筑而成的墙体。块体一般包括实心砖、空心砖、轻骨料混凝土砌块、混凝土空心砌块、毛料石、毛石等；砌体墙所用砂浆一般包括混合砂浆、水泥砂浆。非砌体墙是指现浇钢筋混凝土墙体或条板类墙体，如图 3-2 所示。

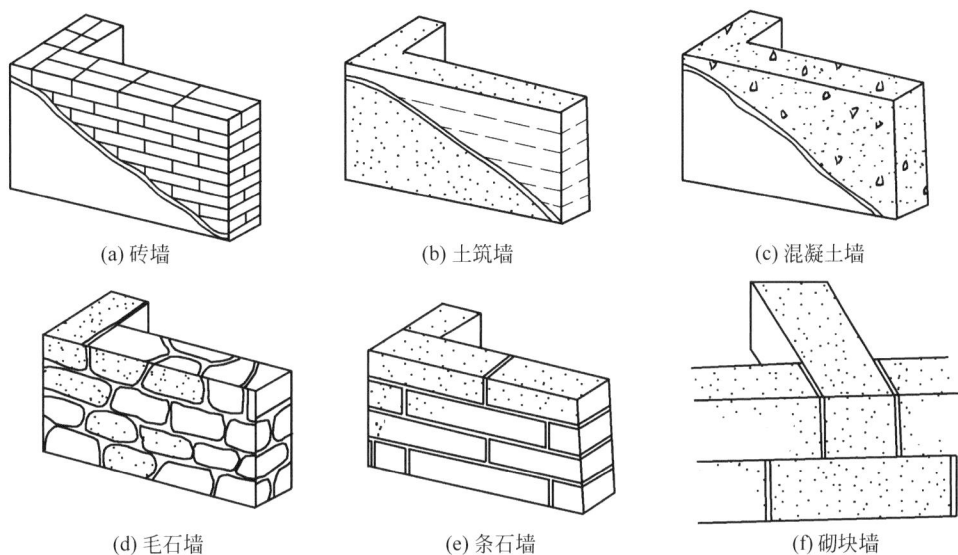

(a) 砖墙　　　　　　　　(b) 土筑墙　　　　　　　　(c) 混凝土墙

(d) 毛石墙　　　　　　　　(e) 条石墙　　　　　　　　(f) 砌块墙

图 3-2　墙体的分类（按墙体材料）

3.1.2　按墙体受力情况分类

按受力情况，墙体可分为承重墙和非承重墙。

在建筑结构体系中，如果墙体承受楼板、屋面板、梁等水平构件传递的荷载及上部墙体传递的荷载，则为承重墙。如果墙体不能承担其他构件传递的荷载，则为非承重墙或自承重墙。

承重墙体要具有足够的强度和稳定性。

1. 墙体的强度

墙体的强度是指墙体承受荷载的能力，墙体的强度取决于墙体的厚度及墙体所用的材料，如砖墙与砖、砂浆的强度等级有关；混凝土墙与混凝土的强度等级有关。承重墙体必须满足强度的要求，确保建筑物的安全性。

2. 墙体的稳定性

墙体的稳定性与墙的长度、高度、厚度以及纵向、横向墙体间的距离有关。当墙身高度、长度确定后，通常可以通过增加墙体厚度以及增设墙垛、壁柱、圈梁等办法增加墙体稳定性。

非承重墙不承担其他构件传递的荷载，只需满足分隔空间和维护的作用。

3.1.3　按墙体所在位置分类

1. 墙体在建筑平面布置的位置

按在建筑平面所处位置不同，墙体可分为以下几种。

1）外墙和内墙

外墙位于建筑四周，用于分隔室内外空间，承受室外环境的作用，起维护作用；内墙位于建筑物内部,用于分隔室内空间。

外墙分为承重外墙和非承重外墙,除了承重外墙要满足强度和稳定性的要求,承重外墙和非承重外墙都要满足墙体的维护功能,即要满足保温、隔热、抵抗外界温度变化以及防火、防潮、隔音等功能。

内墙除了满足承重作用,还要满足隔音、防火等要求。

2)纵墙和横墙

沿建筑物长轴方向布置的墙为纵墙;沿建筑物短轴方向布置的墙为横墙,外横墙又称为山墙。

2.墙体在建筑立面布置的位置

按在建筑立面所处位置不同,墙体可分为窗间墙、窗下墙、女儿墙及基础墙。窗间墙是窗与窗、窗与门之间的墙体;窗下墙是窗台下面的墙体;女儿墙是屋顶上部高出屋面部分的墙体;基础墙是基础顶面至室外地面之间埋在地下的墙体。

墙体位置如图 3-3 所示。

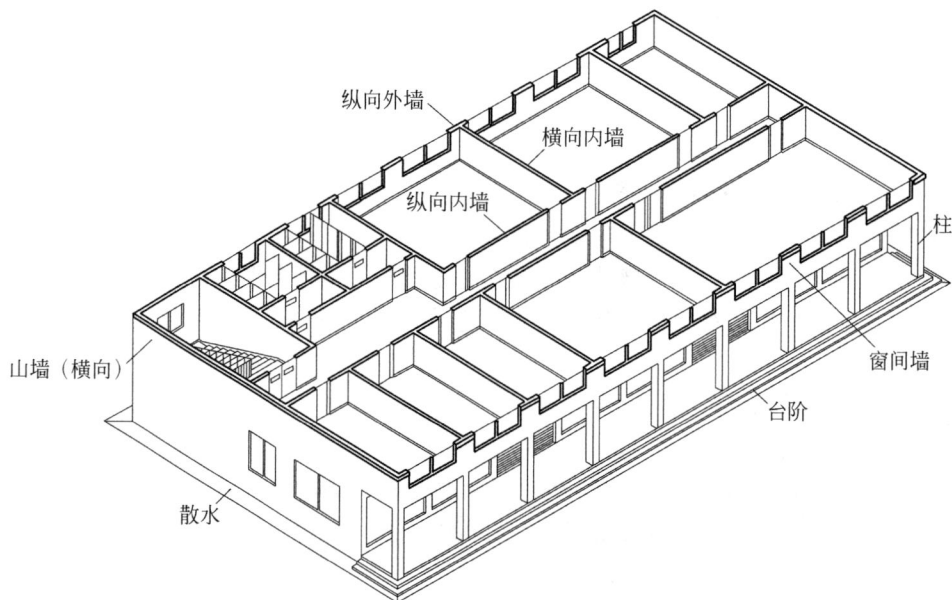

图 3-3 墙体位置示意图

3.2 墙体的材料

墙体材料的选择取决于多种因素,例如墙体是否承重、墙体的位置等。墙体的材料会影响墙体安全、环境污染,以及能否降低建筑能耗、节省成本、房屋使用面积等一系列问题。主要有砖、砌块、板材等。

墙体材料

3.2.1 砖

砖是人造小型块材,外形为直角六面体,长度不超过 365mm,宽度不超过 240mm,高度不超过 115mm。

1. 按生产工艺分类

砖按照生产工艺分为烧结砖和非烧结砖。

烧结砖是指以黏土、页岩、煤矸石或粉煤灰为原料，经成型和高温焙烧而制得，可用于砌筑承重和非承重墙体。常见的烧结砖包括烧结黏土砖、烧结粉煤灰砖、烧结页岩砖等。

非烧结砖是指不经焙烧而制成的砖，如碳化砖、免烧免蒸砖、蒸养（压）砖等。

2. 按原材料分类

根据使用的原料不同，砖分为黏土砖、页岩砖、煤矸石砖、粉煤灰砖、炉渣砖、灰砂砖等。

3. 按外形分类

根据外形，砖可分为实心砖、微孔砖、多孔砖和空心砖。实心砖是指经过焙烧而成，实心或孔洞率不大于规定值，且外形尺寸符合规定的砖。微孔砖是指通过掺入成孔材料（如聚苯乙烯微珠、锯木等）经焙烧在砖内造成微孔的砖。多孔砖是指孔洞率不小于 15%，孔的尺寸小而数量多的砖，可用于承重部位，强度等级较高。空心砖是指孔洞率应在 15% 以上，孔的尺寸大而数量少的砖，常用于非承重部位，强度等级偏低。

3.2.2 砌块

砌块外形多为直角六面体或其他异形。砌块系列中，主规格的长度、宽度或高度可以有一项或一项以上分别大于 365mm、240mm 或 115mm，但高度不大于长度或宽度的 6 倍，长度不超过高度的 3 倍。常见的砌块有普通混凝土小型空心砌块、粉煤灰小型空心砌块、轻集料混凝土小型空心砌块、蒸压加气混凝土砌块等。

3.2.3 板材

常见的建筑墙体板材主要包括以下几种。

1. 纤维增强硅酸钙板

纤维增强硅酸钙板通常称为"硅钙板"，由钙质材料、硅质材料与纤维等作为主要原料，经制浆、成坯与蒸压养护等工序而制成的轻质板材。建筑用纤维增强硅酸钙板可作为公用与民用建筑的隔墙与吊顶，经表面防水处理后，也可用作建筑物的外墙面板。由于此种板材有很高的防火性，故特别适用于高层与超高层建筑。

2. GRC 轻质多孔条板

GRC 轻质多孔条板，又名"GRC 空心条板"，是以耐碱玻璃纤维为增强材料，以硫铝酸盐水泥轻质砂浆为基材制成的具有若干圆孔的条形板。GRC 多孔板多用于非承重的内隔墙。

3. 蒸压加气混凝土板

蒸压加气混凝土板是由钙质材料、硅制材料、石膏、铝粉、水和钢筋等制成的轻质板材。蒸压加气混凝土板含有大量微小且非连通的气孔，孔隙率达 70%~80%，因而具有自重轻、绝热性好、隔声吸音等特性，还具有较好的耐火性和一定的承载能力，可用作内墙板和外墙板。

4. 钢丝网架水泥夹芯板

钢丝网架水泥夹芯板包括以阻燃型泡沫塑料板条或半硬质岩棉板做芯材的钢丝网架夹心板，主要用于房屋建筑的内隔板、围护外墙、保温复合外墙、楼面、屋面及建筑加层等。

5. 石膏空心条板

石膏空心条板包括石膏珍珠岩空心条板、石膏粉硅酸盐空心条板和石膏空心条板，主要用作工业和民用建筑物的非承重内隔墙。

6. 金属面夹芯板

金属面夹芯板包括金属面聚苯乙烯夹芯板、金属面硬质聚氨酯夹芯板以及金属面岩棉、矿渣棉夹芯板等。金属夹心板具有质量轻、强度高、施工方便、可多次拆卸等优点。金属面夹心板普遍用于冷库、仓库、工厂车间、仓储式超市、商场、办公楼、洁净室、旧楼房加层、活动房、战地医院、展览馆、体育场馆及候机楼等建筑。

3.3 墙体的构造

3.3.1 门窗过梁

墙体上开设门窗洞口时，为了支撑洞口上部砌体所传来的各种荷载，并将这些荷载传给窗间墙，常在门窗洞口中设置横梁，该梁称为过梁。过梁可直接用砖砌筑，也可用钢筋混凝土、木材和型钢制作。预制钢筋混凝土过梁应用得较为广泛。

1. 砖拱过梁

砖拱过梁是我国传统式做法，包括平拱和弧拱两种。砖拱过梁可节省钢材和水泥，但施工麻烦，且不能用于有集中荷载、振动较大、地基承载力不均匀及地震地区的建筑物，如图 3-4 所示。

过梁

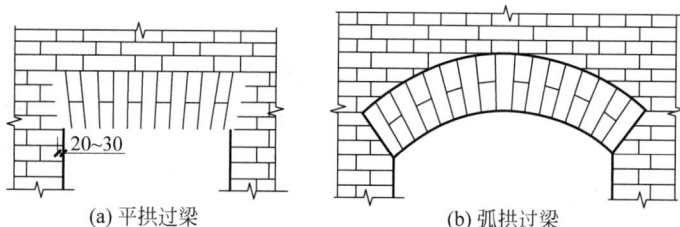

(a) 平拱过梁   (b) 弧拱过梁

图 3-4　砖拱过梁

2. 钢筋砖过梁

钢筋砖过梁又称为平砌砖过梁，高度不小于五皮砖，且不小于门窗洞口宽度的 1/3，砂浆标号不低于 M5，砖标号不小于 MU10，过梁下铺 20~30mm 厚的砂浆层，砂浆内按每半砖墙厚设置一根直径不小于 5mm 的钢筋，钢筋两端伸入墙体各 240mm，再向上弯起 60mm。钢筋砖过梁适用于门窗洞口尺寸在 1.5m 以内的洞口，如图 3-5 所示。

3. 钢筋混凝土过梁

目前建筑工程中普遍采用钢筋混凝土过梁。常用的过梁高度为 60mm、120mm、180mm，过梁的长度为洞口宽度加 500mm，即过梁每端伸入墙体内 250mm。

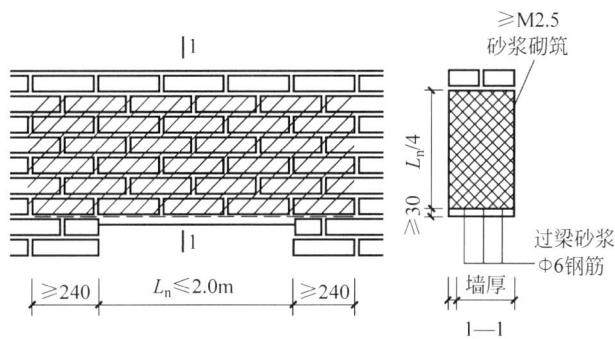

图 3-5　钢筋砖过梁

钢筋混凝土过梁常用断面形式为矩形和 L 形。在寒冷地区，为避免出现热桥和凝结水现象，常采用 L 形，以便减少钢筋混凝土外露面积，如图 3-6 所示。

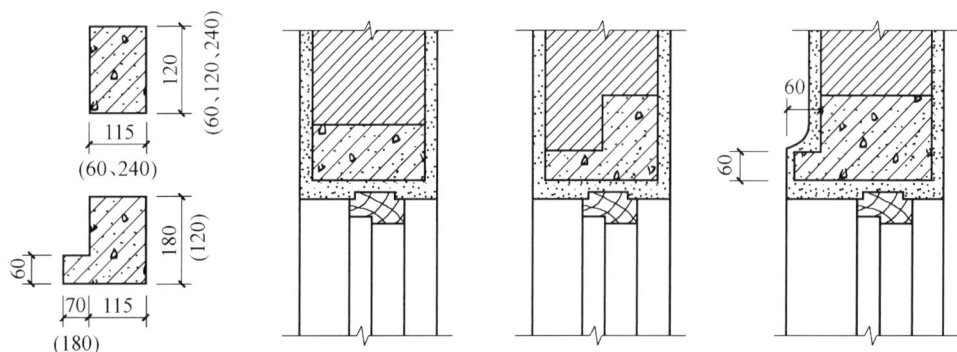

图 3-6　钢筋混凝土过梁

3.3.2　勒脚

勒脚在外墙身下部靠近室外地面的部位。勒脚的作用是保护墙面，防止受潮，还可以根据建筑物的外立面选择勒脚材料的颜色、形式、材料等，起到美观装饰的作用。常见的有水泥砂浆勒脚、水刷石勒脚、石材勒脚、面砖勒脚等，如图 3-7 所示。

勒脚

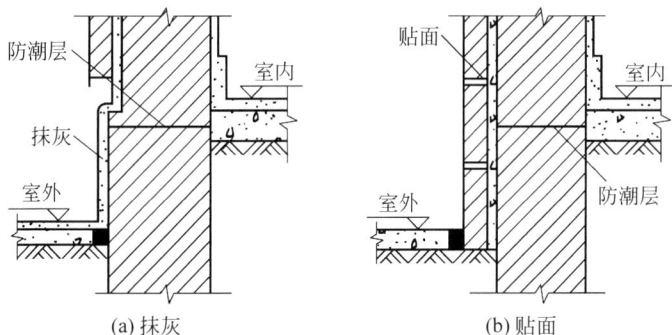

(a) 抹灰　　　　　　(b) 贴面

图 3-7　勒脚的做法

3.3.3 墙身防潮

由于毛细水作用，地下土层中的水分从基础墙上升，致使墙身受潮，从而容易引起墙体冻融破坏、墙身饰面发霉、剥落等。因此，为了防止毛细水上升侵蚀墙体，需在内、外墙上连续设置水平防潮层，以隔绝地下土层中的水分上升。

1. 防潮层位置

水平防潮层应设置在所有墙体的根部，水平防潮层的位置与室内地面垫层所采用的材料有关。

（1）当室内地面垫层为刚性垫层如混凝土时，防潮层的位置在地面垫层厚度范围之内，为便于施工，一般在室内首层地坪以下 60mm。

（2）当室内地面垫层为非刚性垫层如碎石、碎砖时，防潮层的位置应与室内首层地坪齐平，或高出室内地面 60mm。

（3）当室内地面出现高差时，应在不同标高的室内地坪处的墙体上设置上、下两道水平防潮层，在两道水平防潮层之间靠土层的墙面设置一道垂直防潮层，主要是防止土层中的水分从地面高的一侧渗入墙内。

防潮层的构造如图 3-8 所示。

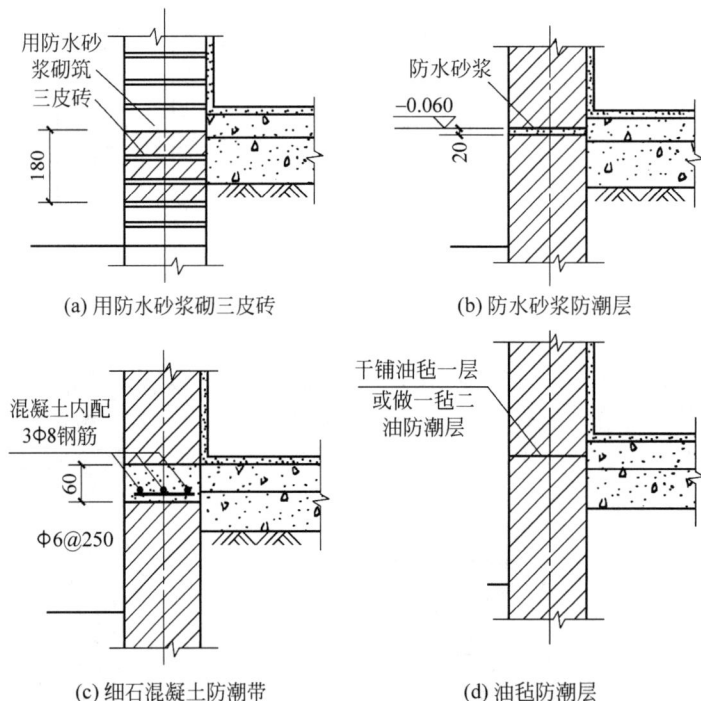

(a) 用防水砂浆砌三皮砖 (b) 防水砂浆防潮层

(c) 细石混凝土防潮带 (d) 油毡防潮层

图 3-8 防潮层的构造

2. 防潮层做法

1）防水砂浆防潮层

防水砂浆是在 1 : 2 水泥砂浆中，掺入占水泥重量 3%~5% 的防水剂。防水砂浆厚20~25mm，或用防水砂浆砌三皮砖形成防潮层。防水砂浆防潮层不破坏墙体的整体性，且省工省料；但因砂浆为刚性材料，易断裂，不宜用于地基会产生不均匀沉降的建筑。

2）油毡防潮层

在防潮层位置，先用 10~12mm 厚的 1∶3 水泥砂浆找平，上铺一毡二油。油毡防潮层的防潮效果较好，但油毡夹在墙体内，削弱了墙体的整体性，不宜用于刚度要求较高以及地震地区的建筑中。

3）细石混凝土防潮层

用 60mm 厚的 C25 细石混凝土，内配三根 Φ8 钢筋，分布筋中距 250mm。防潮层不易断裂，防潮效果好。

墙身防潮层的做法如图 3-9 所示。

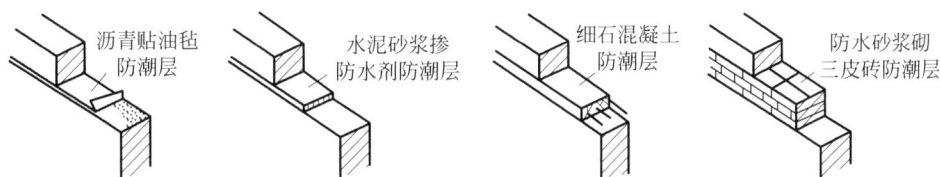

图 3-9 墙身防潮层的做法

不设防潮层的条件为墙脚采用不透水材料（砖、料石）砌筑，或防潮层位置有地圈梁时，可利用圈梁代替防潮层。

3.3.4 散水和明沟

1. 散水

为保护墙体不受雨水的侵蚀，常在外墙四周将地面做成向外倾斜的坡面，以便将屋面雨水排至附件雨水井，这个坡面称为散水。散水坡度一般为 3%~5%，宽度一般为 600~1000mm。当屋面排水方式为自由落水时，要求其宽度比屋檐宽出 200mm。散水做法一般有混凝土散水、铺砖散水、块石散水，如图 3-10 所示。

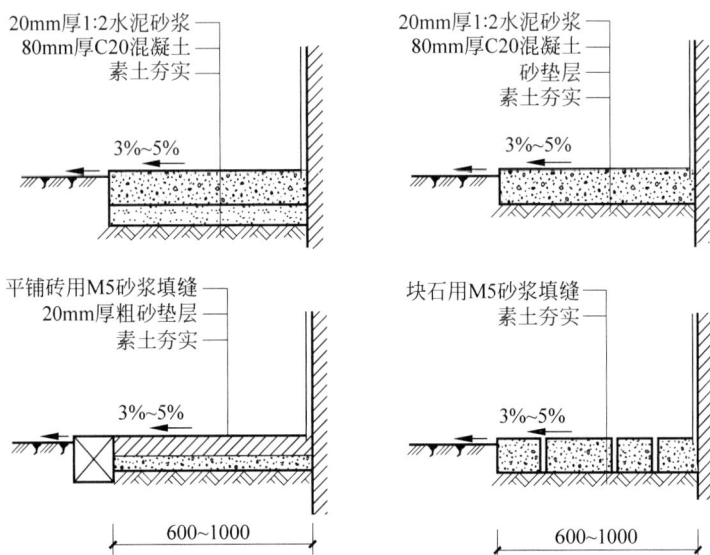

图 3-10 散水构造

2. 明沟

明沟是设置在外墙四周，将屋面落水有组织地导向地下排水集井的排水沟，其作用和散水相同，如图 3-11 所示。

散水及明沟

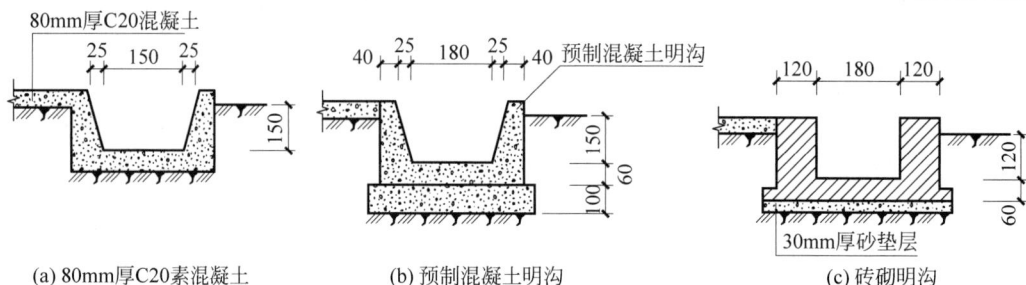

(a) 80mm厚C20素混凝土　　　(b) 预制混凝土明沟　　　(c) 砖砌明沟

图 3-11　明沟构造

3.3.5　墙身加固

1. 圈梁

圈梁是在房屋的檐口、窗顶、楼层或基础顶面标高处，沿砌体墙水平方向设置封闭状的按构造配筋的混凝土梁式构件。震害表明，圈梁能增加建筑的整体性，是提高房屋抗震能力的有效措施。同时，圈梁还可以调节由于地基不均匀沉降而引起的墙身开裂。圈梁与构造柱一起形成对墙体的约束，是确保房屋整体性的重要措施。

圈梁

圈梁的截面宽度宜取墙宽，且不应小于 190mm，配筋应符合表 3-1 的要求，箍筋直径不小于 $\phi6$；基础圈梁的截面宽度宜取墙宽，截面高度不应小于 200mm，纵筋不应少于 $4\phi14$。

表 3-1　混凝土砌块砌体房屋圈梁配筋要求

烈　　度		6、7	8	9
配筋	最小纵筋	$4\phi10$	$4\phi12$	$4\phi14$
	箍筋最大间距 /mm	250	200	150

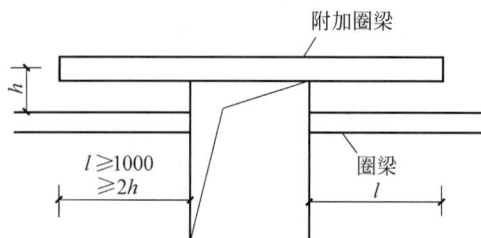

图 3-12　附加圈梁与圈梁的搭接

如圈梁遇门窗洞口必须断开时，应在洞口上部增设附加圈梁，其配筋和混凝土强度等级均不应小于圈梁的配筋和混凝土强度等级，如图 3-12 所示。

2. 构造柱

在砌体房屋墙体的规定部位，按构造配筋，并按先砌墙后浇灌混凝土柱的施工顺序制成的混凝土柱，通常称为混凝土构造柱，简称构造柱。设置构造柱是防止墙体倒塌十分有效的途径。

1）构造柱的设置要求

构造柱一般设置在外墙四角、纵横墙交接处、楼梯间和电梯间四角、较大洞口两侧和较长墙体中部。《砌体结构设计规范》（GB 50003—2011）对构造柱的设置要求如表 3-2 所示。

表 3-2　砖砌体房屋构造柱设置要求

房屋层数				设置部位	
6 度	7 度	8 度	9 度		
≤五	≤四	≤三		楼、电梯间四角，楼梯斜梯段上、下端对应的墙体处；	隔 12m 或单元横墙与外纵墙交接处；楼梯间对应的另一侧内横墙与外纵墙交接处
六	五	四	二	外墙四角和对应转角；错层部位横墙与外纵墙交接处；	隔开间横墙（轴线）与外墙交接处；山墙与内纵墙交接处
七	六、七	五、六	三、四	大房间内外墙交接处；较大洞口两侧	内墙（轴线）与外墙交接处；内墙的局部较小墙垛处；内纵墙与横墙（轴线）交接处

注：较大洞口，内墙指不小于 2.1m 的洞口；外墙在内外墙交接处已设置构造柱时允许适当放宽，但洞侧墙体应加强。

2）构造柱的构造

多层砖砌体房屋的构造柱最小截面可为 180mm×240mm（墙厚 190mm 时为 180mm×190mm），纵钢筋宜采用 4Φ12，箍筋可采用 6mm，间距不宜大于 250mm，且在柱上、下端适当加密。房屋四角的构造柱应适当加大截面及配筋。构造柱与墙连接处应砌成马牙搓，沿墙高每隔 500mm 设 2Φ6 水平钢筋和 Φ4 分布短筋平面内点焊组成的拉结网片或 Φ4 点焊钢筋网片，每边伸入墙内不宜小于 1m。构造柱与圈梁连接处，构造柱的纵筋应在圈梁纵筋内侧穿过，保证构造柱纵筋上下贯通。构造柱可不单独设置基础，但应伸入室外地面下 500mm，或与埋深小于 500mm 的基础圈梁相连，如图 3-13 所示。

构造柱

3.3.6　窗台

窗的安装位置不同，会在墙上形成内、外窗台。设于窗外的称为外窗台，设于窗内的称为内窗台。

外窗台主要是防止窗扇流下的雨水渗入墙内，并防止外墙面受到流下雨水的污染。外窗台有悬挑和不悬挑两种。悬挑窗台常采用顶砌一皮砖挑出 60mm，或将一砖侧砌并挑出 60mm，也可采用钢筋混凝土窗台。窗台表面的坡度可由斜砌的砖形成，也可用水泥砂浆抹出，并在挑窗台底部边缘处抹灰时做滴水线或滴水槽。

内窗台可直接为砖砌筑，常常结合室内装饰做成砂浆抹灰、水磨石、贴面砖或天然石材等多种饰面形式。

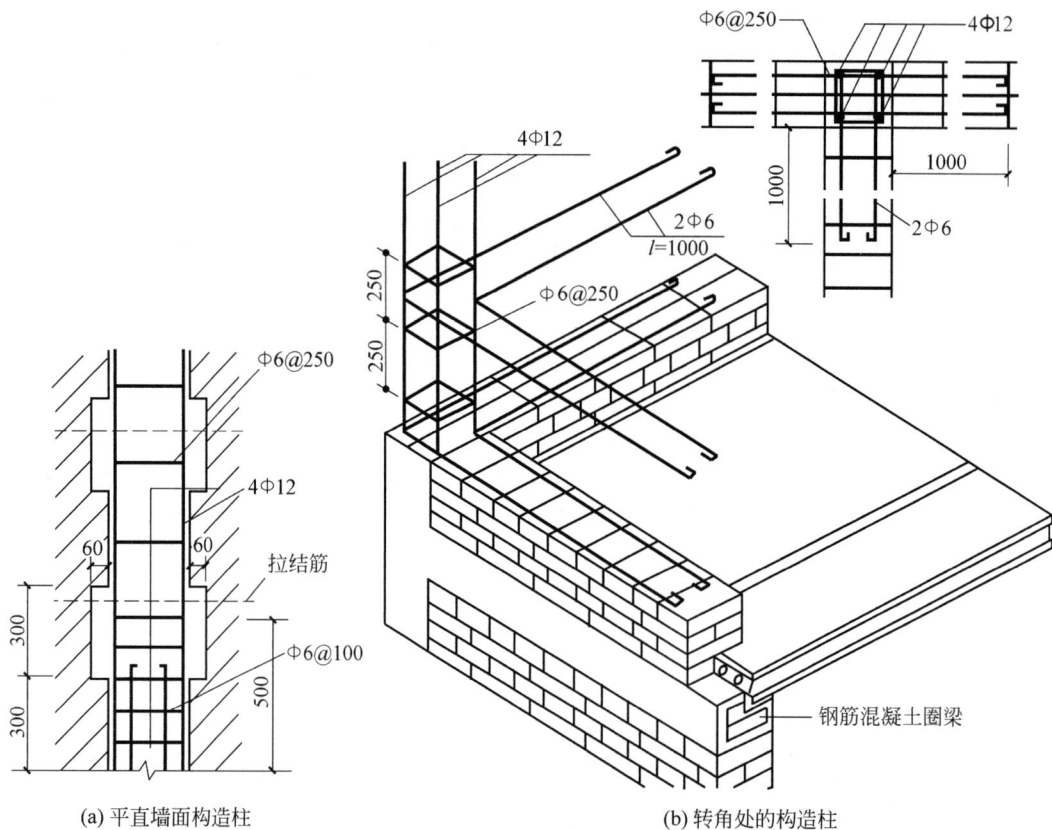

图 3-13 构造柱的构造

(a) 平直墙面构造柱　　(b) 转角处的构造柱

窗台的构造如图 3-14 所示。

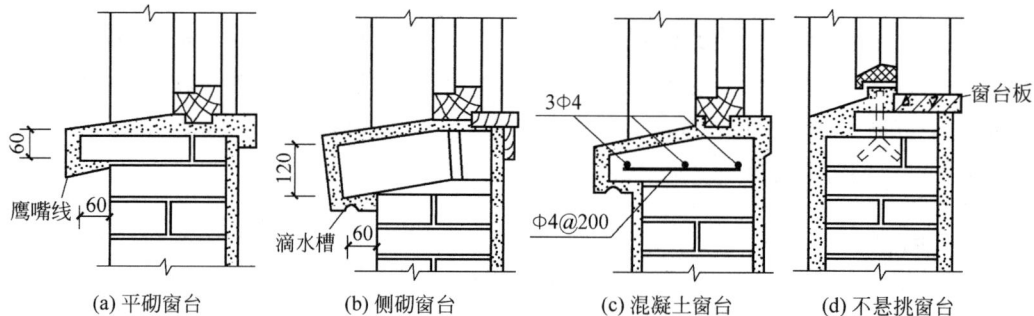

(a) 平砌窗台　　(b) 侧砌窗台　　(c) 混凝土窗台　　(d) 不悬挑窗台

图 3-14 窗台的构造

3.3.7 墙体保温

外墙保温材料主要有膨胀聚苯板、挤塑聚苯板、岩棉板、胶粉聚苯颗粒保温浆料、聚氨酯发泡材料以及憎水珍珠岩等。按保温材料所处位置不同，外墙保温的主要类型有外保温、内保温和夹芯保温三种。其中，外墙内保温和外墙外保温是目前最常用的两种方式。

1. 外墙外保温

外墙外保温是将保温隔热体系置于外墙外侧，并在保温材料的外侧挂玻璃纤维网或镀锌钢丝网后做外墙的饰面层。其保温效果好，不占用室内空间，但是成本高，施工难度大，施工工艺要求高，对外墙装饰有影响。其构造做法如图 3-15 所示。

2. 外墙内保温

外墙内保温是将保温隔热体系置于室内一侧，造价低、施工简便，但是内保温层不能隔断梁、横墙与柱在墙体中形成的热桥，保温隔热性能差。冬季时，由于保温层和外墙有温差，会在墙面上形成冷凝水，并且占用室内面积。其构造做法如图 3-16 所示。

外墙外保温材料

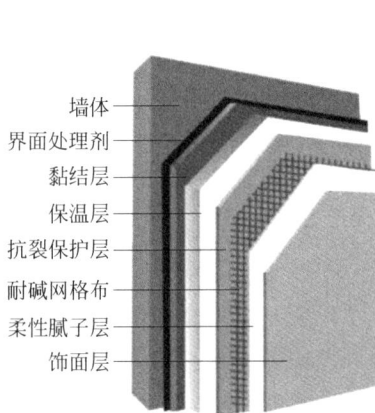

墙体
界面处理剂
黏结层
保温层
抗裂保护层
耐碱网格布
柔性腻子层
饰面层

原墙体
白松木龙骨做防火处理
20mm橡塑棉
20mm挤塑板
挤塑板外敷防潮锡纸
防水石膏板拼接处用白胶带缝补藻泥饰面

图 3-15 外墙外保温构造　　　图 3-16 外墙内保温构造

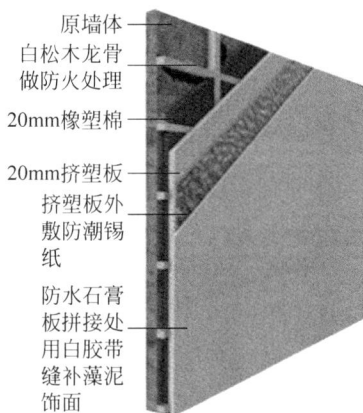

3.4 墙面装修

墙面装修是建筑装修中的重要部分。对墙面进行装修，可以保护墙体，提高墙体的耐久性，并能改善墙体的热工性能、光环境、声环境、卫生条件等使用功能，还可以提高建筑的艺术效果，美化环境。

墙面装修按其所处部位不同，分为室外墙面装修和室内墙面装修两类。室外墙面装修受到风、雨、雪等的侵蚀，因而应选择强度高、耐水性好以及有抗腐蚀风化性能的材料。内墙面装修应根据空间的使用功能及装修标准决定。

按材料的施工方式不同，墙面装修做法分为抹灰类、贴面类、涂料类、裱糊类、铺钉类等，其中裱糊类只能用于室内墙面装修，其他的室内室外均可以使用。

3.4.1 抹灰类墙面装修

抹灰是以水泥、石灰为胶凝材料，加入砂或装饰石粒浆，涂抹到建筑墙面上的装饰做法。

抹灰类饰面为了避免出现裂缝，保证抹灰层牢固和表面平整，施工时应分层操作，一般都由底层抹灰、中层抹灰和面层抹灰三部分组成。底层抹灰

抹灰类墙面装修

主要是对墙体基层的表面处理，其作用是保证饰面层与基层黏结牢固和初步找平。中层抹灰是保证装饰质量的关键层，其主要作用是找平与黏结，还可以弥补底层砂浆的干缩裂缝缺陷。用料一般与底层相同。根据墙体平整度与饰面质量要求，可一次抹成，也可分多次抹成。面层抹灰又称为"罩面"，其主要作用是满足装饰要求和其他使用功能，要求表面平整、色彩均匀、无裂缝，可以做成光滑或粗糙等不同质感的表面，如图 3-17 所示。

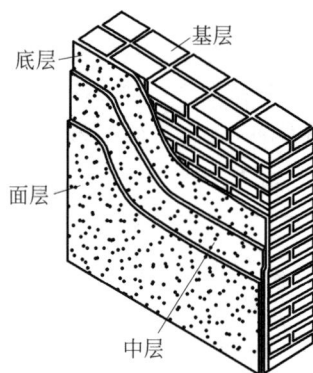

图 3-17 抹灰类饰面构造

1. 一般抹灰墙面构造

一般抹灰是指采用石灰砂浆、混合砂浆、聚合物水泥砂浆、麻刀灰和纸筋灰等进行抹灰装饰。目前装饰工程中，一般抹灰的主要作用是对建筑墙面进行找平。根据建筑使用标准和设计要求，一般抹灰饰面可分为普通、中级和高级三个等级。

（1）普通抹灰饰面构造由一层底层和一层面层组成，也可不分层。抹灰层总厚度规定如下：内墙一般为 18mm，外墙为 20mm。普通抹灰适用于简易住宅、大型临时设施、仓库及高标准建筑的附属工程等。

（2）中级抹灰饰面构造由一层底层、一层中层和一层面层组成，总厚度一般为 20mm。中级抹灰适用于一般住宅、公共建筑、工业建筑及高标准建筑的附属工程。

（3）高级抹灰饰面构造由一层底层、数层中层和一层面层组成，总厚度一般为 25mm。高级抹灰适用于大型公共建筑、纪念性建筑及有特殊功能要求的高级建筑。

2. 装饰抹灰饰面构造

装饰抹灰是指利用材料特点和工艺处理，使抹灰面具有不同的质感、纹理及色泽效果的抹灰类型。

装饰抹灰的底层灰和中层灰与一般抹灰做法基本相同，不同的是装饰抹灰的面层材料更具装饰性。根据所用材料和处理手法的不同，装饰抹灰大致可归纳为砂浆类装饰抹灰和石粒类装饰抹灰两大类。

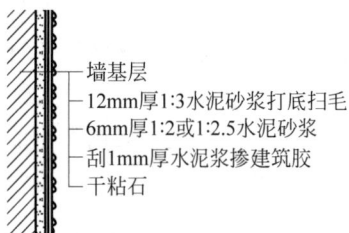

墙基层
12mm厚1:3水泥砂浆打底扫毛
6mm厚1:2或1:2.5水泥砂浆
刮1mm厚水泥浆掺建筑胶
干粘石

图 3-18 干粘石饰面构造

（1）砂浆类装饰抹灰是在一般抹灰的基础上，对抹灰表面进行装饰性加工，如喷涂、刷涂、滚涂、拉条抹灰、拉毛抹灰、做假面砖等。

（2）石粒类装饰抹灰是用以水泥为胶结材料、以石粒为骨料的水泥石粒浆抹于墙体表面，然后用水洗、水磨等工艺手段除去表面水泥皮，露出石粒的颜色和质感的饰面做法。目前常见的墙饰面做法主要有水刷石饰面和干粘石饰面，如图 3-18 所示。

3. 抹灰类墙面装修的细部构造

1）引条线

室外抹灰由于墙面面积较大、手工操作不均匀、材料调配不准确、气候条件等影响，易产生材料干缩开裂、色彩不匀、表面不平整等缺陷。为此，对于大面积的抹灰，用引条线进行分块施工，分块大小按立面线条处理而定。具体做法是底层抹灰后，固定引条，再抹中间层和面层。常用的引条材料有木引条、塑料引条、铝合金引条等。常用的引条形式有凸线、凹线、嵌线等。

引条线

2）护角

室内抹灰多采用吸声、保温蓄热系数较小、较柔软的纸筋石灰等材料作面层。这种材料强度较差，室内突出的阳角部位容易碰坏。因此，常在内墙面阳角部位用水泥砂浆或预埋角钢做护角。通常用高强度 1：2 水泥砂浆抹弧角或预埋角钢，高度不应小于 2m，每侧宽度不小于 50mm。

3）墙裙

室内墙体应考虑人身体活动摩擦而产生的污浊或划痕，并兼有一定的装饰性，往往在内墙下部一定高度范围内，选用耐磨性、耐腐蚀性、可擦洗等方面优于原墙面的材质做面层。常用的材料有木材、各类饰面板、面砖等。

3.4.2　涂料类墙面装修

涂料类墙面装修是将墙体基础经过刮腻子处理后，在腻子层上涂刷涂料，形成完整牢固的膜层，从而起到保护墙面和美观的一种装饰做法。

墙面涂料按其成膜物的不同，分为无机涂料和有机涂料两大类。无机涂料包括石灰浆、水泥浆涂料等。有机涂料依其稀释剂的不同分为溶剂型涂料、水溶型涂料和乳胶涂料等。

溶剂型涂料是以高分子合成树脂为主要成膜物质，以有机溶剂为稀释剂，加入适量的颜料、填料及辅助材料，经研磨而成的涂料，主要有丙烯酸酯、聚氨酯、环氧树脂类外墙涂料乳液型涂料。

乳液型涂料又称为乳胶漆，是由合成树脂借助乳化剂的作用，以 0.1~0.5μm 的极细微粒子分散于水中构成乳液，并以乳液为主要成膜物质，加入适量的颜料、填料及辅助材料经研磨而成的涂料。

水溶性涂料是以水溶性合成树脂为主要成膜物质，以水为稀释剂，加入适量的颜料及辅助材料，经研磨而成的涂料，一般只用于内墙涂料。

涂料类墙面装修做法具有省工、省料、工期短、更新方便等特点，广泛应用于内、外墙的装修中，如图 3-19 所示。

3.4.3　贴面类墙面装修

贴面类墙面装修是采取粘贴或挂贴的方式，将大小不同的块状材料固定到墙面上的装修制法。这种装修做法坚固耐用、色泽稳定、易清洗、耐腐蚀、防水、装饰效果丰富，内、外墙均可使用。

贴面类装修材料包括釉面砖、全瓷砖、马赛克砖以及大理石、花岗岩等。

贴面类墙面装修做法有两种，一种为直接粘贴式，另一种为贴挂式。

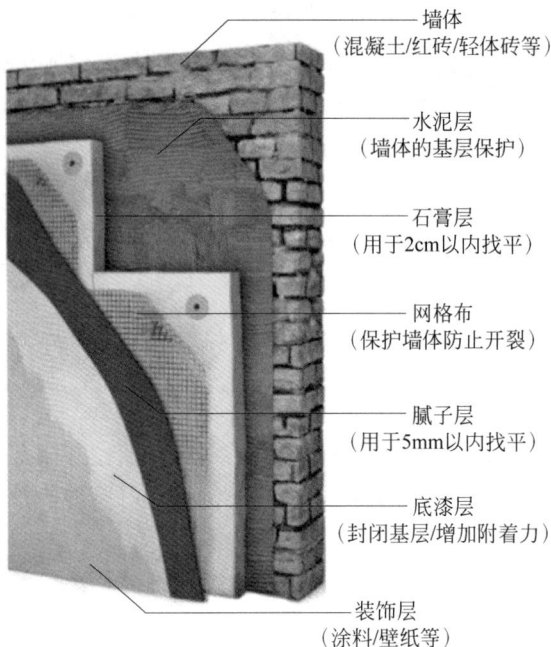

墙体
（混凝土/红砖/轻体砖等）

水泥层
（墙体的基层保护）

石膏层
（用于2cm以内找平）

网格布
（保护墙体防止开裂）

腻子层
（用于5mm以内找平）

底漆层
（封闭基层/增加附着力）

装饰层
（涂料/壁纸等）

图 3-19　涂料类墙面构造

1. 直接粘贴式

直接粘贴式的基本构造组成由找平层、结合层和面层三部分组成。找平层为底层砂浆，结合层为黏结砂浆，面层为块状材料，如大理石、花岗岩、预制水磨石板、釉面瓷砖、陶瓷锦砖（马赛克）、玻璃马赛克等。其构造做法如图 3-20 所示。

直接粘贴式墙面构造

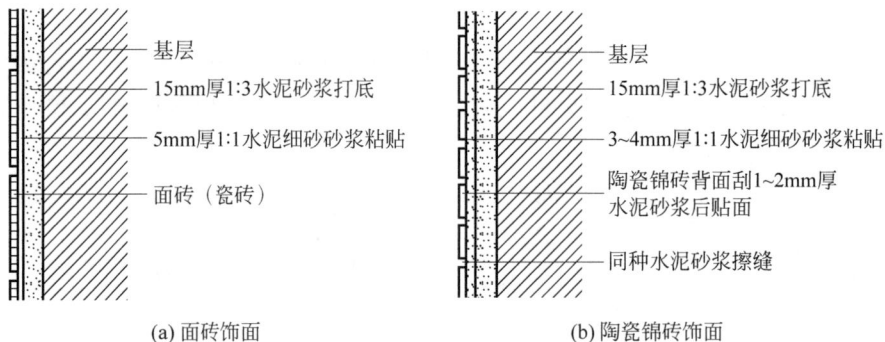

基层
15mm厚1:3水泥砂浆打底
5mm厚1:1水泥细砂砂浆粘贴
面砖（瓷砖）

基层
15mm厚1:3水泥砂浆打底
3~4mm厚1:1水泥细砂砂浆粘贴
陶瓷锦砖背面刮1~2mm厚水泥砂浆后贴面
同种水泥砂浆擦缝

(a) 面砖饰面　　　　　　　　　(b) 陶瓷锦砖饰面

图 3-20　直接粘贴式墙面构造

2. 贴挂式

当板材厚度较大，或尺寸规格较大时，如大理石、花岗石、青石板等天然石材和水磨石、水刷石、人造石材等，应采用贴挂相结合的方式。其具体做法有湿贴法和干挂法两种。

湿贴法的构造层次分基层、浇筑层（找平层和黏结层）和饰面层。这种做法较为保险，饰面板材绑挂在基层上，再灌浆固定。

贴挂式墙面构造

干挂法是在基层上按板材高度固定不锈钢锚固件，在板材上、下沿开槽口，将不锈钢销子插入板材上、下槽口与锚固件连接，在板材表面的缝隙中填嵌密封材料，如图 3-21 所示。

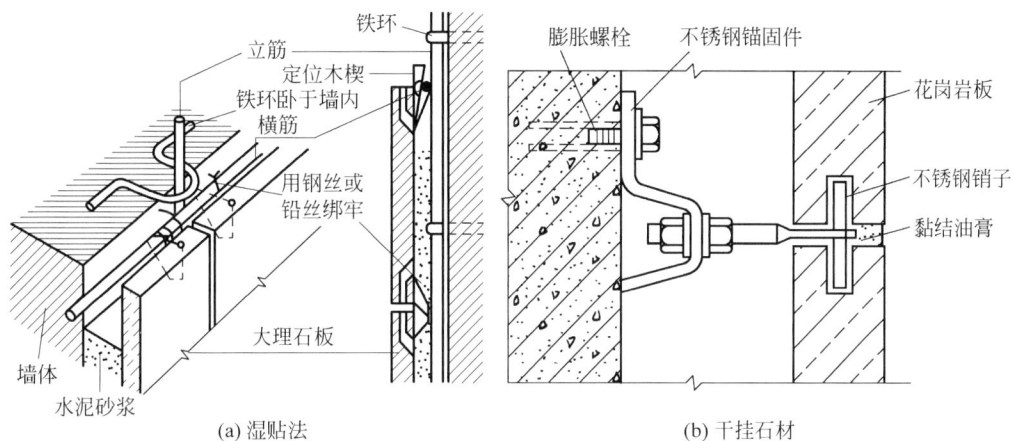

图 3-21 贴挂式墙面构造

3.4.4 裱糊类墙面装修

裱糊类墙面装饰是用黏结剂将各种装饰性壁纸、墙布等卷材裱糊在墙面上的一种饰面做法。常用的材料主要有塑料壁纸、纸基涂塑壁纸、纸基织物壁纸、玻璃纤维印花墙布、无纺墙布等。

裱糊类墙面装修

3.4.5 铺钉类墙面装修

铺钉类装修是将各种天然或人造面板镶钉在墙面上的饰面做法。常用的面板材料包括硬木条板、石膏板、胶合板、硬质纤维板、软质纤维板、装饰吸声板等。铺钉类装修由骨架、面板两部分组成，其中骨架一般是木骨架或金属骨架。

铺钉类墙面装修

—— 项目小结 ——

墙体是建筑构造的重要组成部分，起着承重、维护、分割空间的作用。

按材料分类，墙体分为砌体墙和非砌体墙；按受力情况，墙体分为承重墙和非承重墙；按在建筑平面布置的位置，墙体分为外墙和内墙、纵墙和横墙；按在建筑立面布置的位置，墙体分为窗间墙、窗下墙、女儿墙及基础墙。

墙体的材料主要包括砖、砌块、板材等。

墙体的构造包括门窗过梁、勒脚、墙身防潮、散水和明沟、圈梁、构造柱、窗台、墙体保温等。

圈梁能增加建筑的整体性，是提高房屋抗震能力的有效措施。同时，圈梁还可以调节由于地基不均匀沉降而引起的墙身开裂。设置构造柱是防止墙体倒塌十分有效的途径。圈梁与构造柱一起形成对墙体的约束，是确保房屋整体性的重要措施。

墙面装修通常包括抹灰类、涂料类、贴面类、裱糊类、铺钉类等类型，要根据墙体的类型、室内外环境特点、工程造价等多方面的因素选择墙体的装修做法。

—— 习题 ——

一、单选题

1. 墙体按在建筑中的位置不同，分为（　　）。
    A. 承重墙和非承重墙   B. 内墙和外墙
    C. 砖墙和砌块墙   D. 隔墙和外墙

2. 墙体的作用（　　）。
    A. 承重   B. 保温
    C. 分割空间   D. 以上都对

3. 过梁的作用（　　）。
    A. 提高墙体的抗震性能   B. 让墙体外立面更美观
    C. 承担洞口上方墙体的荷载   D. 承担楼板的荷载

4. 散水的坡度一般为（　　）。
    A. 1%~3%   B. 3%~5%
    C. 5% 以上   D. 不用做坡度

5. 圈梁设置的目的是（　　）。
    A. 提高建筑物的整体性，抵抗地震力   B. 便于砌筑墙体
    C. 建筑设计需要   D. 承受荷载

6. 圈梁的截面高度不应小于（　　）。
    A. 60mm   B. 100mm   C. 120mm   D. 180mm

7. 关于墙身保温层，下列说法错误的是（　　）。
    A. 保温层不能设于室内
    B. 保温层可以做外墙外保温、外墙内保温、外墙中保温
    C. 外墙内保温相对于外墙外保温施工方便
    D. 外墙内保温占用室内空间

8. 外墙面装饰的基本功能是（　　）。
    A. 保护墙体   B. 改善墙体的物理性能
    C. 美化建筑立面   D. 以上都对

9. 抹灰墙体的构造层次分为（　　）。
    A. 底层、中间层和饰面层   B. 基层、面层和外层
    C. 中间层和结构层   D. 结构层和面层。

10. 抹灰的中间层主要是（　　）作用。
    A. 是对底层的重复
    B. 找平与黏结
    C. 进一步找平，弥补底层砂浆的干缩裂缝
    D. 遮挡底色

二、多选题

1. 砌筑墙体的砂浆主要有（　　　）。

　A. 石灰砂浆　　　　　　　　B. 水泥砂浆　　　　　　　　C. 石膏砂浆

　D. 石英砂浆　　　　　　　　E. 混合砂浆

2. 墙体按受力情况不同可分为（　　　）。

　A. 窗间墙　　　　　　　　　B. 窗下墙　　　　　　　　　C. 女儿墙

　D. 承重墙　　　　　　　　　E. 非承重墙

3. 墙身防潮层的材料做法有（　　　）。

　A. 防水砂浆　　　　　　　　B. 细石混凝土　　　　　　　C. 砖石

　D. 油毡　　　　　　　　　　E. 毛石

4. 圈梁常设于（　　　）。

　A. 基础顶面　　　　　　　　B. 楼层顶面　　　　　　　　C. 屋顶檐口处

　D. 室外地坪处　　　　　　　E. 楼梯口处

5. 属于一般室内装修的普通无机涂料是（　　　）。

　A. 乳液涂料　　　　　　　　B. 水泥浆　　　　　　　　　C. 石灰浆

　D. 水溶性涂料　　　　　　　E. 溶剂型涂料

三、识图题

1. 如图 3-22 所示，某工程外墙面装修的做法如下：在 240mm 厚砖墙外表面先抹 20mm 厚 1∶3 的水泥砂浆打底，再刷外墙涂料。试在图中写出各层做法。要求：分层注明做法，注出厚度。

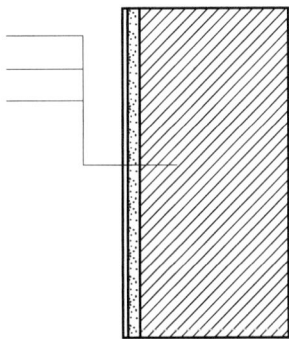

图 3-22　某工程外墙面装修

2. 识读附录中的建筑设计说明、装修做法表、一层平面图，完成以下填空题。

±0.000 以上墙体厚度及墙体材料	
卫生间隔墙厚度及墙体材料	
墙身防潮层做法	
宿舍的内墙面装修做法	
散水宽度	
室外散水做法	

项目 4　楼地面

思维导图

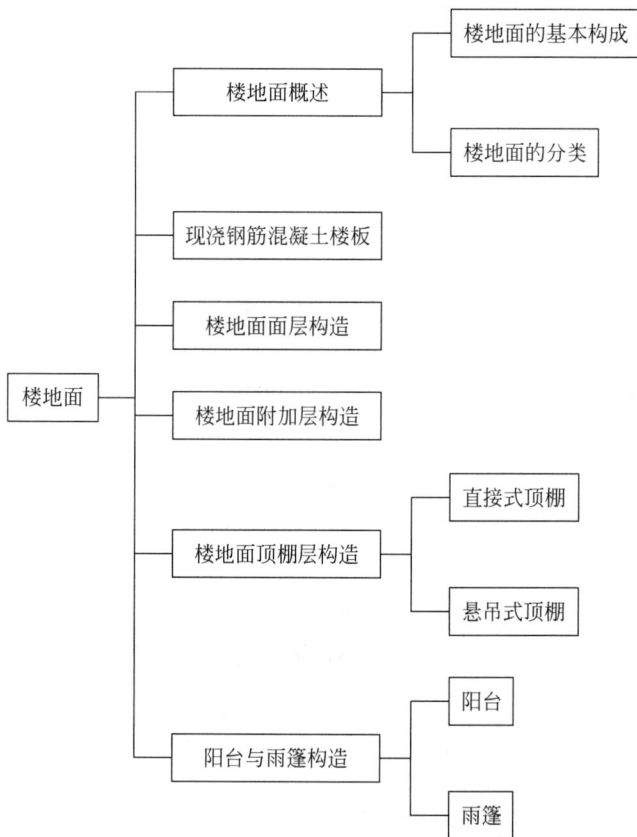

情境背景

楼地面是底层地坪层和上部楼板层的统称，是水平方向分隔房屋空间的承重构件。地坪层分隔回填土与底层空间，楼板层分隔上、下楼层空间，如图 4-1 所示。楼地面在房屋建筑中直接承受荷载，并在使用过程中经常受到摩擦。思考：楼地面在使用过程中会受到哪些荷载？使用者对不同房间的楼地面是否有不同的需求？

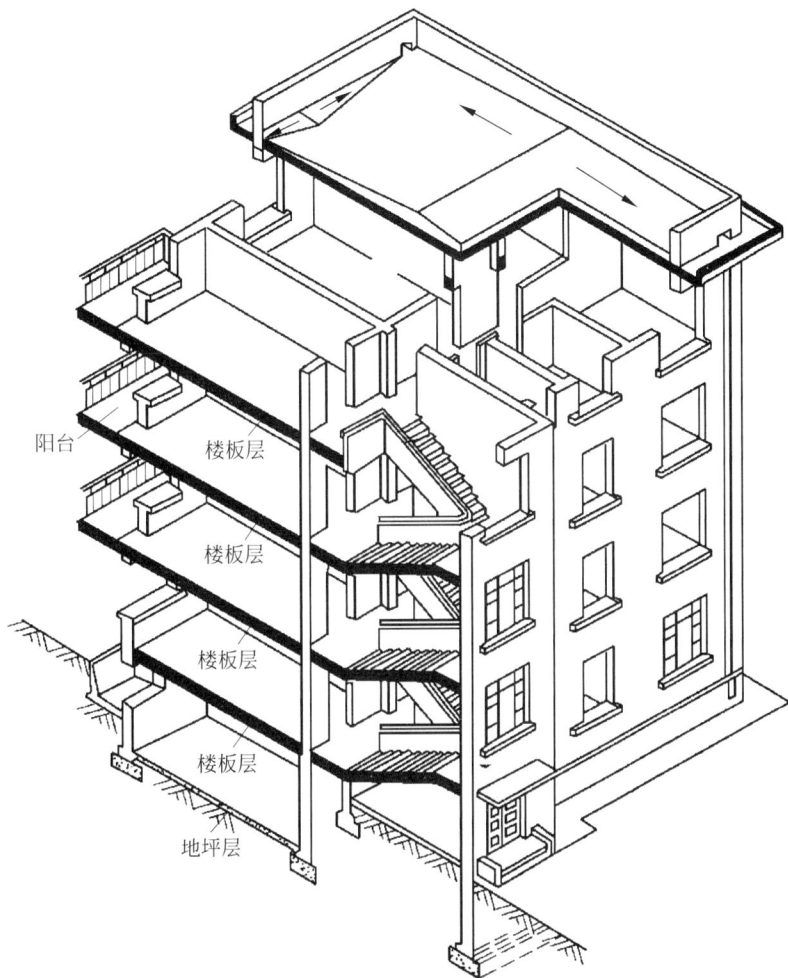

图 4-1　建筑物楼地面

4.1　楼地面概述

4.1.1　楼地面的基本构成

楼地面承受楼面荷载，并把这些荷载合理有序地传给墙或柱，对墙体起着水平支撑作用，帮助墙体抵抗风及地震产生的水平力，可以加强建筑物的整体刚度，还具有隔声、防火、防水、防潮、保温隔热等作用。

地坪层一般由面层、附加层、垫层、素土夯实层等组成。

楼面层一般由面层、附加层、结构层及顶棚等组成，如图 4-2 所示。

1. *面层*

面层是地面承受各种物理和化学作用的表面层。使用要求不同，面层的构造也不

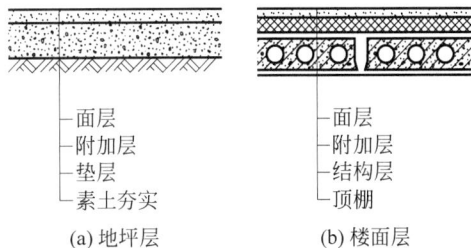

　面层
　附加层
　垫层
　素土夯实
(a) 地坪层

　面层
　附加层
　结构层
　顶棚
(b) 楼面层

图 4-2　楼地面的基本构成

同，但一般都具有一定的强度、耐久性、舒适性、安全性以及较好的美化作用。面层一般包括面层及面层的结合层。

2. 附加层

附加层通常设置在面层和结构层中间或结构层与顶棚层之间，可根据需要设置。常见的附加层有找平层（或找坡层）、隔声层、防水层及管道敷设层等。

3. 结构层

结构层是楼面层和地坪层中不可缺少的部分，起着承重作用，承受面层传来的各种使用荷载及结构自重。底层地坪的结构层为垫层，楼面的结构层为楼板。

4. 顶棚层

顶棚层位于楼板层最下层，也是室内空间上部的装修层，又称天花板、天棚，其主要作用是保护楼板、装饰室内、遮挡敷设管线、安装灯具等。

4.1.2 楼地面的分类

按楼板结构层所用材料不同，可分为木楼板、砖拱楼板、钢筋混凝土楼板及压型钢板组合楼板等多种形式，如图 4-3 所示。

楼板

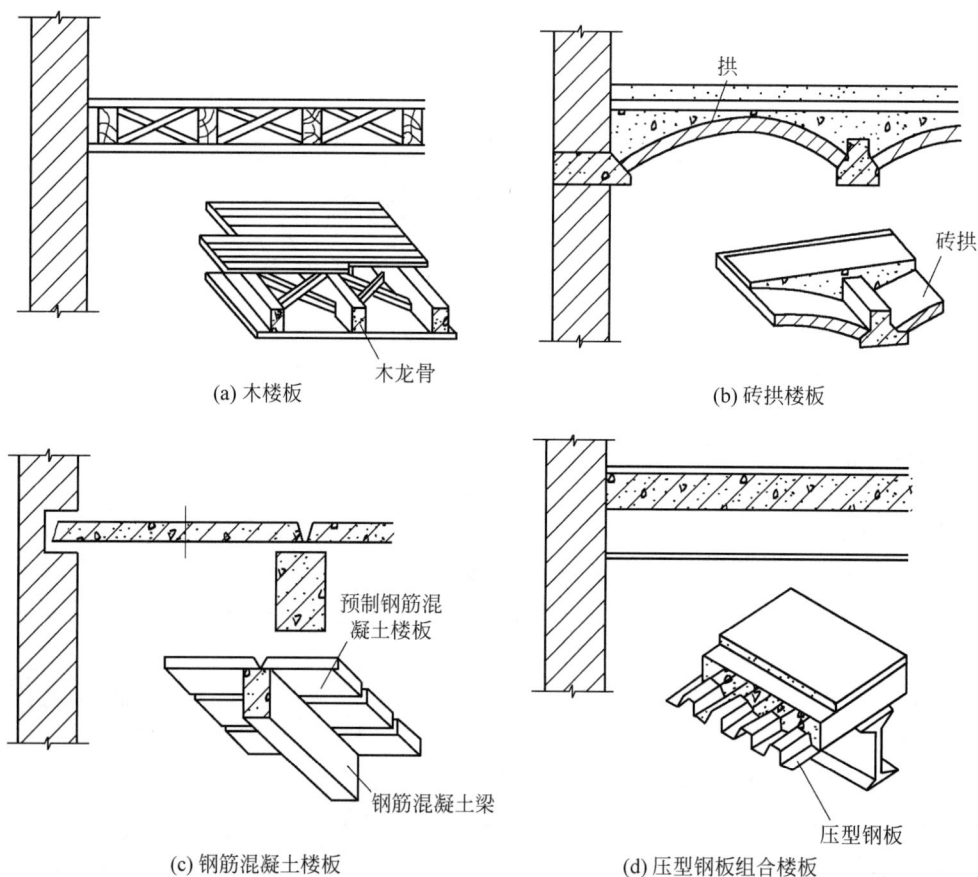

(a) 木楼板

(b) 砖拱楼板

(c) 钢筋混凝土楼板

(d) 压型钢板组合楼板

图 4-3 楼板的类型

4.2　现浇钢筋混凝土楼板

现浇钢筋混凝土楼板是指在施工现场支模、绑扎钢筋、浇捣混凝土，经养护而成的梁板结构，是建筑结构的水平构件。现浇钢筋混凝土楼板根据结构组成可分为板式楼板、梁板式楼板、无梁式楼板等。

1. 板式楼板

板式楼板内不设梁，由板的四边承重墙支撑，板将荷载直接传递给墙体。根据受力特点和支撑情况，板式楼板分为单向板和双向板。单向板长边与短边之比大于2，荷载主要沿短边方向传递，板基本上只在短边方向上弯曲。双向板长边与短边之比小于或等于2，荷载沿两个方向传递，板在两个方向上产生弯曲，如图4-4所示。

2. 梁板式楼板

由板、梁组合而成的楼板称为梁板式楼板。根据梁的构造情况，梁板式楼板可分为单梁式、复梁式和井字梁式楼板。

（1）单梁式楼板仅在一个方向设梁，梁可以直接支承在承重墙上，如图4-5所示。

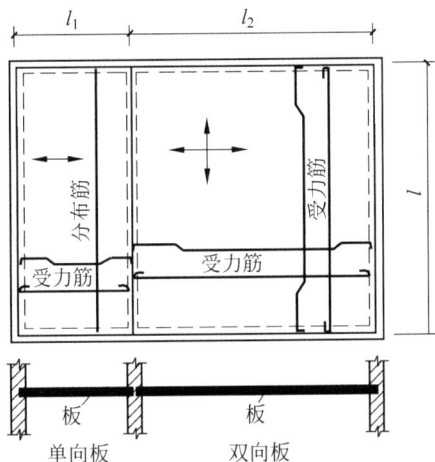

图 4-4　单向板和双向板

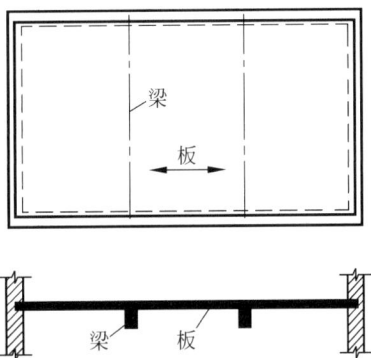

图 4-5　单梁式楼板

（2）复梁式楼板在两个方向设梁，梁分主梁和次梁且垂直相交，如图4-6所示。

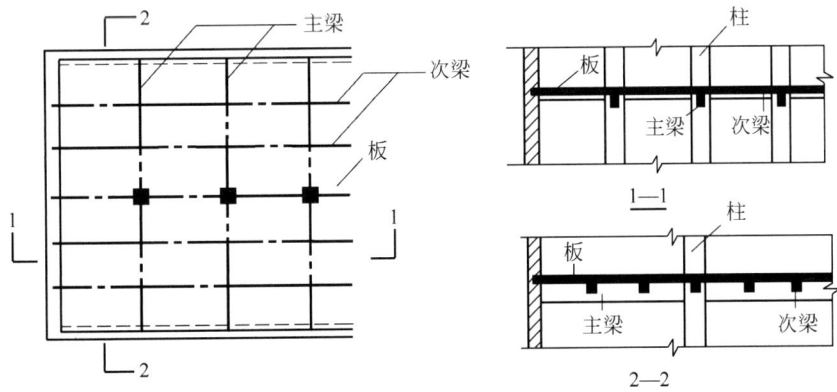

图 4-6　复梁式楼板

（3）井字梁式楼板沿两个方向布置等截面高度的梁，梁不分主次，与板整浇形成井格形，如图 4-7 所示。

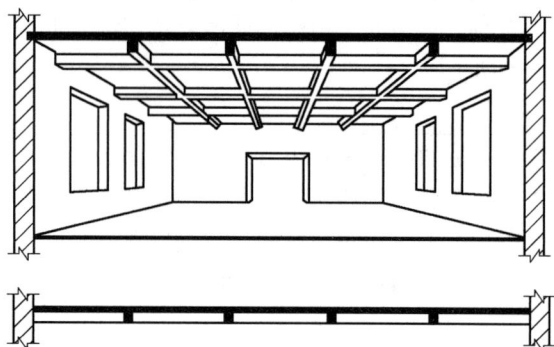

图 4-7 井字梁式楼板

3. 无梁式楼板

无梁楼板将楼板直接支承在柱上，如图 4-8 所示。

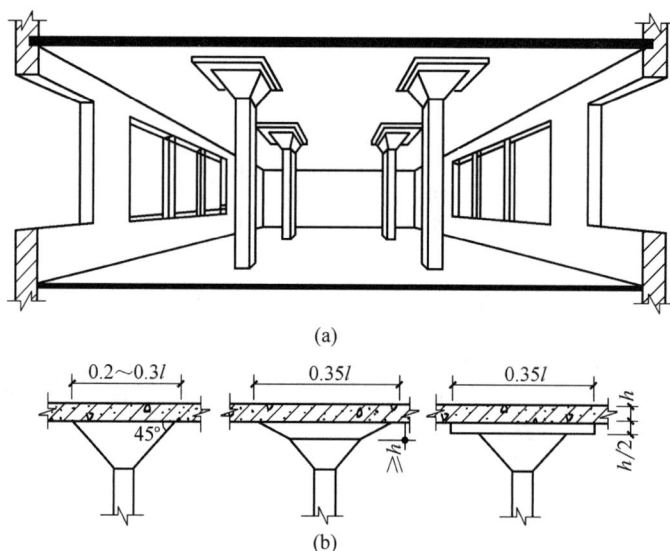

(a)

(b)

图 4-8 无梁式楼板

除了现浇钢筋混凝土楼板，还有预制装配式钢筋混凝土楼板以及装配整体式钢筋混凝土楼板，但是这两种结构形式目前应用较少，本书不再做具体介绍。

4.3 楼地面面层构造

楼地面的面层根据材料和施工工艺不同，分为整体式楼地面、块材类楼地面、卷材类楼地面及木地板等。

1. 整体式楼地面

整体式楼地面是指以砂浆、混凝土或其他材料的拌合物在现场浇筑而成

整体式楼地面

的地面。常见的整体式地面有水泥砂浆楼地面、水泥自流平楼地面、水磨石楼地面及以树脂（如聚醋酸乙烯乳液、丙烯酸树脂乳液、环氧树脂等）为胶凝材料的塑胶地面，如图 4-9 所示。

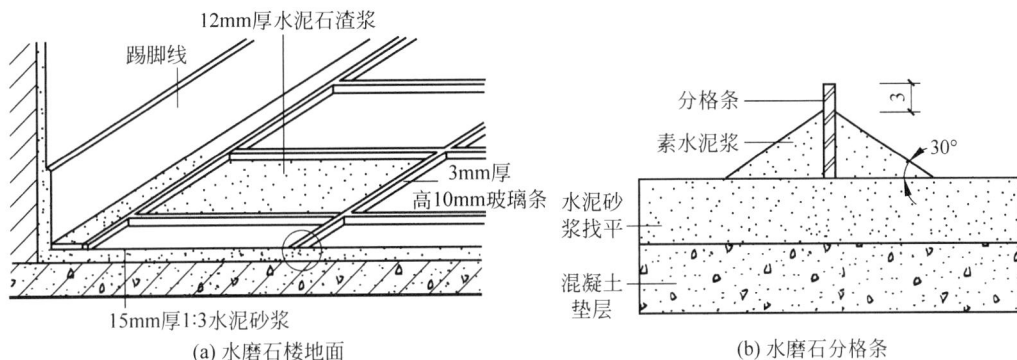

图 4-9　水磨石楼地面构造

2. 块材类楼地面

块材类楼地面是指由各种不同形状的板块材料铺砌而成的装饰性楼地面。常见的块材如陶瓷地砖、陶瓷锦砖、人造石材、天然石材（大理石、花岗岩）等，如图 4-10 所示。

3. 卷材类楼地面

卷材类楼地面是指以人造软质制品覆盖地面所形成的楼地面。常见的卷材类有橡胶地板、塑料地板及地毯（化纤地毯、羊毛地毯、棉织地毯等）等，如图 4-11 所示。

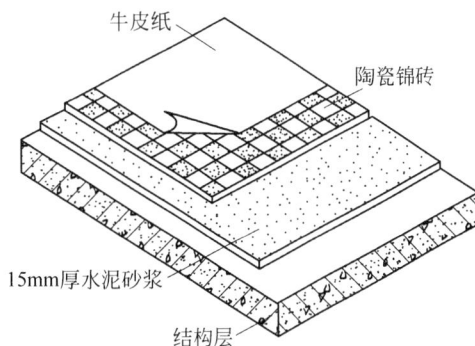

块材类楼地面

图 4-10　陶瓷锦砖地面构造

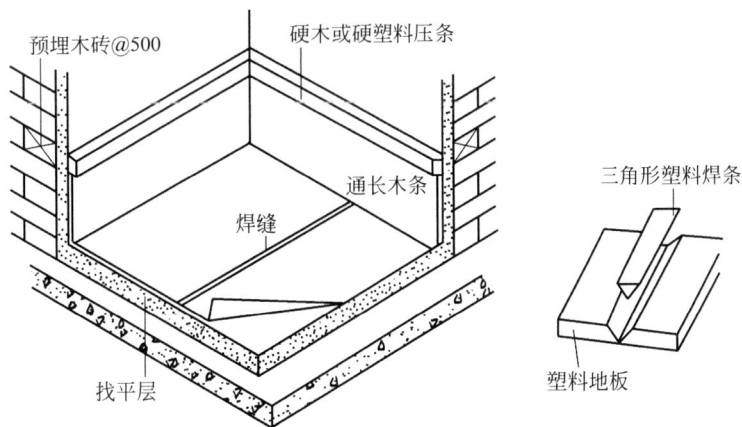

图 4-11　塑料地板构造

4. 木地板

木地板有实铺和空铺两种，实铺木地板常用的铺贴方式有搁栅式和粘贴式，如图 4-12 所示。

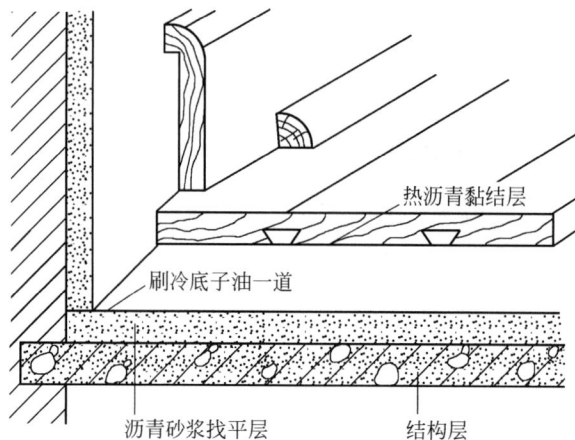

图 4-12　粘贴式木地板构造

4.4　楼地面附加层构造

楼地面的附加层主要用来满足隔声、防水、隔热、保温等，是现代楼板结构中不可缺少的部分，如图 4-13 所示。

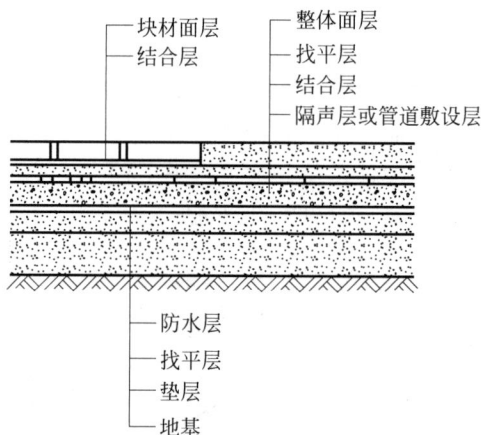

图 4-13　防水附加层、隔声层或管道辐射层

4.5　楼地面顶棚层构造

4.5.1　直接式顶棚

直接式顶棚是指在钢筋混凝土楼板底面直接喷刷涂料、抹灰或粘贴饰面材料的一种构造做法。

（1）当楼板底面平整、室内装饰要求不高时，可直接或稍加修补刮平后喷刷大白浆、石灰浆等，以增强顶棚的反射光照作用。

（2）当楼板底面不够平整，且室内装饰要求较高时，可先在楼板底面抹灰，再喷刷涂料。

（3）当楼板底不需敷设管线，而装饰要求较高时，可在楼板底面用砂浆打底找平后，用粘贴剂粘贴墙纸、泡沫塑料板、铝塑板或吸音板，分别起到一定的保温、隔热和吸声作用，如图 4-14 所示。

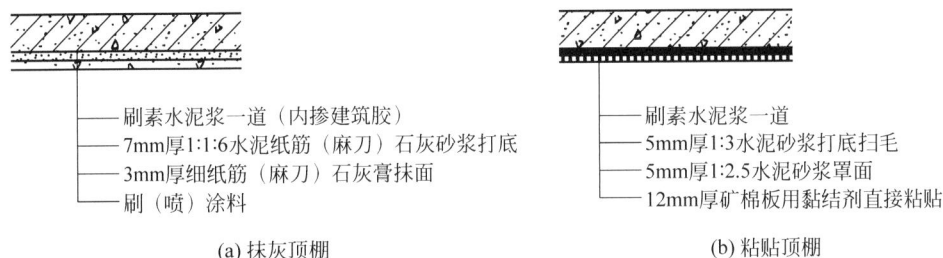

刷素水泥浆一道（内掺建筑胶）
7mm厚1:1:6水泥纸筋（麻刀）石灰砂浆打底
3mm厚细纸筋（麻刀）石灰膏抹面
刷（喷）涂料

(a) 抹灰顶棚

刷素水泥浆一道
5mm厚1:3水泥砂浆打底扫毛
5mm厚1:2.5水泥砂浆罩面
12mm厚矿棉板用黏结剂直接粘贴

(b) 粘贴顶棚

图 4-14 直接式顶棚

4.5.2 悬吊式顶棚

悬吊式顶棚简称吊顶，是指顶棚的装修表面与屋面板或楼板之间留有一定距离，这段距离形成的空腔，可以将设备管线和结构隐藏起来，也可使顶棚在这段空间高度上产生变化，形成一定的立体感，增强装饰效果。吊顶一般由吊筋、龙骨和面板三部分组成，如图 4-15 所示。

吊顶

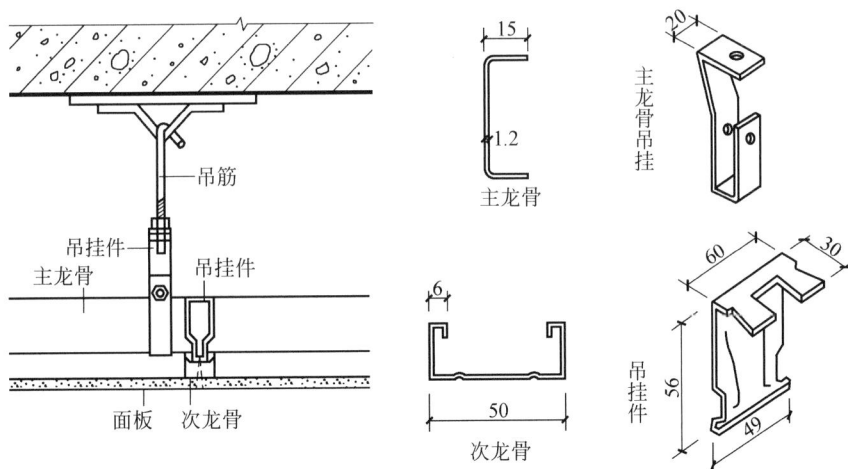

图 4-15 轻钢龙骨吊顶构造

（1）吊筋又称吊杆，连接龙骨和楼板或屋面板，把龙骨和面板的重量传递给承重结构层，主要包括金属吊筋和木吊筋。

（2）龙骨用以固定饰面层，承受面层重力，一般由主龙骨和次龙骨组成，饰面层固定在次龙骨上，次龙骨固定在主龙骨上，主龙骨与吊筋相连。龙骨主要包括木龙骨、轻钢龙骨、铝合金龙骨等。

（3）面板是顶棚最下面的部分，主要包括木质板、石膏板和铝合金板等。面层应满足美观、耐用、防火等要求。

4.6 阳台与雨篷构造

4.6.1 阳台

1. 阳台的功能

阳台与住宅基本空间相连，与户外相通，是住宅与户外过渡的半室外空间，供居住者室外活动、晾晒衣物、眺望、休息。阳台应具有日光照射，并具有良好的通风条件。

阳台

2. 阳台的类型

阳台按其与外墙的相对位置分为凹阳台、凸阳台、和半凸半凹阳台，如图 4-16 所示。

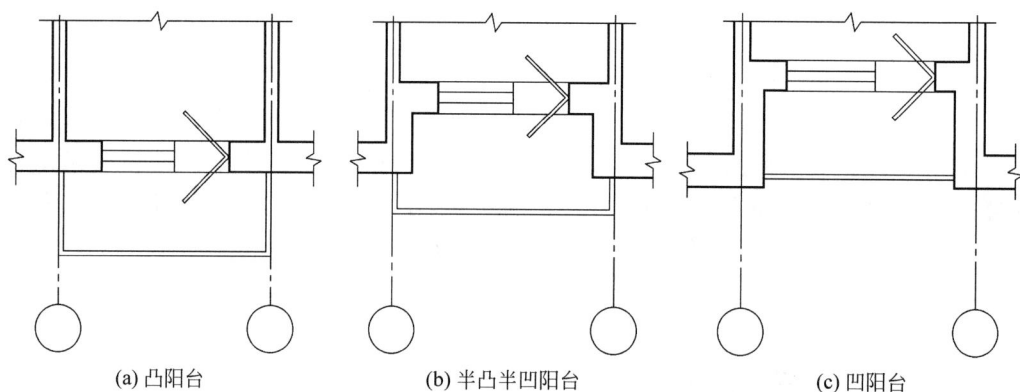

(a) 凸阳台　　　　　　(b) 半凸半凹阳台　　　　　　(c) 凹阳台

图 4-16　阳台的类型

3. 阳台的构造

1）阳台的栏杆（栏板）和扶手

栏杆和栏板是阳台外围设置的竖向的围护构件，承受人们倚扶时的侧向推力，其高度应高于人体重心，不小于 1.05m，也不宜大于 1.2m。中高层及寒冷地区住宅的阳台宜采用实体栏板。

2）阳台排水

为防止阳台上的雨水流入室内，设计时要求将阳台地面标高低于室内地面标高 20~50mm，并将地面抹出 0.5%~1% 的排水坡，将水导入排水孔，使雨水能顺利排出。

4.6.2 雨篷

1. 雨篷的功能

雨篷位于建筑物出入口的上方，用来遮挡雨雪，保护外门，给人们提供从室外到室内的过渡空间，并起到丰富建筑立面造型的作用。

2. 雨篷的类型

根据材料和结构不同,雨篷可分为钢筋混凝土雨篷、钢结构悬挑雨篷、玻璃采光雨篷、软面折叠多用雨篷等;根据雨篷板的支承方式不同,可分为悬板式雨篷和梁板式雨篷,如图 4-17 所示。

雨篷

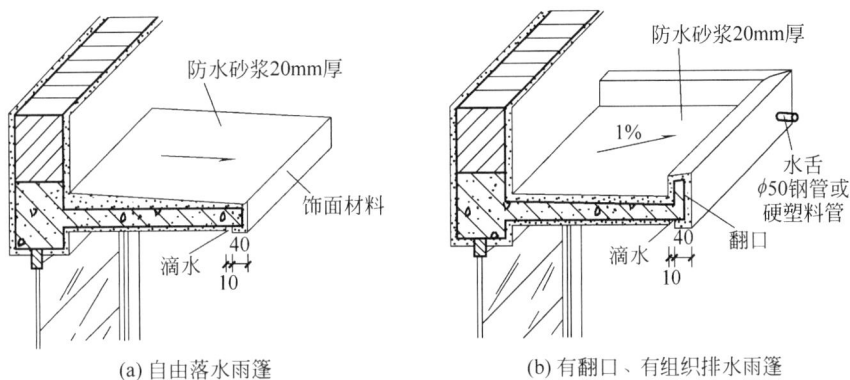

(a) 自由落水雨篷   (b) 有翻口、有组织排水雨篷

图 4-17 雨篷的类型

—— 项目小结 ——

建筑物的楼地面是建筑构造的重要组成部分。

地坪层一般由面层、附加层、垫层、素土夯实层等组成。

楼面层一般由面层、附加层、结构层及顶棚等组成。

楼地面结构层是建筑结构的水平受力构件,现浇钢筋混凝土楼板根据结构组成可分为板式楼板、梁板式楼板、无梁式楼板等。

楼地面的面层根据材料和施工工艺不同,分为整体式地面、块材类地面、卷材类地面及木地面等。

楼地面的附加层包括隔声层、防水层、隔热层、保温层等。例如,卫生间需铺设防水层,隔音房间需铺设隔音材料层,地暖地面需铺设采暖层等。

楼地面顶棚包括直接式顶棚及悬吊式顶棚(吊顶)。悬吊式顶棚一般由吊筋、龙骨和面板三部分组成。

阳台按其与外墙的相对位置分为凹阳台、凸阳台和半凸半凹阳台。

—— 习题 ——

一、单选题

1. 根据楼板层所使用材料的不同,楼板可分为( )类。

    A. 2   B. 3   C. 4   D. 5

2. 对有水作用的房间,地面应具备( )的能力。

    A. 预防火灾   B. 一定弹性

    C. 防震防冻   D. 防潮防水

3. 下列属于整体地面的是（　　　　）。

    A. 陶瓷锦砖缸砖　　　　　　　　　　　　B. 水泥砂浆地面水磨石地面

    C. 缸砖水磨石地面　　　　　　　　　　　D. 陶瓷锦砖水磨石地面

4. 下列不属于块材地面的是（　　　　）。

    A. 水磨石地面　　　　B. 花岗岩地面　　　　C. 锦砖地面　　　　D. 大理石地面

5. 在楼板层的组成构造层次中，属于附加层的是（　　　　）。

    A. 面层　　　　　　　B. 结构层　　　　　　C. 防水层　　　　　D. 顶棚层

6. 下列不属于梁板式楼板的是（　　　　）。

    A. 单梁式楼板　　　　B. 复梁式楼板　　　　C. 无梁楼板　　　　D. 井格式楼板

二、多选题

1. 楼面层一般由（　　　　）等几个基本层组成。

    A. 面层　　　　　　　B. 结构层　　　　　　C. 顶棚层

    D. 附加层　　　　　　E. 防水层

2. 下列类型中，属于根据楼层所用材料的不同进行分类的是（　　　　）。

    A. 板式楼板　　　　　B. 木楼板　　　　　　C. 钢筋混凝土楼板

    D. 梁式楼板　　　　　E. 压型钢板组合楼板

3. 现浇钢筋混凝土楼板主要可分为（　　　　）。

    A. 整体式楼板　　　　B. 板式楼板　　　　　C. 梁板式楼板

    D. 无梁楼板　　　　　E. 梁式楼板

4. 下列常用地面中，属于块材地面的有（　　　　）。

    A. 水泥砂浆地面　　　B. 大理石地面　　　　C. 木地板

    D. 橡胶地毡　　　　　E. 陶瓷地砖

5. 按照阳台与外墙的相对位置，可以将阳台分为（　　　　）。

    A. 凹阳台　　　　　　B. 凸阳台　　　　　　C. 半凸半凹阳台

    D. 观景阳台　　　　　E. 生活阳台

三、识图题

识读附录中的装修做法表，根据门厅地面、二楼卫生间楼面的构造做法，完成以下填空题。

二层卫生间防水地面	结构层	
	找坡层	
	防水层	
	黏结找平层	
	面层	
二层卫生间顶棚	抹灰顶棚	

项目 5 楼梯

思维导图

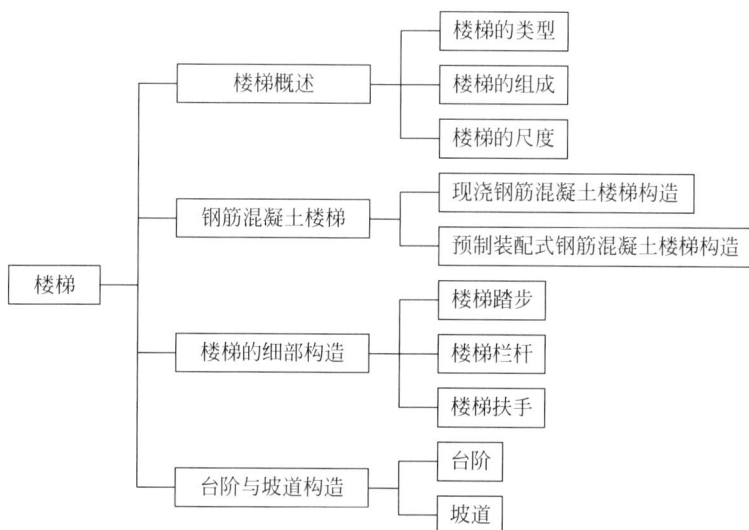

情境背景

在建筑物中，为解决垂直交通和高差，常采用的措施有楼梯、台阶、坡道等。某商场装修豪华，采用螺旋式楼梯。某公共建筑由于人流量较大，采用平行双分楼梯，如图 5-1 所示，仔细观察身边的建筑物，都有哪些类型的楼梯？楼梯由哪些部分组成？

(a) 螺旋式楼梯

(b) 平行双分楼梯

图 5-1　建筑楼梯

5.1 楼梯概述

5.1.1 楼梯的类型

（1）按使用性质分类，楼梯可分为主要楼梯、辅助楼梯、安全楼梯和消防楼梯。

（2）按材料分类，楼梯可分为钢筋混凝土楼梯、钢楼梯、木楼梯、金属楼梯和其他材料楼梯。

楼梯

（3）按所处的位置分类，楼梯可分为室内楼梯和室外楼梯。

（4）按平面形式分类，楼梯可分为直行单跑楼梯、直行双跑楼梯、折形楼梯、平行双跑楼梯、平行双分楼梯、折行多跑楼梯、交叉式楼梯、螺旋式楼梯等，如图 5-2 所示。

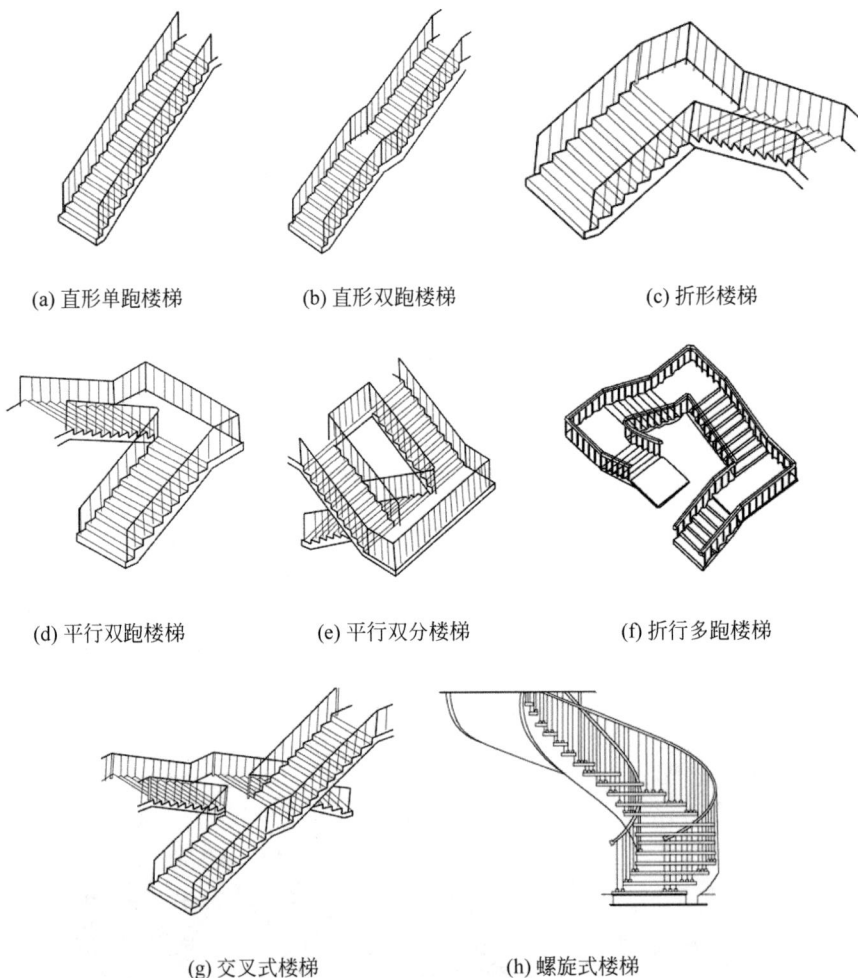

(a) 直形单跑楼梯　　　　(b) 直形双跑楼梯　　　　(c) 折形楼梯

(d) 平行双跑楼梯　　　　(e) 平行双分楼梯　　　　(f) 折行多跑楼梯

(g) 交叉式楼梯　　　　(h) 螺旋式楼梯

图 5-2　楼梯的平面形式分类

5.1.2　楼梯的组成

楼梯由梯段、楼梯平台及栏杆和扶手组成，如图 5-3 所示。

1. 梯段

梯段是楼梯的主要使用和承重构件。它由若干个踏步组成，每个踏步由踏面和踢面组成，其中供人们行走时踏脚的水平面为踏面，与踏面垂直的平面为踢面。《民用建筑设计统一标准》（GB 50352—2019）规定，一个梯段的踏步级数不应少于 3 级，且不应超过 18 级。

2. 楼梯平台

楼梯平台是指梯段之间的水平构件，供楼梯转折或使用者稍加休息之用。其中，与楼层标高一致的平台称为楼层平台，位于两个楼层之间的平台称为休息平台。

3. 栏杆和扶手

栏杆和扶手是楼梯的安全设施，一般设置在梯段和平台的临空边缘。

5.1.3　楼梯的尺度

楼梯各个部位的尺寸定义如图 5-4 所示。

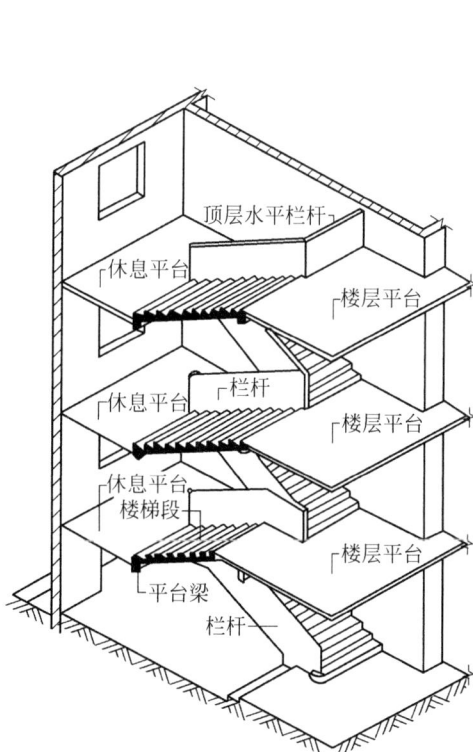

图 5-3　楼梯的组成

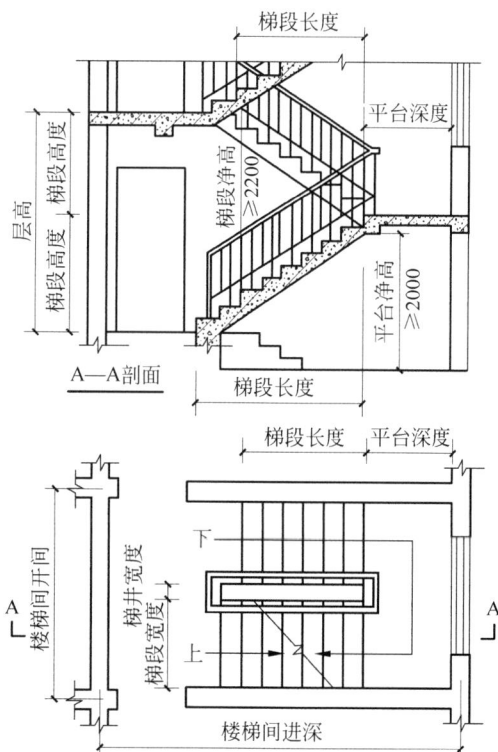

图 5-4　楼梯的尺寸定义

1. 梯段净宽

供日常主要交通用的楼梯，其梯段净宽应根据建筑物使用特征，按每股人流宽度为 [0.55+（0~0.15）] m 的人流股数确定，并不应少于两股人流（图 5-5）。0 -0.15m 为人流在行进中人体的摆幅，公共建筑人流众多的场所应取上限值。

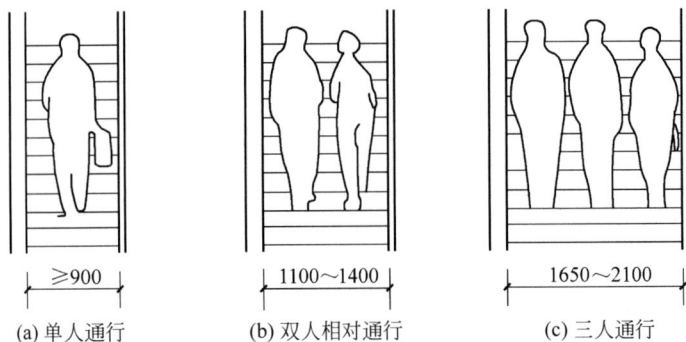

(a) 单人通行　　　(b) 双人相对通行　　　(c) 三人通行

图 5-5　梯段净宽

2. 梯井宽度

梯井是指楼梯两梯段之间的间隙，一般为 60~200mm，公共建筑的梯井一般不小于 160mm；住宅楼梯梯井宽度大于 110mm 时，托儿所、幼儿园、中小学及少年儿童活动场所的梯井净宽大于 200mm 时，应采取防止儿童攀爬的措施。

3. 平台宽度

当梯段改变方向时，扶手转向端处的平台最小宽度不应小于梯段净宽，并不得小于 1.2m。当有搬运大型物件的需要时，应适量加宽平台宽度。直跑楼梯的中间平台宽度不应小于 0.9m。

4. 楼梯坡度

楼梯的坡度是指梯段的坡度，即梯段的倾斜角度，由踏步高宽比决定。如果建筑物的层高不变，那么梯段坡度过大，会造成行走吃力；过小，则会加大楼梯间进深尺寸，浪费面积。一般楼梯的坡度范围在 23°~45°，常取 30° 左右。坡度过小时，采用坡道；坡度过大时，采用爬梯，如图 5-6 所示。

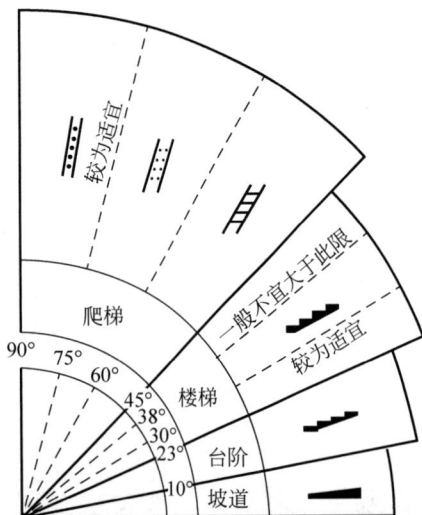

图 5-6　楼梯、台阶、坡道的坡度范围

5. 楼梯的净空高度

楼梯的净空高度包括梯段部位和平台部位的净空高度，其高度应保证人流通行和搬运家具的需要。梯段净高指踏步前缘到顶部梯段底面的垂直距离，应大于或等于 2.2m；平台净高指平台面顶部到平台梁底面的垂直距离，应大于或等于 2m。并且，梯段起止踏步边缘与顶部突出物内边缘的水平距离应大于或等于 0.3m，如图 5-7 所示。

当楼梯底层中间平台下面设置楼梯间入口时，为满足平台净高大于或等于 2m 的要求，常采用以下几种处理方法。

（1）增加底层第一梯段的踏步数量，增大入口处中间平台的高度。

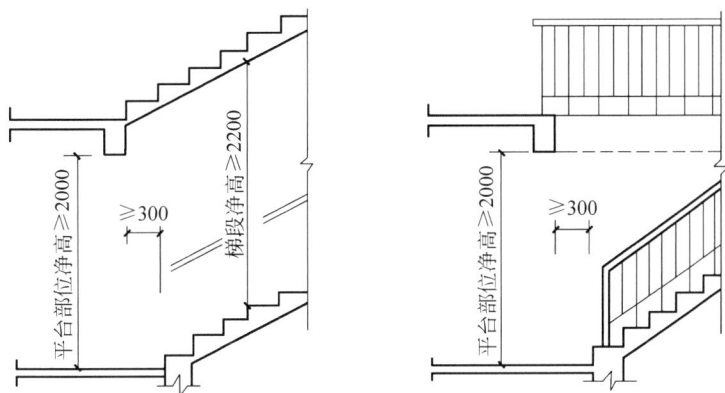

图 5-7　楼梯的净空高度

（2）设置室内外高差，降低楼梯间底层地面的标高。

（3）将上述两种方法结合。

（4）楼梯底层采用直跑楼梯，直接进入二层。

6. 踏步尺寸

楼梯踏步的尺寸决定着梯段的坡度，踏步尺寸要与人行走有关，应与人脚相适应。通常情况下，踏步尺寸可以采用以下经验公式确定：

$$b + 2h = 600 \sim 620\text{mm} \tag{5-1}$$

式中：h——踏步高度；

　　　　b——踏步宽度；

　　　　$600 \sim 620\text{mm}$——一般人行走的平均步距。

在民用建筑中，楼梯踏步最小宽度与最大高度的限制值详见表 5-1。

表 5-1　楼梯踏步最小宽度和最大高度　　　　　　　单位：mm

楼梯类别		最小宽度	最大高度
住宅楼梯	住宅公共楼梯	0.260	0.175
	住宅套内楼梯	0.220	0.200
宿舍楼梯	小学宿舍楼梯	0.260	0.150
	其他宿舍楼梯	0.270	0.165
老年人建筑楼梯	住宅建筑楼梯	0.300	0.150
	公共建筑楼梯	0.320	0.130
托儿所、幼儿园楼梯		0.260	0.130
小学校楼梯		0.260	0.150
人员密集且竖向交通繁忙的建筑以及大、中学校楼梯		0.280	0.165
其他建筑楼梯		0.260	0.175
超高层建筑核心筒内楼梯		0.250	0.180
检修及内部服务楼梯		0.220	0.200

当踏步尺寸较小时，常用出挑踏步面或使踢面倾斜的方式来加宽踏面，如图 5-8 所示。

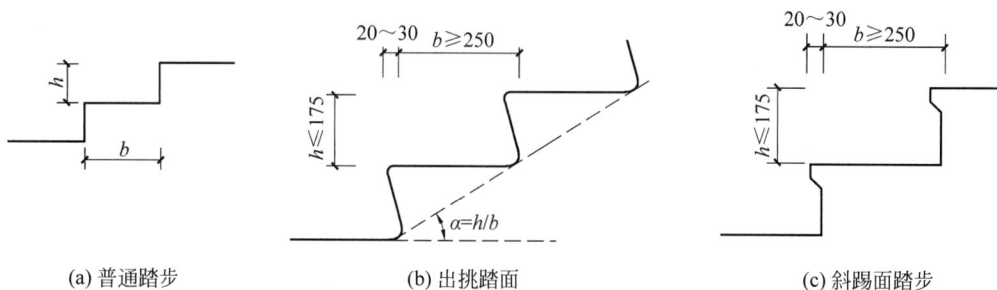

(a) 普通踏步　　　　　(b) 出挑踏面　　　　　(c) 斜踢面踏步

图 5-8　加宽踏面的方法

7. 楼梯栏杆扶手的高度

楼梯栏杆扶手的高度自踏步前缘线量起不宜小于 0.9m。楼梯水平栏杆或栏板长度大于 0.5m 时，其高度不应小于 1.05m，如图 5-9 所示。

托儿所、幼儿园、中小学校及其他少年儿童专用活动场所，当楼梯井净宽大于 0.2m 时，必须采取防止少年儿童坠落的措施。

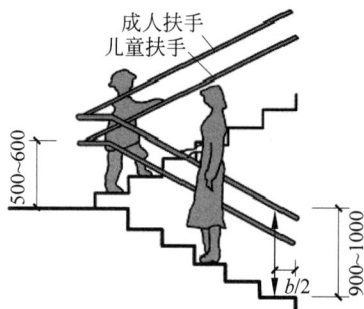

图 5-9　楼梯栏杆扶手高度

5.2　钢筋混凝土楼梯

楼梯按材料分类，主要包括钢筋混凝土楼梯、钢楼梯、木楼梯等。其中，钢筋混凝土楼梯耐火性好、耐久性好，因此，民用建筑中大量采用钢筋混凝土楼梯。按照施工方式不同，钢筋混凝土楼梯可分为现浇整体式和预制装配式两种。

5.2.1　现浇钢筋混凝土楼梯构造

现浇钢筋混凝土楼梯的特点是整体性好、刚度大、尺寸灵活、有利于抗震，但模板消耗大、工期较长、施工速度慢。按梯段的传力方式不同，现浇钢筋混凝土楼梯有板式楼梯和梁式楼梯两种。

1. 板式楼梯

板式楼梯是一块带踏步的倾斜整板，由梯段板、平台梁、平台板组成。平台梁是支座。荷载将力传递给梯段板，再传递给平台梁，然后传递给墙体（柱）基础，如图 5-10 所示。板式楼梯受力简单，底面平整，易于支模、施工、装修，但板厚，自重大。

2. 梁式楼梯

梁式楼梯是指在踏步板两侧设置斜梁，平台梁是斜梁的支座。荷载将力传递给踏步板，再传递给斜梁，然后传递给平台梁，之后传递给墙体（柱）基础。梁式楼梯可以在结构布置上分为双梁布置和单梁布置。根据斜梁与踏步的关系，分为暗步和明步两种形式。暗步是踏步被斜梁包在里面，明步是踏步外露，如图 5-11 所示。

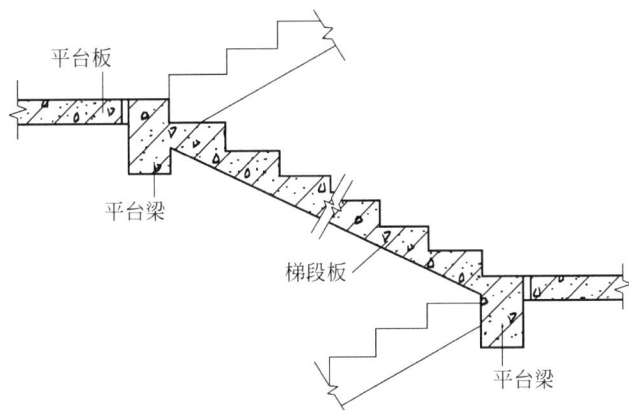

图 5-10　现浇钢筋混凝土板式楼梯

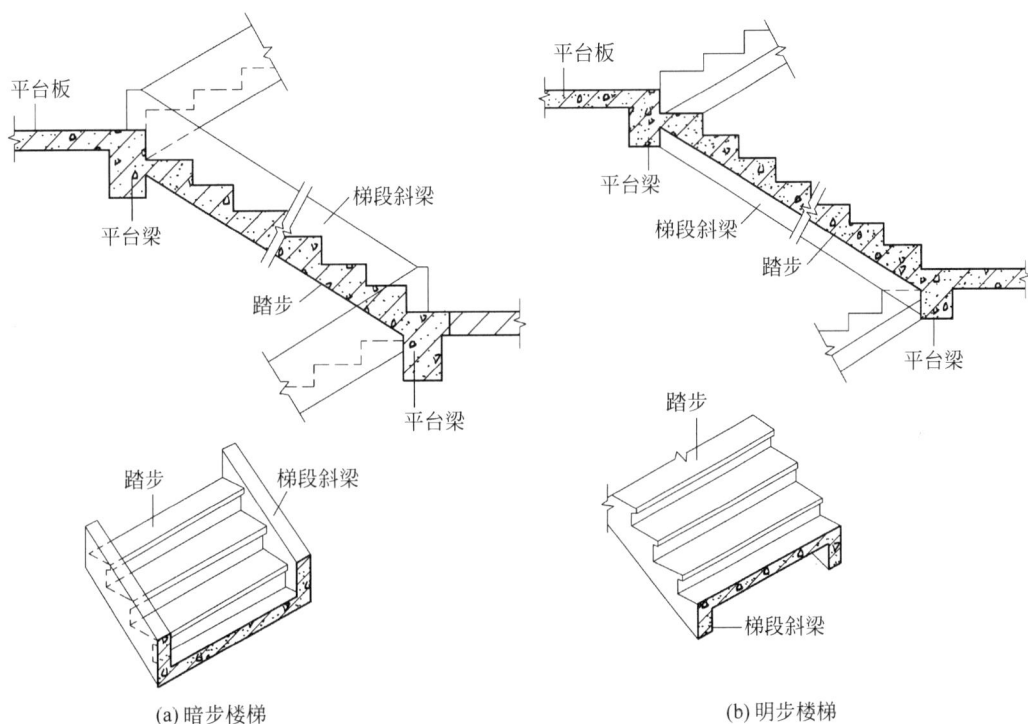

(a) 暗步楼梯

(b) 明步楼梯

图 5-11　现浇钢筋混凝土梁式楼梯

5.2.2　预制装配式钢筋混凝土楼梯构造

　　预制装配式钢筋混凝土楼梯是先在预制厂或施工现场预制楼梯构件，然后在现场进行装配。按其构件尺寸和装配程度，可分为小型构件装配式楼梯、大中型构件装配式楼梯。

　　1. 小型构件装配式楼梯

　　小型构件装配式楼梯是将踏步板和承重结构分开预制，将踏步板作为基本构件，按其构造方式可分为梁承式、墙承式和悬挑式等类型。

1）梁承式

预制装配梁承式钢筋混凝土楼梯是指梯段由平台梁支撑的楼梯构造方式。预制构件可划分为梯段（板式或梁板式梯段）、平台梁、平台板三部分，如图 5-12 所示。

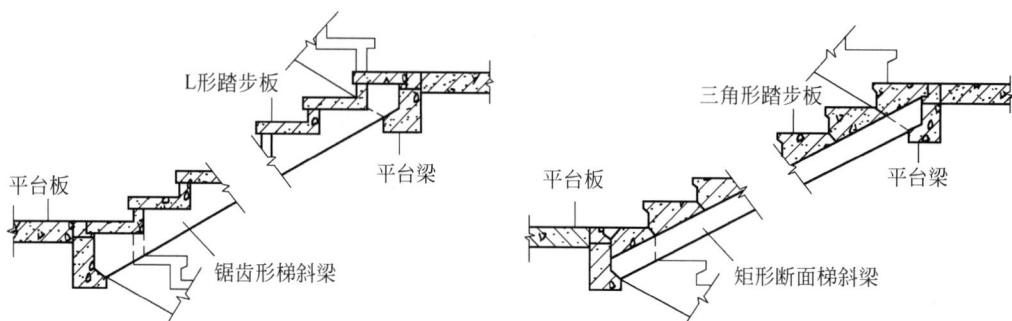

图 5-12　预制梁承式楼梯

2）墙承式

预制装配墙承式钢筋混凝土楼梯是指将预制的踏步板搁置在两侧的墙上，由墙承担梯段荷载，如图 5-13 所示。

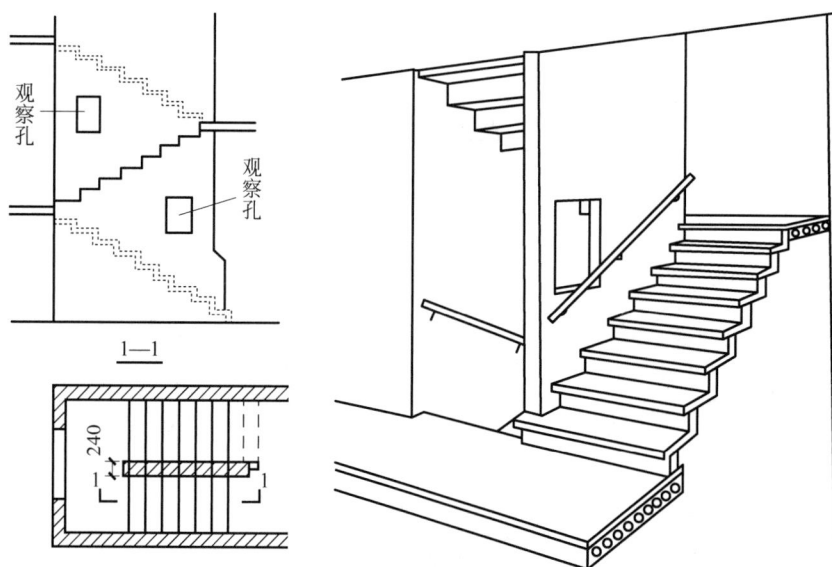

图 5-13　预制墙承式楼梯

3）悬挑式

预制装配悬挑式钢筋混凝土楼梯是指将预制的踏步板一端嵌入墙内，另一端形成悬臂，全部重力通过踏步传递到墙体，由墙承担梯段荷载。

2. 大中型构件装配式楼梯

大中型构件装配式楼梯一般是将平台梁和楼梯段作为基本构件，构件种类和数量较少，施工过程简单，工作效率较高，适用于成片建设的大量建筑中。

5.3　楼梯的细部构造

5.3.1　楼梯踏步

楼梯踏步面层应便于行走，耐磨、防滑，便于清洁，同时要求美观。踏步面层的材料一般与门厅或走道的楼地面面层材料一致，常用的有水泥砂浆、水磨石、大理石、地砖和缸砖等，如图 5-14 所示。

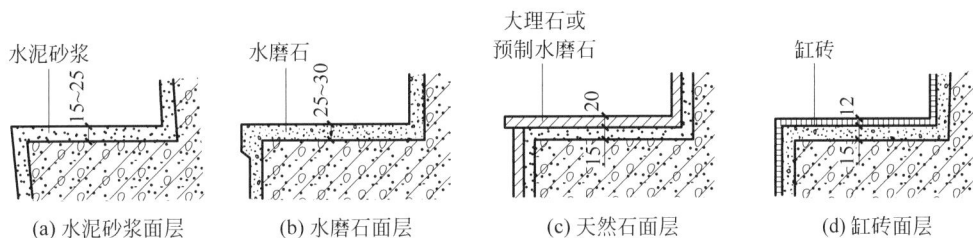

(a) 水泥砂浆面层　　(b) 水磨石面层　　(c) 天然石面层　　(d) 缸砖面层

图 5-14　踏步面层构造

为防止行人在行走时滑倒，踏步表面应采取防滑和耐磨措施，通常是在踏口处做防滑条，如图 5-15 所示。

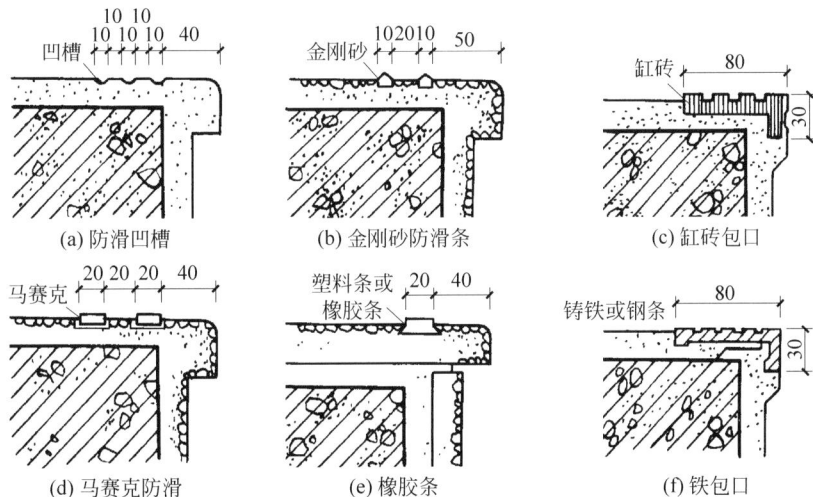

(a) 防滑凹槽　　(b) 金刚砂防滑条　　(c) 缸砖包口

(d) 马赛克防滑　　(e) 橡胶条　　(f) 铁包口

图 5-15　踏步防滑处理

5.3.2　楼梯栏杆

楼梯栏杆是楼梯中保护行人安全上下楼梯的围护措施，有空花栏杆、实心栏板和组合式三种，如图 5-16 所示。

楼梯栏杆
与栏板

5.3.3　楼梯扶手

扶手位于栏杆的顶部，一般采用硬木、塑料和金属材料制作。硬木扶手常用于室内楼梯。金属和塑料是室外楼梯扶手常用的材料。栏板顶部的扶手还可用水泥砂浆或水磨石抹面而成，也可用大理石、预制水磨石板或木材贴面制成，如图 5-17 所示。

楼梯扶手

图 5-16　栏杆形式

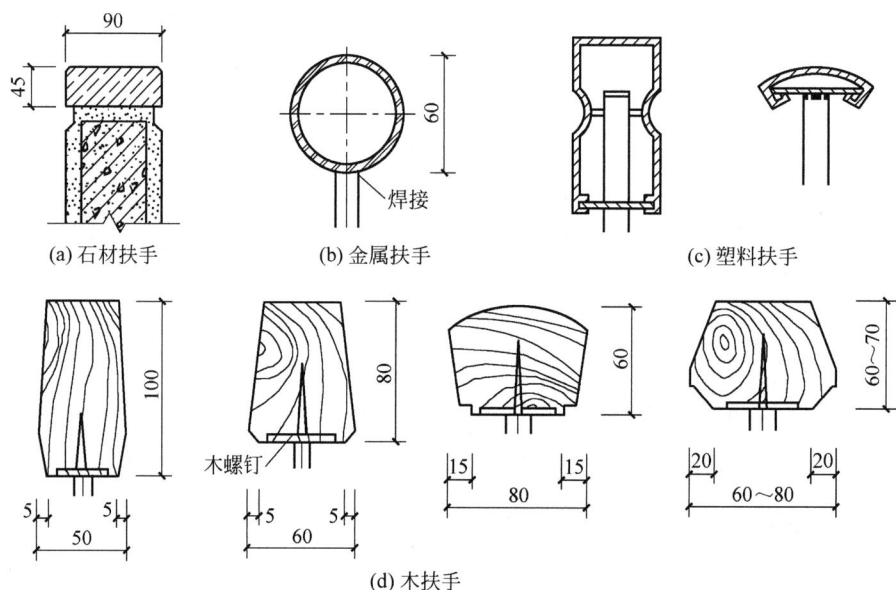

(a) 石材扶手　　　　　(b) 金属扶手　　　　　(c) 塑料扶手

焊接

木螺钉

(d) 木扶手

图 5-17　扶手类型

5.4 台阶与坡道构造

5.4.1 台阶

室外台阶由踏步和平台组成，有单面踏步（一出）、双面踏步、三面踏步（三出）、带垂直面（或花池）、曲线形和带坡道等形式，如图 5-18 所示。

室外台阶是解决室内外高差的交通设施，其坡度一般较平缓，坡度应比楼梯小，每级台阶踏步高度 120~150mm，踏面宽度最好为 300~400mm。按结构层材料不同，有混凝土台阶、石台阶、钢筋混凝土台阶、砖台阶等，其中混凝土台阶应用最普遍。台阶面层可采用水泥砂浆、水磨石面层或缸砖、马赛克、天然石及人造石等块材面层，垫层可采用灰土、三合土或碎石等。台阶也可采用毛石或条石砌筑，条石台阶不需另做面层。在严寒地区，为保证台阶不受土壤冻胀影响，应把台阶下部一定深度范围内的土换掉，改设砂垫层。台阶构造如图 5-19 所示。

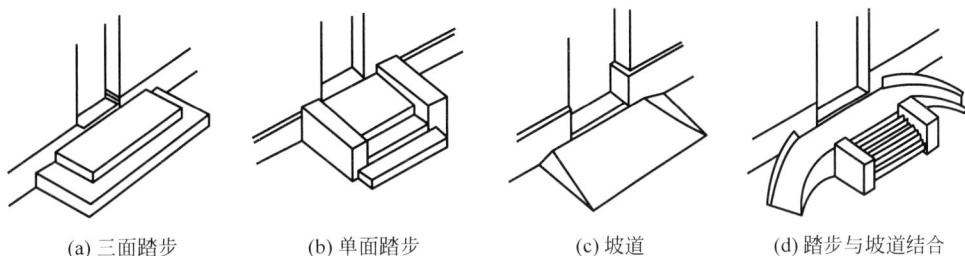

(a) 三面踏步　　　　(b) 单面踏步　　　　(c) 坡道　　　　(d) 踏步与坡道结合

图 5-18　台阶的形式

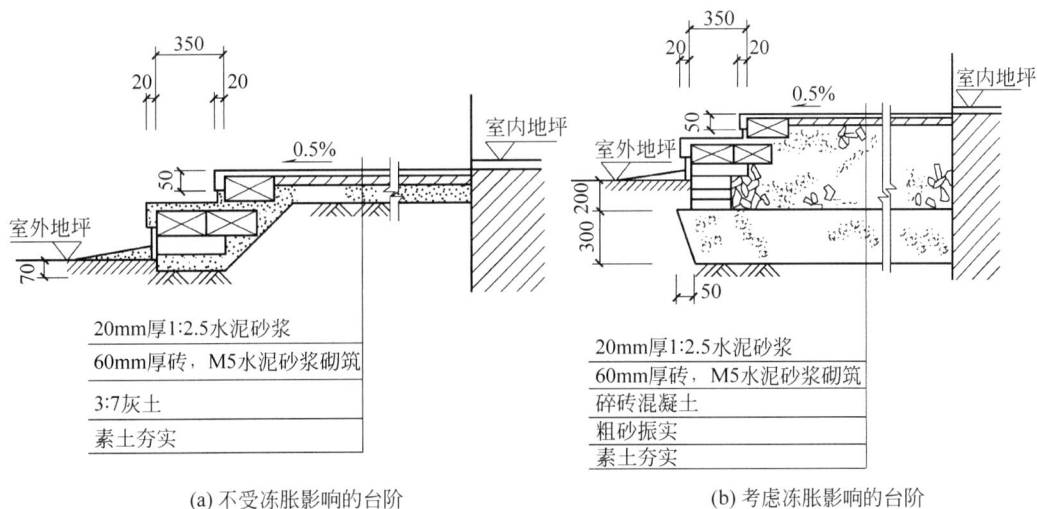

20mm厚1:2.5水泥砂浆
60mm厚砖，M5水泥砂浆砌筑
3:7灰土
素土夯实

(a) 不受冻胀影响的台阶

20mm厚1:2.5水泥砂浆
60mm厚砖，M5水泥砂浆砌筑
碎砖混凝土
粗砂振实
素土夯实

(b) 考虑冻胀影响的台阶

图 5-19　台阶构造

5.4.2　坡道

坡道应采用坚实耐磨和抗冻性能好的材料，一般常用混凝土坡道，也可采用天然石材坡道。坡道按照其用途的不同，可以分为行车坡道和轮椅坡道两类。行车坡道分为普通行车坡道与回车坡道，如图 5-20 所示。

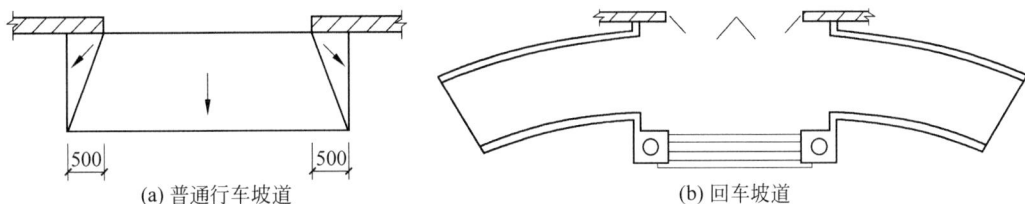

(a) 普通行车坡道　　　　　　　　　(b) 回车坡道

图 5-20　行车坡道

坡道的坡度与使用要求、面层材料和做法有关，坡度一般在 1：12~1：6，面层光滑坡道的坡度不宜大于 1：10，坡道表面一般需进行防滑处理，如图 5-21 所示。

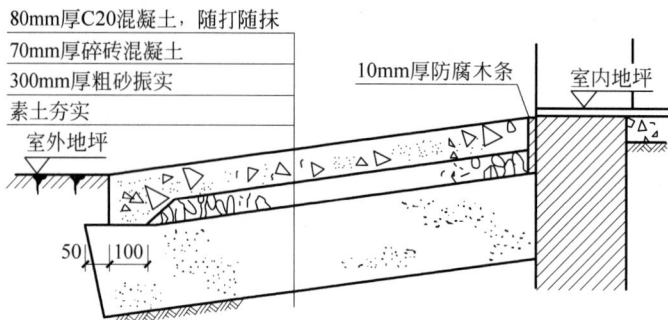

图 5-21　坡道构造示例

—— 项目小结 ——

楼梯按使用性质可分为主要楼梯、辅助楼梯、安全楼梯、消防楼梯。

楼梯按材料可分为钢筋混凝土楼梯、钢楼梯、木楼梯、金属楼梯和其他材料楼梯。

楼梯按所处的位置可分为室内楼梯和室外楼梯。

楼梯按平面形式分类可分为直行单跑楼梯、直行双跑楼梯、折形楼梯、平行双跑楼梯、平行双分楼梯、折行多跑楼梯、交叉式楼梯、螺旋式楼梯等。

楼梯由梯段、楼梯平台及栏杆和扶手组成。

楼梯的尺度包括梯段宽度、梯井宽度、平台深度、楼梯坡度、楼梯的净空高度、踏步尺寸、楼梯栏杆扶手的高度。

现浇钢筋混凝土楼梯按梯段的传力方式不同可分为板式楼梯和梁式楼梯。

楼梯的细部构造包括楼梯踏步面层防滑处理、栏杆与扶手的连接等。

室外台阶与坡道应符合相应规定和要求。

—— 习题 ——

一、单选题

1. 按楼梯使用性质分类的是（　　　　）。

   A. 室内楼梯　　　　　B. 消防楼梯　　　　　C. 木楼梯　　　　　D. 单跑楼梯

2. 按楼梯平面形式分类的是（　　　　）。

   A. 双跑直楼梯　　　　B. 辅助楼梯　　　　　C. 室外楼梯　　　　D. 钢楼梯

3. 作为主要通行作用的楼梯，供人通行的有效宽度（即楼梯段净宽）不应小于（　　　　）。

   A. 1.0m　　　　　　　B. 1.1m　　　　　　　C. 1.2m　　　　　　D. 1.3m

4. 当楼梯井净宽大于（　　　　）mm 时，应采取安全措施，以防止儿童坠落。

   A. 100　　　　　　　　B. 150　　　　　　　　C. 200　　　　　　　D. 250

5. 不宜在室外使用的扶手有（　　　）。

　　A. 硬木扶手　　　　　B. 铁管扶手　　　　　C. 铝合金扶手　　　　D. 工程塑料扶手

6. 踏步的前缘通常应有（　　　）措施。

　　A. 防磨损　　　　　B. 防水　　　　　C. 防滑　　　　　D. 防潮

7. 室内台阶踏步数不应少于（　　　）步。

　　A. 1　　　　　B. 2　　　　　C. 3　　　　　D. 4

8. 行车坡道使用光滑材料做面层时，坡度不大于（　　　）。

　　A. 1∶10　　　　　B. 1∶12　　　　　C. 1∶15　　　　　D. 1∶20

二、多选题

1. 下列楼梯中,（　　　）是按照楼梯的平面形式分类的。

　　A. 双跑楼梯　　　　　B. 消防楼梯　　　　　C. 螺旋楼梯

　　D. 钢筋混凝土楼梯　　　　　E. 型钢—木楼梯

2. 下列楼梯中,（　　　）是按照楼梯的平面形式分类的。

　　A. 主要楼梯　　　　　B. 室外楼梯　　　　　C. 辅助楼梯

　　D. 疏散楼梯　　　　　E. 消防楼梯

3. 楼梯由（　　　）组成。

　　A. 楼梯段　　　　　B. 踏步　　　　　C. 楼梯平台

　　D. 栏杆　　　　　E. 扶手

4. 小型构件装配式楼梯常用的形式有（　　　）。

　　A. 墙悬臂式楼梯　　　　　B. 墙承式楼梯　　　　　C. 梁承式楼梯

　　D. 板式楼梯　　　　　E. 梁板式楼梯

三、识图题

识读附录中的 1—1 剖面图及楼梯平面图，完成以下填空题。

首层地面标高	
二层楼面标高	
首层至二层休息平台标高	
二层至三层休息平台标高	
梯段宽度	
梯井宽度	
踏步高度	
踏步宽度	

项目 6 屋顶

思维导图

```
                          ┌─ 屋顶概述 ──────┬─ 屋顶的组成
                          │                 ├─ 屋顶的形式
                          │                 └─ 屋顶的设计要求
                          │
                          ├─ 屋顶的坡度及排水 ┬─ 屋顶的坡度
                          │                   └─ 屋顶排水形式
         屋顶 ────────────┤
                          ├─ 平屋顶构造 ─────┬─ 平屋顶防水构造
                          │                 └─ 平屋顶保温与隔热
                          │
                          └─ 坡屋顶构造 ─────┬─ 坡屋顶的承重结构
                                            ├─ 坡屋顶的屋面构造
                                            └─ 坡屋顶的细部构造
```

情境背景

屋顶是房屋最上层的水平围护结构，也是房屋的重要组成部分。屋顶可防风、雨、雪、霜、太阳辐射、气温变化和其他不利因素，还承受着屋面的一切荷载，并把这些荷载传递给墙体和柱。此外，屋顶在建筑的外部造型上起着丰富立面、美化立面的效果，如图 6-1 所示。仔细观察身边的建筑物，都有哪些类型的屋顶？

图 6-1 建筑屋顶

6.1 屋顶概述

6.1.1 屋顶的组成

屋顶主要由屋面层、承重结构层、保温（隔热）层和顶棚层四部分组成，如图 6-2 所示。

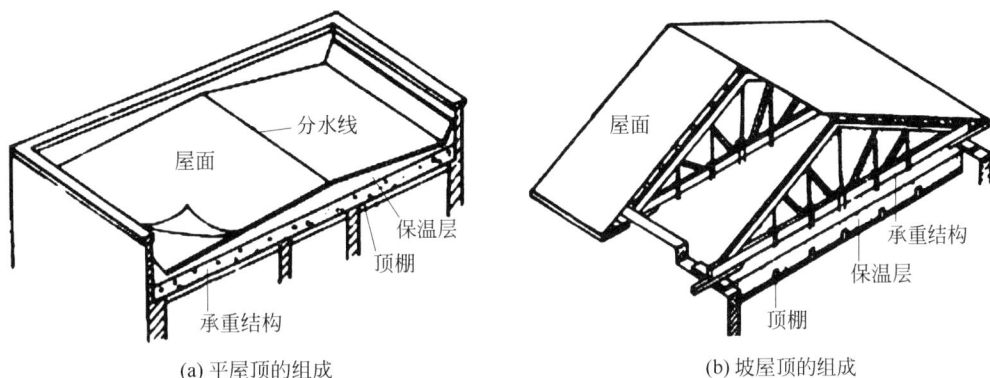

(a) 平屋顶的组成　　　　　　　　　　　(b) 坡屋顶的组成

图 6-2　屋顶的组成

6.1.2 屋顶的形式

常见的屋顶形式有平屋顶、坡屋顶及其他形式的屋顶等，如图 6-3 所示。

1. 平屋顶

平屋顶的屋面应采用防水性能好的材料，但为了排水，也要设置坡度，平屋顶的屋面坡度小于 10%，常用的坡度范围为 2%~5%，其一般构造是用现浇或预制的钢筋混凝土屋面板作为基层，上面铺设卷材防水层或其他类型的防水层，如图 6-4 所示。

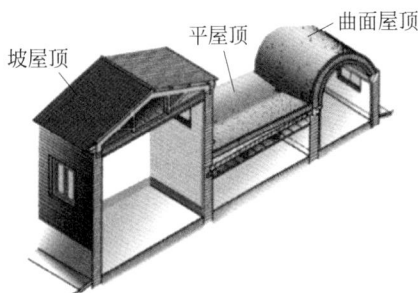

图 6-3　屋顶的形式

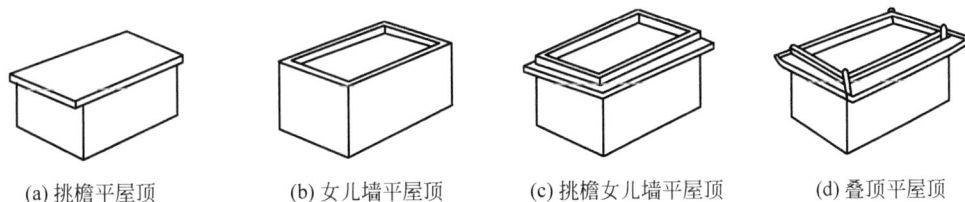

(a) 挑檐平屋顶　　(b) 女儿墙平屋顶　　(c) 挑檐女儿墙平屋顶　　(d) 叠顶平屋顶

图 6-4　平屋顶的形式

2. 坡屋顶

坡屋顶是常用的屋顶类型，屋面坡度大于 10%，有单坡、双坡、四坡和歇山等多种形式，单坡顶用于小跨度的房屋，双坡顶和四坡顶用于跨度较大的房屋。坡屋顶排水快，保温、隔热性能好，但是承重结构的自重较大，施工难度也较大，如图 6-5 所示。

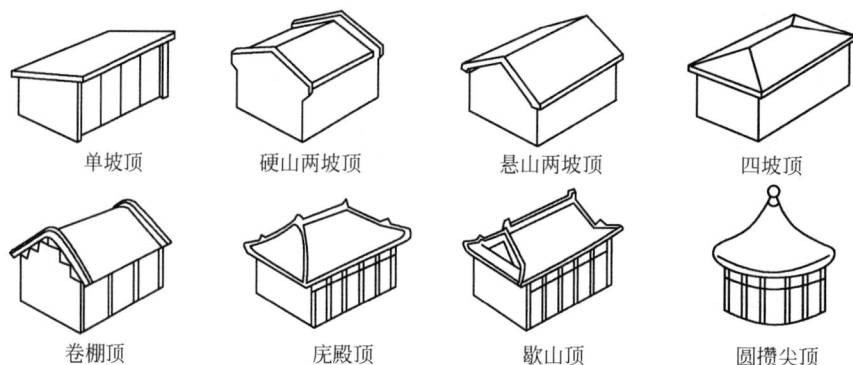

图 6-5　坡屋顶的形式

单坡顶　　硬山两坡顶　　悬山两坡顶　　四坡顶

卷棚顶　　庑殿顶　　歇山顶　　圆攒尖顶

3. 其他形式的屋顶

其他形式的屋顶是由各种薄壳结构、悬索结构、拱结构和网架结构作为屋顶承重结构的屋顶，如双曲拱屋顶、球形网壳屋顶、扁壳屋顶、鞍形悬索屋顶等。这类结构的内力分布合理，能充分发挥材料的力学性能，因而能节约材料。但是，这类屋顶施工复杂，故常用于大体量的公共建筑，如图 6-6 所示。

坡屋顶及其
他形式屋顶

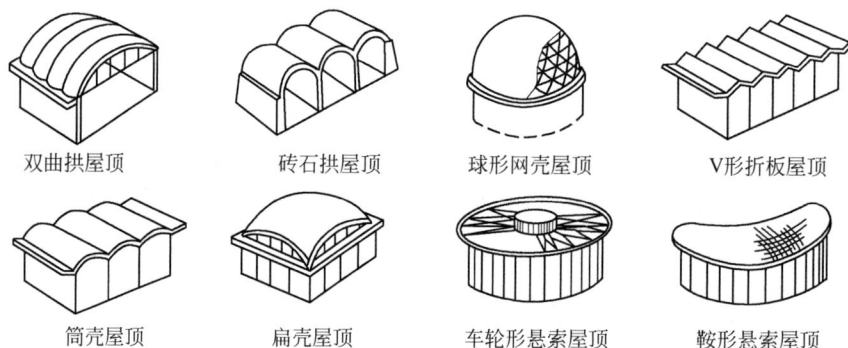

双曲拱屋顶　　砖石拱屋顶　　球形网壳屋顶　　V形折板屋顶

筒壳屋顶　　扁壳屋顶　　车轮形悬索屋顶　　鞍形悬索屋顶

图 6-6　其他形式的屋顶

6.1.3　屋顶的设计要求

1. 结构要求

屋顶是建筑物的围护构件，也是房屋顶部的承重构件，不但要求承受自重，还要能够抵御风、霜、雨、雪的侵袭，并且承受作用在屋顶上的各种荷载，因此应有足够的强度，还要有足够的刚度，防止由于屋顶受力后产生过大的变形而导致防水层开裂、漏水。

2. 防排水要求

防水和排水是屋顶构造设计应满足的最基本的要求之一，也是建筑室内空间能够正常使用的先决条件。防水性能的好坏，与防水材料性能及其施工方法关系密切；而排水功能的优劣，则与屋顶的构造和材料组织有关。因此，良好的屋面防水、排水性能，必须认真选择防水材料，采用合理的屋面构造及材料的组织方式，利用科学的施工手段才能获得。此外，由于屋面直接暴露于大气中，经受日晒时间最长，雨淋面积最大，大气腐蚀最强，所以屋顶面层除应具有防水、排水功能外，还必须具有耐老化、耐腐蚀的性能，才能使屋面经久耐用。

3. 保温隔热要求

屋顶应能抵抗气温的影响。在北方寒冷地区，屋顶应满足冬季的保温要求，减少室内热量的损失，以节约能源；在南方炎热的地区，屋顶应满足夏季隔热的要求，避免室外高温及强烈的太阳辐射对室内产生的不利影响。

4. 建筑艺术要求

屋顶是建筑外部形体的重要组成部分，屋顶的形式对建筑的造型具有很大的影响，应注重屋顶形式及其细部的设计，以满足人们对建筑艺术方面的需求。

6.2　屋顶的坡度及排水

6.2.1　屋顶的坡度

1. 屋顶坡度表示方法

屋面的排水坡度通常采用斜率法、百分比法、角度法三种方法。斜率法是指屋顶斜面的垂直投影高度与水平投影长度之比，如 1∶2、1∶3 等，可用于坡屋顶和平屋顶；较平坦的坡度常用百分比表示，是指屋顶斜面的垂直投影高度与水平投影长度的百分比，如 2%、3% 等，主要用于平屋顶；当坡度较大时，也可用角度法表示，它是屋面与水平面的夹角，单位是度（°），如 30°、45° 等，如图 6-7 所示。

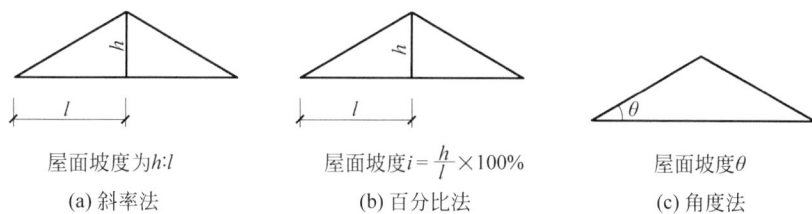

屋面坡度为h:l
(a) 斜率法

屋面坡度$i=\dfrac{h}{l}\times100\%$
(b) 百分比法

屋面坡度θ
(c) 角度法

图 6-7　屋面排水坡度的表示方法

2. 坡度的形成

材料找坡，亦称垫置坡度，是在水平搁置的屋面板上铺设找坡层。常用的材料有炉渣加水泥或石灰，保温屋顶中有时用保温材料兼作找坡层。这种做法的室内顶棚面平整，屋顶易加层，但屋面荷载大，因此坡度不宜过大，一般宜为 2%。

结构找坡，亦称搁置坡度，是把支承屋面板的墙或梁做成一定的倾斜坡度，屋面板直接搁置在该斜面上，形成排水坡度。这种做法省工、省料，较为经济，但顶棚面是倾斜的，多用于生产性建筑和有吊顶的公共建筑，如图 6-8 所示。

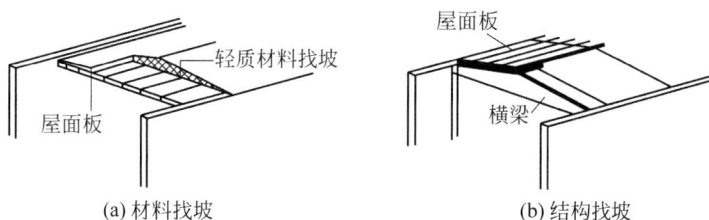

(a) 材料找坡　　　(b) 结构找坡

图 6-8　屋面坡度的形成

6.2.2 屋顶排水形式

屋顶的排水方式分为无组织排水和有组织排水两大类。

1. 无组织排水

无组织排水是指屋面水经挑檐自由下落至室外地面的一种排水方式。无组织排水不需在屋顶设置排水装置，构造简单，造价低，但雨水有时会溅湿勒脚，甚至污染墙面，一般用于低层或次要建筑及降雨量较少地区的建筑。对于标准较高的低层建筑或临街建筑，不宜采用该种排水方式，如图6-9所示。

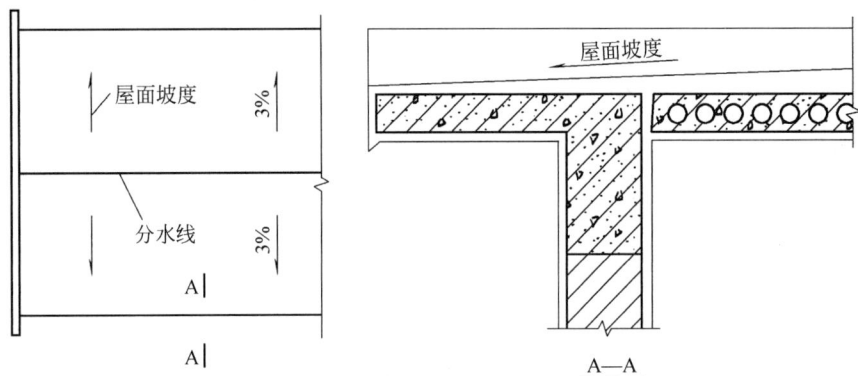

图6-9 无组织排水

2. 有组织排水

有组织排水是在屋顶设置与屋面排水方向垂直的纵向天沟，将雨水汇集起来，经落水口和落水管有组织地排到室外地面或室内地下排水管网。有组织排水的屋顶构造复杂，造价高，但避免了雨水自由下落对墙面和地面的冲刷和污染，如图6-10所示。按照落水管的位置，有组织排水又分为外排水和内排水两种方式。

有组织排水

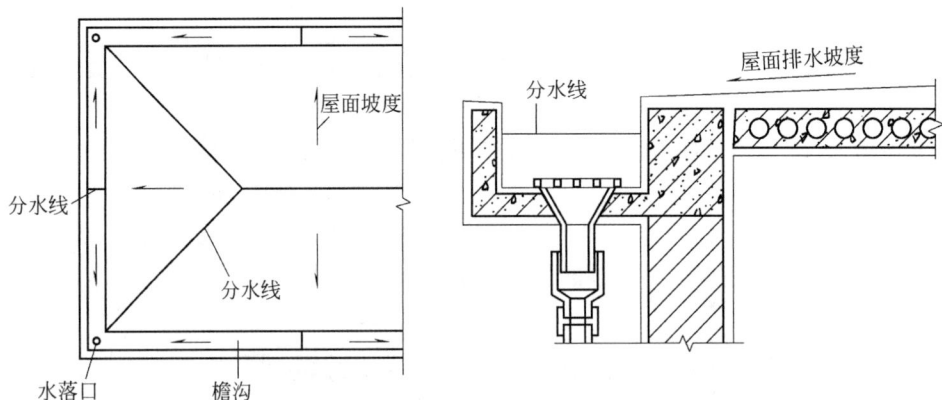

图6-10 有组织排水

1）外排水

外排水即落水管装设在室外的一种排水方式，其优点是落水管不影响室内空间的使用和美观，构造简单，是屋顶常用的排水方式。一般将屋顶做成双坡或四坡，天沟可设在墙外，形成檐沟外排水。当房屋周围的外墙升高超过屋面时，形成封檐口，此段墙称为女儿墙，排水也可设在女儿墙内，形成女儿墙外排水。若一些有女儿墙的建筑将天沟设在墙外，形成女儿墙带挑檐外排水，则需在女儿墙上做出水口，以便使屋面雨水流至天沟内，如图 6-11 所示。

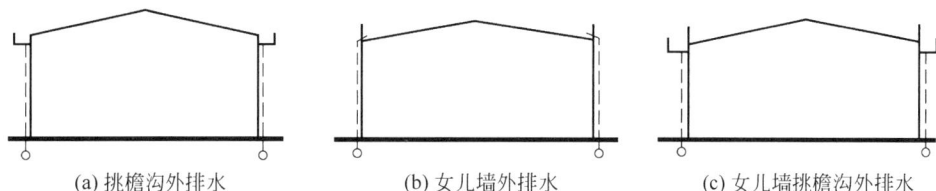

(a) 挑檐沟外排水　　　　(b) 女儿墙外排水　　　　(c) 女儿墙挑檐沟外排水

图 6-11　有组织外排水方案

2）内排水

内排水即落水管装设在室内的一种排水方式，在多跨房屋、高层建筑以及有特殊需要时采用。

6.3　平屋顶构造

6.3.1　平屋顶防水构造

1. 平屋顶柔性防水构造

1）基本构造

柔性防水平屋顶由多层材料叠合而成，一般包括结构层、找平层、防水层和保护层等。

结构层一般采用现浇或预制钢筋混凝土屋面板。

找平层一般设在结构层之上，以满足防水层应铺贴在坚固而平整的基层上的要求，避免卷材凹陷和断裂。找平层的材料有水泥砂浆、细石混凝土或沥青砂浆。

防水层是由卷材和相应的卷材黏结剂构成，主要采用沥青类卷材、高聚物改性沥青防水卷材和合成高分子防水卷材三类。

保护层设置在防水层上，目的是保护卷材防水层，延长其使用寿命，同时降低夏季室内温度，其构造做法应根据防水层所用材料和屋面的利用情况而定，分为不上人屋面保护层和上人屋面保护层，如图 6-12 所示。

2）细部构造

（1）泛水构造。泛水是指屋顶上沿垂直面所做的防水构造，有女儿墙泛水、高低跨泛水、管道泛水、变形缝泛水等。卷材防水屋面的泛水重点做好防水层的转折、垂直墙面上的固定及收头。转折处应将找平层做成半径不小于 20mm 的圆弧

防水卷材

保护层：绿豆砂（粒径3～6不带棱角）
防水层：二毡三油（或三毡四油）
结合层：冷底子油一道
找平层：1:3水泥砂浆
保温层：经热工计算确定
找坡层：1:8水泥炉渣，最薄处15mm厚
隔气层：经计算确定
找平层：1:3水泥砂浆
结构层：钢筋混凝土楼板（预制或现浇）

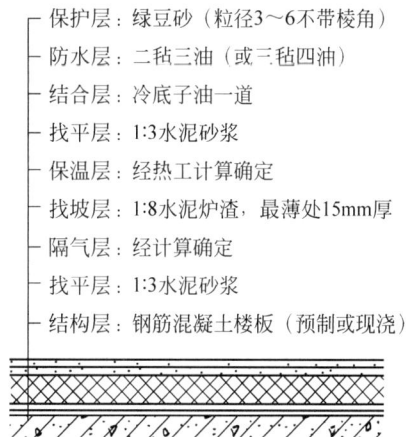

图 6-12　柔性防水保温屋面

或 45° 角斜面，防止卷材被折断。泛水高度不应小于 250mm。泛水的收头应根据墙体材料确定收头及密封形式。收口一般采用钉木条、压铁皮、嵌砂浆、嵌配套油膏和盖镀锌钢板等处理方法，如图 6-13 所示。

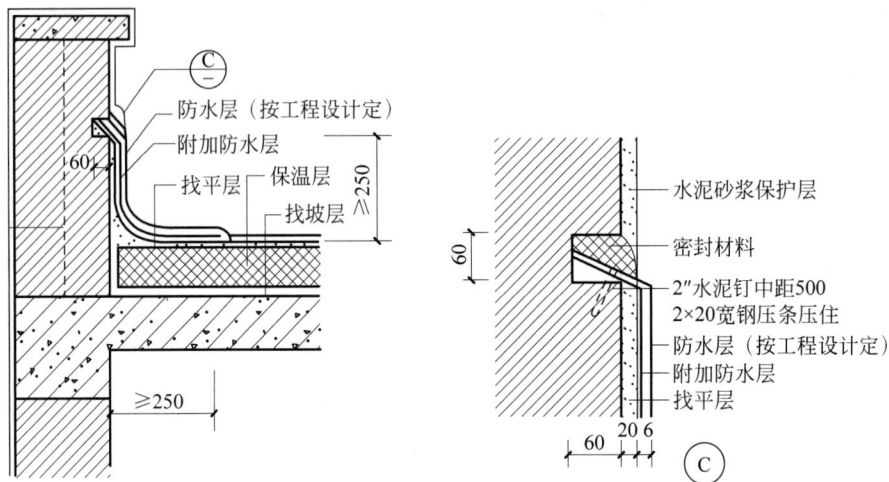

图 6-13　泛水构造

（2）檐口构造。常用的檐口形式有自由落水（无组织排水）檐口、挑檐沟檐口、女儿墙内檐沟檐口、女儿墙外檐沟檐口。挑檐和挑檐沟的构造要点是都应注意处理好卷材的收头固定、檐口饰面及挑檐和挑檐沟板底面的滴水。对于有组织排水的檐沟，沟内应增设附加层，并在内侧翻上，与屋面交接处的 200mm 范围应空铺。女儿墙檐口的构造要点是檐沟和泛水的结合，女儿墙顶部通常做钢筋混凝土压顶，并设有坡度，坡向屋面。挑檐沟檐口构造如图 6-14 所示。

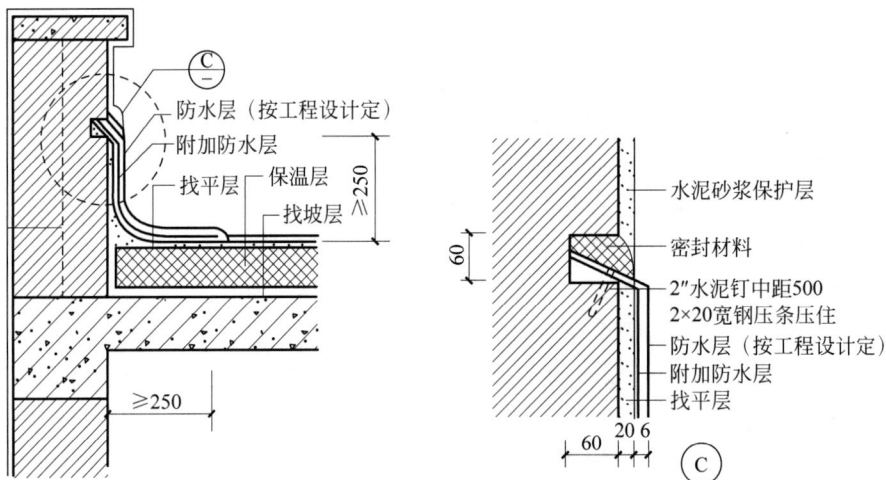

图 6-14　挑檐沟檐口构造

（3）雨水口构造。雨水口是屋面雨水汇集并排至雨水管的关键部位，应保证排水通畅，不易渗漏和堵塞。外檐沟和内排水的雨水口都是在水平结构上开洞，采用铸铁漏斗形的定型件用水泥砂浆埋嵌牢固。雨水口四周应加铺一层卷材，并铺至漏斗口内，用沥青胶贴牢。缺口及交界处等薄弱环节用油膏嵌缝，再用带箅铁罩压盖，如图 6-15 和图 6-16 所示。

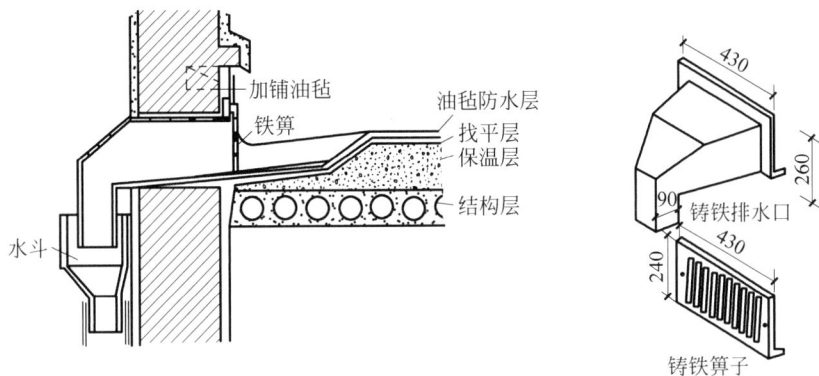

图 6-15 弯管式雨水口构造

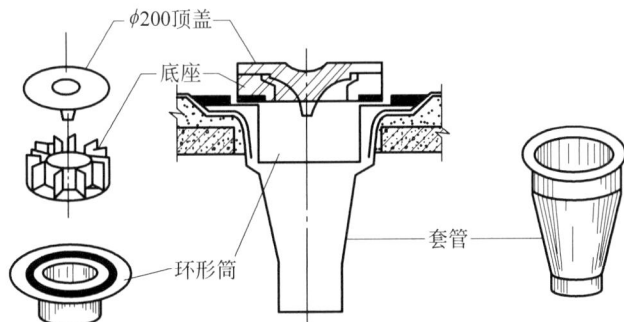

图 6-16 直管式雨水口构造

2. 平屋顶刚性防水构造

1）基本构造

刚性防水平屋顶一般包括结构层、找平层、隔离层和防水层等。

结构层应具有足够的强度和刚度，一般采用现浇钢筋混凝土屋面板。

当结构层为预制钢筋混凝土板时，通常应在结构层上用 20mm 厚 1∶3 水泥砂浆找平。

平屋顶刚性防水构造

为减少结构层变形及温度变化对防水层的不利影响，宜在防水层下设置隔离层。一般可用纸筋灰、麻刀灰、低强度等级砂浆，也可采用薄砂层上干铺卷材等做法。

刚性防水层宜采用强度等级不低于 C20 的细石混凝土浇筑，其厚度不应小于 40mm，并应配置直径为 φ4~6mm、间距为 100~200mm 的双向钢筋网片，钢筋保护层厚度不应小于 10mm。为提高细石混凝土的防水性能，细石混凝土中宜掺膨胀剂（UEA）、减水剂、防水剂等，如图 6-17 所示。

2）细部构造

（1）分仓缝构造：分仓缝是刚性防水层的变形缝，设置的目的在于防止由于结构变形、温度变形及混凝土干缩等引起的防水层开裂。因此，分仓缝应设置在结构变形敏感的部位及温度变形允许的范围以内。一般设在预制板的支座处，或预制板搁置方向变化处，或防水层与突出屋面结构的交接处，并与板缝对齐。分格缝的纵横间距不宜大于6m。分仓缝有平缝和凸缝两种，其构造要点如下。

① 防水层内的钢筋网片必须在分格缝处断开；

② 屋面板缝用细石混凝土嵌填，缝口用卷材制衬垫材料嵌填；

③ 防水层分格缝内应嵌填密封材料，缝口表面用防水卷材铺贴盖缝，卷材的宽度为 200~300mm。

分仓缝的划分如图 6-18 所示，分仓缝的构造如图 6-19 所示。

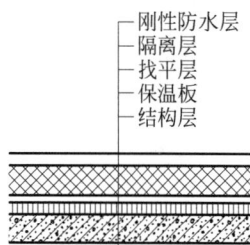

图 6-17 刚性防水屋面

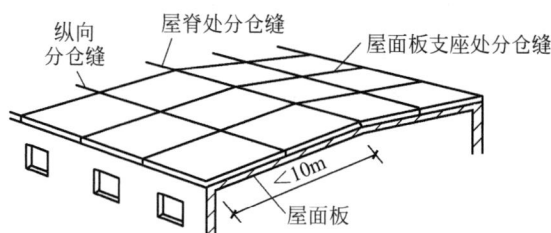

图 6-18 分仓缝的划分

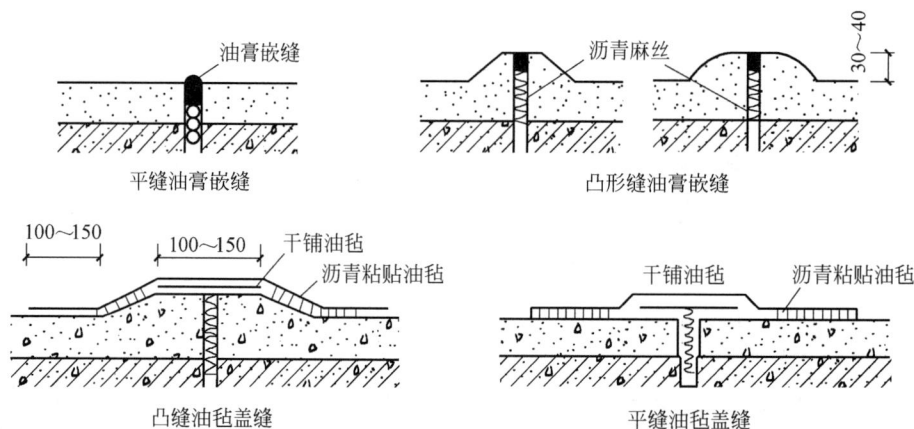

图 6-19 分仓缝的构造

（2）泛水构造：刚性防水屋面的泛水构造与柔性防水屋面相同的地方是都铺贴了附加卷材；泛水高度不小于250mm；泛水嵌入立墙上的凹槽内，并用压条及水泥钉固定。不同的地方是刚性防水层与屋面凸出物（女儿墙、烟囱等）间应留分仓缝。

（3）檐口构造：刚性防水屋面常用的檐口形式有自由落水檐口、挑檐沟外排水檐口、女儿墙外排水檐口等。

（4）雨水口构造：刚性防水屋面雨水口与柔性防水屋面雨水口的规格、类型相同。

6.3.2 平屋顶保温与隔热

1. 平屋顶保温

在采暖地区的冬季，室内外温差较大，为防止室内热量散失过大，应在屋顶设置保温层，提高屋顶的总热阻，减少屋顶的传热系数。平屋顶的屋面坡度平缓，宜将保温层设置在屋面结构层上。保温层的位置有以下两种处理方式。

平屋顶保温与隔热

1）正置式保温

正置式保温是指保温层设置在结构层之上，防水层之下，成为封闭的保温层，也称为内置式保温。

2）倒置式保温

倒置式保温是指保温层设置在防水层之上，成为敞露的保温层，也称为外置式保温。

2. 平屋顶隔热

为避免夏季室内温度过高，根据当地条件，可采取下列隔热措施。

1）通风隔热

通风隔热是设置通风的空气间层，利用空气的流动散发部分热量。这种方法隔热好、散热快，多用于夏热冬暖而又多雨的地区。具体有以下两种做法。

吊顶通风隔热，即在结构层下做吊顶，檐墙开设通风口，利用结构层与吊顶之间形成的通风间层通风降温。这种做法隔热效果好，但造价高，一般在室内装修要求设吊顶时采用。

架空通风隔热，即在结构层上组织通风，设置架空保护层。这种做法不仅能达到通风降温、隔热防晒的目的，还可起到保护屋面防水层的作用。

2）反射隔热

反射隔热是在屋顶铺设浅色和光滑的材料，利用反射原理将太阳辐射的部分热量反射回去，达到降温的目的。做法有铺设浅色豆石等作为屋面保护层，或在屋面刷石灰水、铝银粉涂料，或者用带铝箔的卷材防水面层等。

3）种植隔热

种植隔热是在屋顶上种植植物，利用植被的蒸腾和光合作用吸收太阳的辐射热，从而达到降温隔热的目的。这种做法既能提高屋顶的保温隔热性能，还有利于屋面的防水防渗和保护防水层，栽培的花草或农作物也可美化和净化环境，但会增加屋顶的荷载。这种屋顶的防水层宜用刚性防水层，或卷材防水层上应设有可靠的刚性保护层，同时需增设挡墙和种植介质，挡墙下部应设泄水孔。

4）蓄水隔热

蓄水隔热是用现浇钢筋混凝土作为防水层，并在屋顶上长期储水，以达到隔热降温的目的。蓄水隔热平屋顶的构造与刚性防水平屋顶基本相同，主要区别是增加了一壁三孔，即分仓壁、溢水孔、泄水孔和过水孔。

6.4　坡屋顶构造

6.4.1　坡屋顶的承重结构

坡屋顶的造型丰富多彩，构造简单，并能就地取材，已得到广泛的应用，主要由屋面层、承重结构、保温隔热层和顶棚组成。

坡屋顶的承重结构与平屋顶明显不同，其结构层顶面坡度较大，直接形成屋顶的排水坡度。在坡屋顶中，常采用的承重结构类型有墙承重和框架承重等，如图 6-20 所示。墙承重适用于房间开间较小的低层住宅、宿舍等建筑，框架承重适用于较大空间的会堂、食堂、展览馆等。

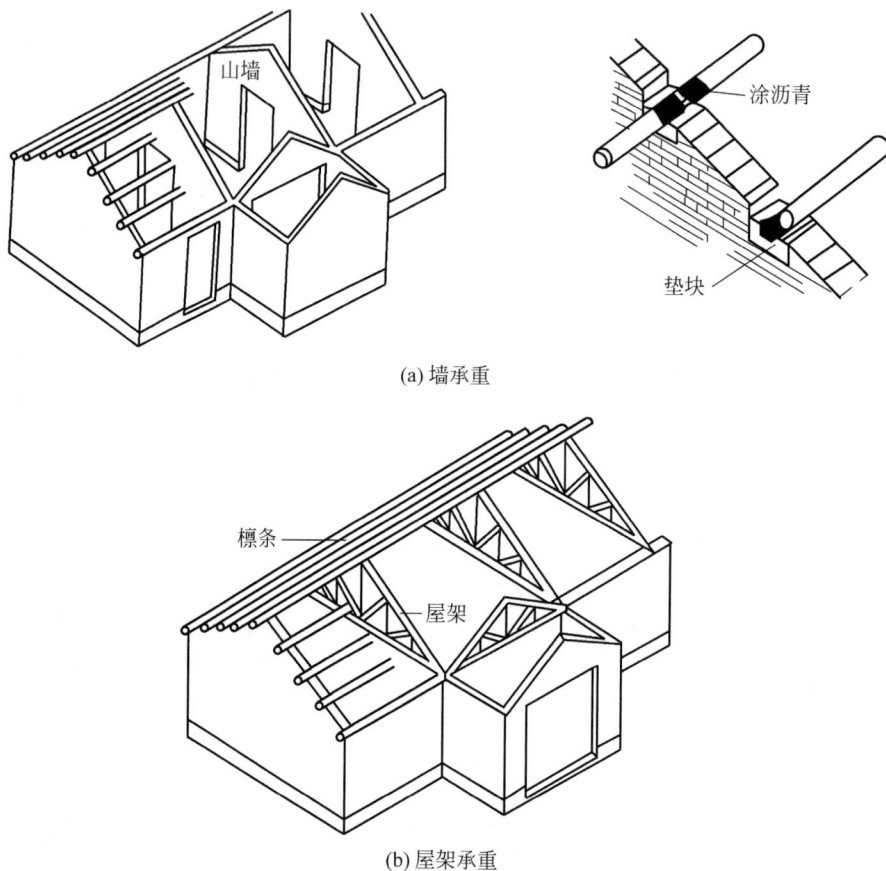

(a) 墙承重

(b) 屋架承重

图 6-20　坡屋顶的承重结构

6.4.2　坡屋顶的屋面构造

1. 油毡瓦屋面

油毡瓦屋面适用于排水坡度大于 20% 的钢筋混凝土屋面，是以玻璃纤维为基架，经过浸涂优质石油沥青后，一面覆盖彩色矿物粒料，另一面为隔离保护层组成的新型瓦状屋面防水材料。铺贴的方式是在水泥砂浆找平层上铺贴，采用钉粘结合、以钉为主的方法，如图 6-21 所示。

油毡瓦屋面

2. 钢筋混凝土板平瓦屋面

钢筋混凝土板平瓦屋面是指在找平层上铺设防水卷材、保温层，再做水泥砂浆卧瓦层，然后铺瓦。其缺点是瓦缝渗水不易处理，渗入的雨水易在挂瓦板的缝处渗漏。

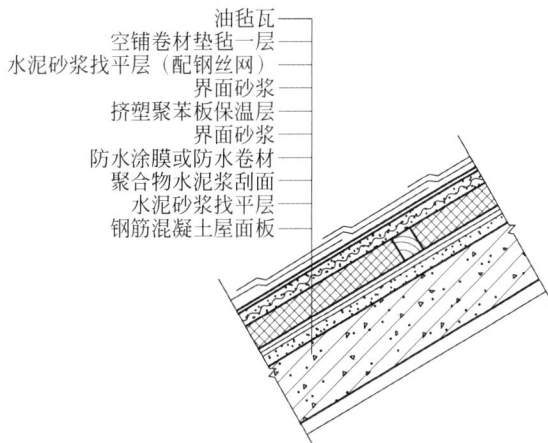

油毡瓦
空铺卷材垫毡一层
水泥砂浆找平层（配钢丝网）
界面砂浆
挤塑聚苯板保温层
界面砂浆
防水涂膜或防水卷材
聚合物水泥浆刮面
水泥砂浆找平层
钢筋混凝土屋面板

图 6-21　油毡瓦屋面防水构造

6.4.3　坡屋顶的细部构造

1. 檐口构造

坡屋顶檐口构造有挑檐无组织排水、天沟有组织排水和包檐有组织排水等几种类型，如图 6-22 和图 6-23 所示。

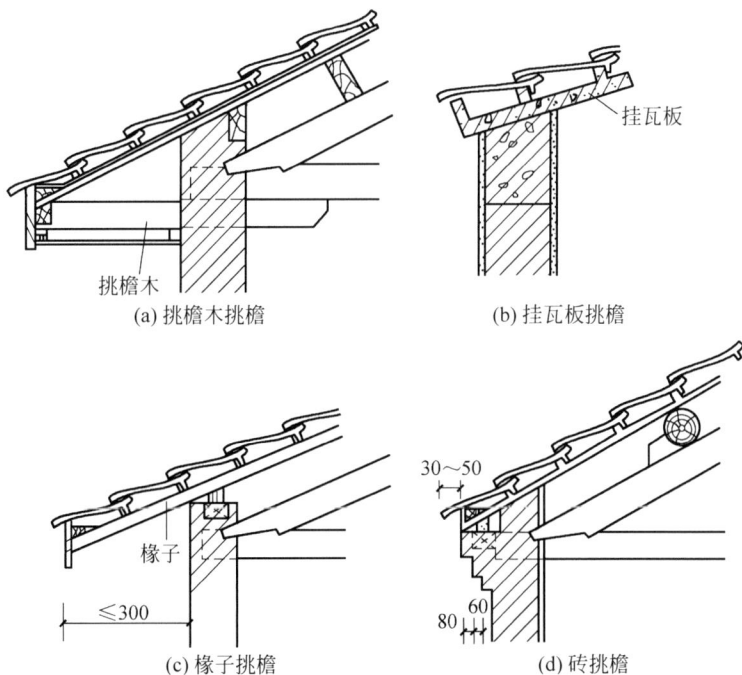

挂瓦板

挑檐木

(a) 挑檐木挑檐　　　　　　(b) 挂瓦板挑檐

椽子

≤300

(c) 椽子挑檐

30～50

80　60

(d) 砖挑檐

图 6-22　坡屋顶挑檐无组织排水构造

2. 山墙泛水构造

坡屋顶山墙处有硬山、悬山及山墙出屋顶等三种形式。山墙砌至屋面收头或山墙高出屋面形成女儿墙的做法称为硬山，选择硬山时，一般采用 1∶2 水泥砂浆窝瓦，如图 6-24 所示。檩条和屋面板挑出山墙的檐部称为悬山，选择悬山时，可用檩条出挑，也可用混凝土板出挑，如图 6-25 所示。山墙出屋顶时如图 6-26 所示。

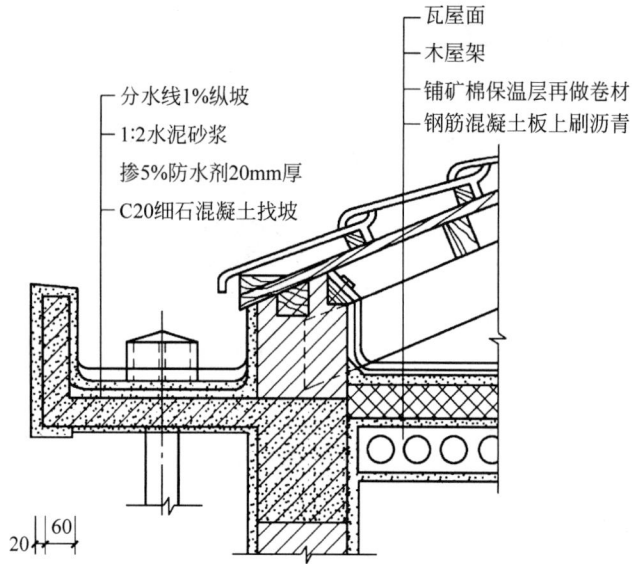

分水线1%纵坡
1:2水泥砂浆
掺5%防水剂20mm厚
C20细石混凝土找坡

瓦屋面
木屋架
铺矿棉保温层再做卷材
钢筋混凝土板上刷沥青

图 6-23 坡屋顶挑檐沟构造

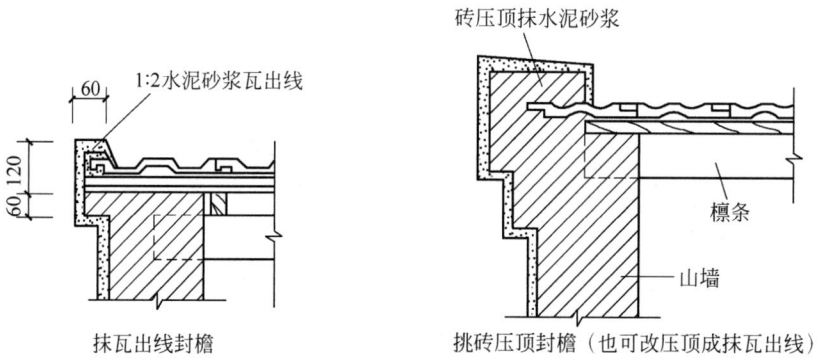

1:2水泥砂浆瓦出线

抹瓦出线封檐

砖压顶抹水泥砂浆

檩条

山墙

挑砖压顶封檐（也可改压顶成抹瓦出线）

图 6-24 坡屋顶硬山泛水构造

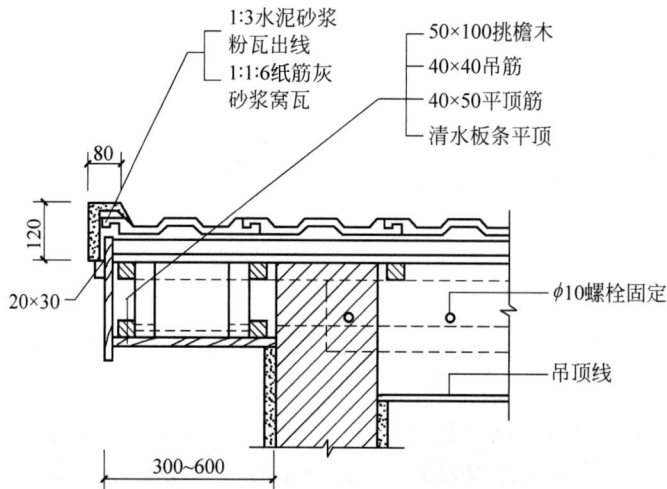

1:3水泥砂浆
粉瓦出线
1:1:6纸筋灰
砂浆窝瓦

50×100挑檐木
40×40吊筋
40×50平顶筋
清水板条平顶

20×30

φ10螺栓固定

吊顶线

300~600

图 6-25 坡屋顶悬山泛水构造

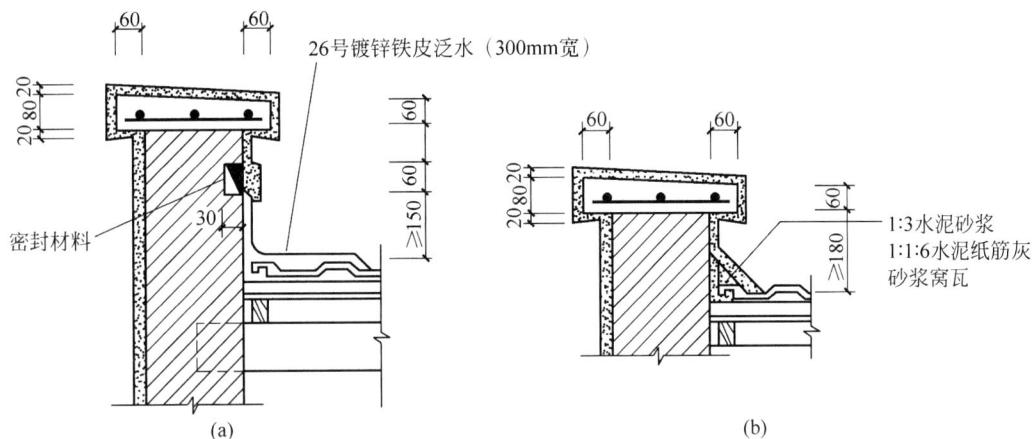

图 6-26　坡屋顶山墙出屋面泛水构造

3. 屋脊和斜天沟构造

互为相反的坡面在高处相交形成屋脊，屋脊处应用 V 形脊瓦盖缝，如图 6-27 所示。斜天沟一般用镀锌铁皮制成，镀锌铁皮两边包钉在木条上，也可用弧形瓦或缸瓦做斜天沟，搭接处要用麻刀灰窝牢，如图 6-28 所示。

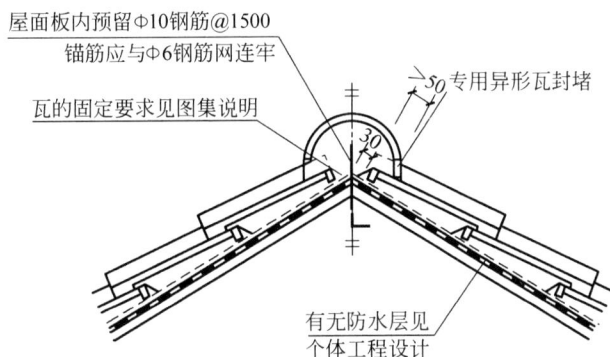

图 6-27　坡屋顶屋脊构造

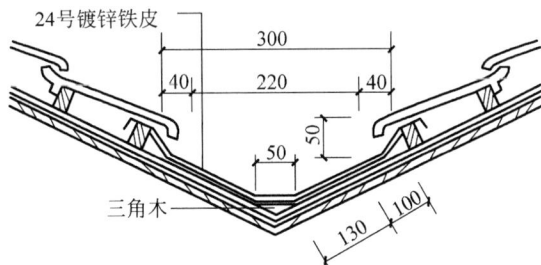

图 6-28　坡屋顶斜天沟构造

── 项目小结 ──

屋顶由屋面层、承重结构层、保温（隔热）层、顶棚层组成。

屋顶按外形和坡度划分可分为平屋顶、坡屋顶及其他形式的屋顶。

屋顶的排水坡度主要有材料找坡、结构找坡两种。

屋顶的排水方式分为无组织排水和有组织排水两大类。无组织排水一般用于低层或次要建筑及降雨量较少地区的建筑。有组织排水又分为外排水和内排水两种方式。

卷材防水（柔性防水）平屋顶由多层材料叠合而成，一般包括结构层、找平层、防水层和保护层等。细部构造中需要重点处理好泛水、檐口、雨水口等处。

刚性防水屋顶一般由结构层、找平层、隔离层和防水层组成。细部构造中需要重点处理分仓缝、泛水、檐口等处。

坡屋顶主要由屋面层、承重结构、保温隔热层和顶棚组成。

习题

一、单选题

1. 以下不属于柔性防水层屋面构造层次的是（　　）。

A. 防水层　　　　B. 隔离层　　　　C. 找平层　　　　D. 结构层

2. 刚性屋面为了防止屋面防水层因温度变化而产生不规则裂缝，通常在变形敏感部位设置（　　）。

A. 分仓缝　　　　B. 伸缩缝　　　　C. 温度缝　　　　D. 保护层

3. 屋面防水层与突出屋面的垂直面交接处的防水构造处理称为（　　）。

A. 檐口　　　　B. 变形缝　　　　C. 雨水口　　　　D. 泛水

4. 坡屋顶是我国传统的屋顶形式，屋面坡度一般在（　　）% 以上。

A. 3　　　　B. 5　　　　C. 10　　　　D. 15

5. 分仓缝通常应设置在变形敏感的部位，间距一般应控制在（　　）m 以内。

A. 3　　　　B. 4　　　　C. 6　　　　D. 8

6. 将屋面板搁置在顶部倾斜的梁上或墙上形成屋面排水坡度，而不再在屋顶上设置找坡层，这种方式是（　　）。

A. 材料找坡　　　　B. 结构找坡　　　　C. 自然找坡　　　　D. 外排水

7. 下列属于柔性防水的是（　　）。

A. SBS 改性沥青卷材防水　　　　B. 水泥砂浆防水

C. 配筋细石混凝土防水　　　　D. 钢筋混凝土结构自防水

8. 平屋顶的泛水高度不得小于（　　）mm。

A. 300　　　　B. 250　　　　C. 150　　　　D. 100

9. 下列屋顶保温层中，（　　）属于正置式保温层做法。

A. 保温层位于结构层与防水层之间　　　　B. 保温层位于防水层之上

C. 保温层位于结构层之下　　　　D. 保温层与结构层融为一体

10. 倒置式屋面是指（　　）。

A. 将保温层设置在结构层之下的屋面

B. 将保温层设置在防水层之上的屋面

C. 将防水层设置在结构层之下的屋面

D. 将防水层设置在结构层之上的屋面

二、多选题

1. 刚性防水屋面一般由（　　　）等构造层次组成。

    A. 防水层　　　　　　　　B. 隔离层　　　　　　　　C. 保护层

    D. 找平层　　　　　　　　E. 结构层

2. 柔性防水屋面一般由（　　　）等构造层次组成。

    A. 隔离层　　　　　　　　B. 保护层　　　　　　　　C. 找平层

    D. 防水层　　　　　　　　E. 结构层

3. 刚性防水屋面设置分仓缝，是为了避免刚性防水层因（　　　）等产生裂缝而设置的“变形缝”。

    A. 结构变形　　　　　　　B. 结构倒塌　　　　　　　C. 温度变化

    D. 地震破坏　　　　　　　E. 混凝土干缩

4. 屋顶坡度的常用表示方法包括（　　　）。

    A. 斜率法　　　　　　　　B. 百分比法　　　　　　　C. 角度法

    D. 比例法　　　　　　　　E. 分数法

三、识图题

识读附录中的屋顶平面图及装修做法表中屋面 2 的构造做法，完成以下填空题。

坡度	
防水层	
防水卷材上翻高度	
找平层	
保温层	
找坡层	
结构层	

项目 7 门窗

思维导图

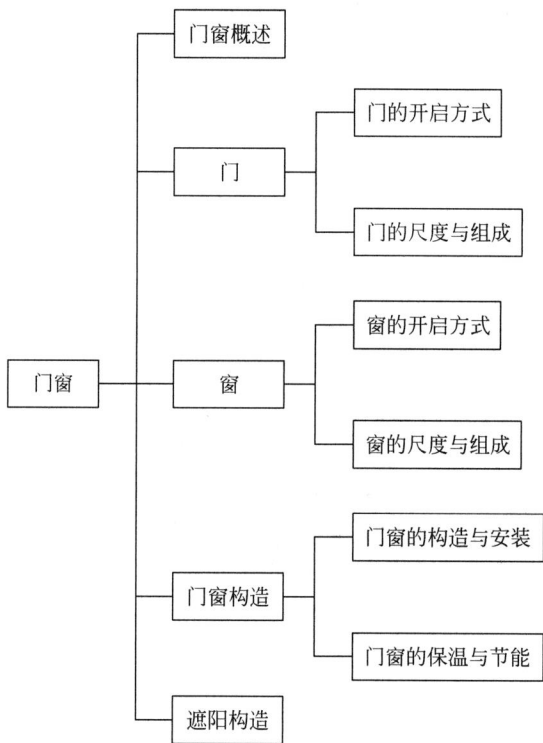

情境背景

门和窗是建筑物的重要组成部分，也是主要围护构件之一。它的尺度、比例、形状、组合、材料、类型等都影响着建筑的使用功能及外立面的艺术效果，如图7-1所示。

作为一名房屋的使用者，请思考一下，外窗除了采光通风，还应该具有哪些方面的功能？门的作用是什么？不同的人流量对门洞口的面积需求是否相同？不同的装修等级对门的设计要求是否相同？观察一下身边的门窗，看看门窗的材料及构造组成是怎样的？

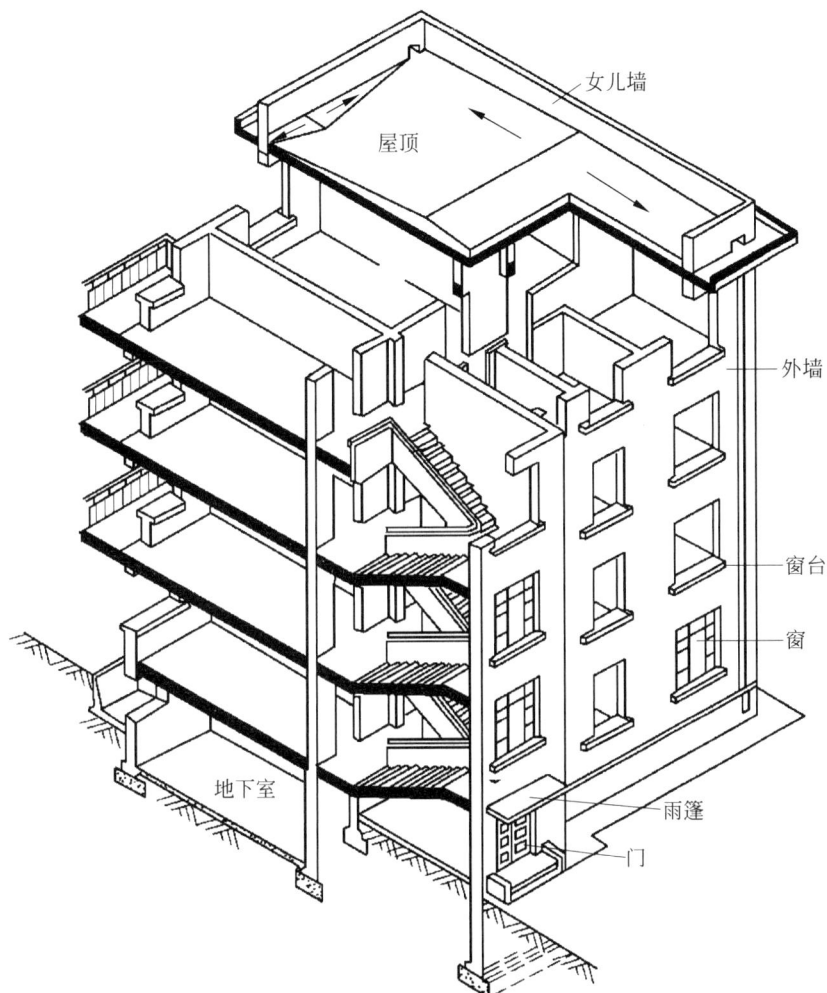

图 7-1　建筑物门窗

7.1　门窗概述

　　门的主要作用是内外联系（交通和疏散）、围护和分隔空间、建筑立面装饰和造型，并有采光和通风的作用。窗的主要作用是采光、通风、围护和分隔空间、联系空间（观望和传递）、建筑立面装饰和造型，以及在特殊情况下交通和疏散等。常用的门窗材料有木、钢、铝合金、塑料、玻璃等。窗的设计要满足采光、通风、良好的密闭性能和热工性能、美观大方等要求。

7.2　门

7.2.1　门的开启方式

　　按门扇的开启方式不同，门可分为平开门、弹簧门、推拉门、折叠门、转门等，如图 7-2 所示。

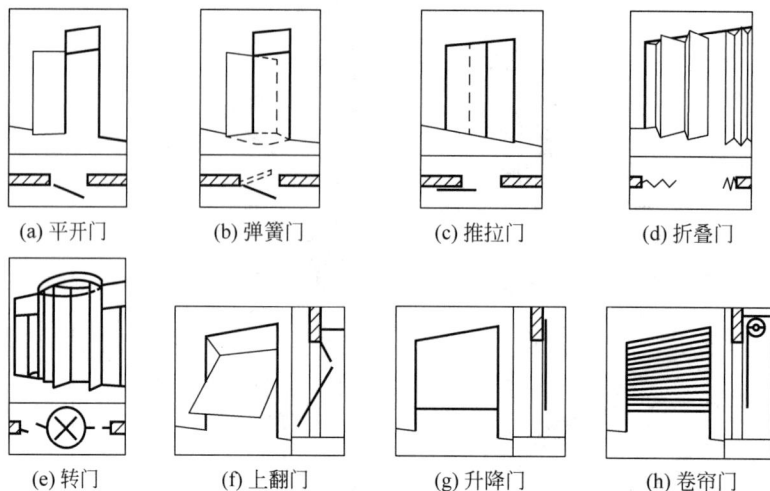

(a) 平开门　　(b) 弹簧门　　(c) 推拉门　　(d) 折叠门

(e) 转门　　(f) 上翻门　　(g) 升降门　　(h) 卷帘门

图 7-2　门的开启方式

1. 平开门

门扇与门框用铰链连接，门扇水平开启，有单扇、双扇及向内开、向外开之分。平开门构造简单，开启灵活，安装维修方便。

2. 弹簧门

门扇与门框用弹簧铰链连接，门扇水平开启，分为单向弹簧门和双向弹簧门，其最大优点是门扇能够自动关闭。

3. 推拉门

门扇沿着轨道左右滑行来启闭，有单扇和双扇之分。开启后，门扇可隐藏在墙体的夹层中，或贴在墙面上。推拉门开启时不占空间，受力合理，不易变形，但构造较复杂。

4. 折叠门

门扇由一组宽度约为 600mm 的窄门扇组成，窄门扇之间用铰链连接。开启时，窄门扇相互折叠推移到侧边，占空间少，但构造复杂。

5. 转门

门扇由三扇或四扇通过中间的竖轴组合起来，在两侧的弧形门套内水平旋转来实现启闭。转门有利于室内隔视线、保温、隔热和防风沙，并且对建筑立面有较强的装饰性。

此外，门还有上翻门、升降门、卷帘门等形式，一般适用于门洞口较大或有特殊要求的房间。

7.2.2　门的尺度与组成

1. 门的尺度

门的尺度通常是指门洞的高、宽尺寸。门作为交通疏散通道，其尺度取决于人的通行要求、家具搬运及与建筑物的比例关系等，并应符合国家颁布的门窗洞口尺寸系列标准。一般的民用建筑门的高度为 2100~2400mm。如门设有亮子时，亮子高度一般为 300~600mm。公共建筑可视需要适当提高大门高度。单扇门的宽度为 700~1000mm，双扇门的宽度为 1200~1800mm。宽度在 2100mm 以上时，则做成三扇、四扇或双扇带固定窗的门，因为门扇过宽易产生翘曲变形，也不利于开启。辅助房间（如浴厕、储藏室等）门的宽度可窄些，一般为 700~800mm。

2. 门的组成

门主要由门框、门扇、亮子、五金零件及附件组成。有的还有贴脸板、筒子板等部分，如图 7-3 所示。

木门

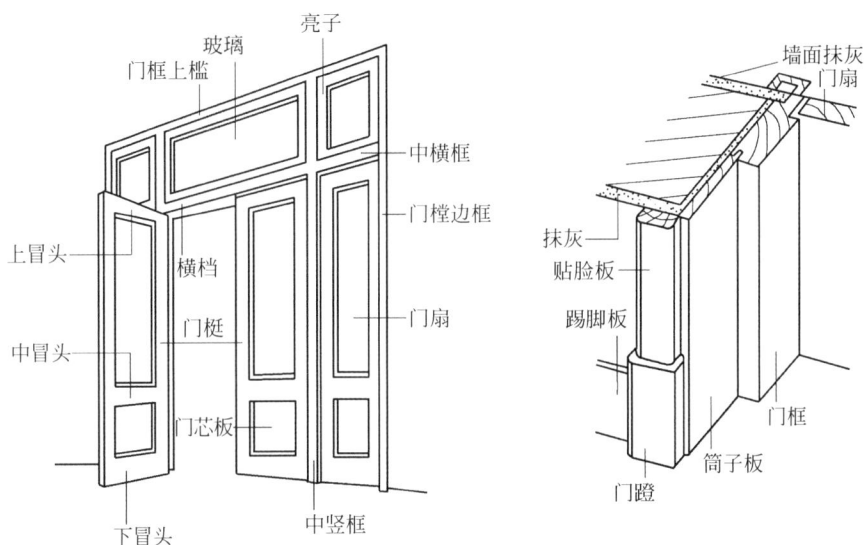

图 7-3 木门的组成

7.3 窗

7.3.1 窗的开启方式

按窗扇的开启方式不同，窗可分为平开窗、悬窗、推拉窗、立转窗、固定窗，如图 7-4 所示。

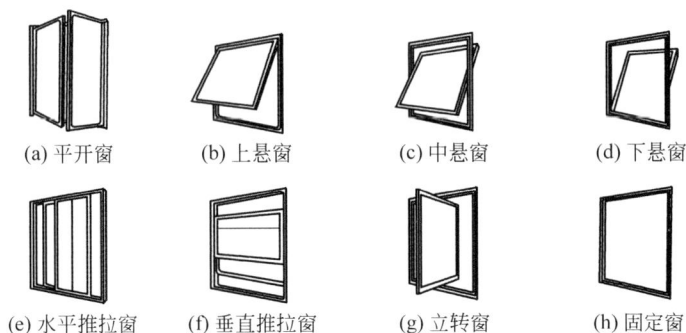

(a) 平开窗   (b) 上悬窗   (c) 中悬窗   (d) 下悬窗

(e) 水平推拉窗   (f) 垂直推拉窗   (g) 立转窗   (h) 固定窗

图 7-4 窗的开启方式

窗的开启方式

1. 平开窗

平开窗是窗扇用铰链与窗框侧边相连，可向外或向内水平开启，有单扇、双扇、多扇之分。

2. 悬窗

悬窗按铰链和转轴的位置不同，可分为上悬窗、中悬窗和下悬窗。

3. 推拉窗

推拉窗分垂直推拉和水平推拉两种。窗扇沿水平或竖向导轨或滑槽推拉，开启时不占用空间。

4. 立转窗

立转窗是在窗扇的上下两边设垂直转轴，转轴可设在中部或偏左一侧。开启时，窗扇绕转轴垂直旋转。

5. 固定窗

固定窗无窗扇，将玻璃直接安装在窗框上，不能开启，只供采光和眺望，多用于门的亮子窗或与开启窗配合使用。

7.3.2　窗的尺度与组成

1. 窗的尺度

窗的尺度主要取决于房间的采光、通风要求、构造做法和建筑造型等要求，并符合现行《建筑模数协调标准》(GB/T 50002—2013)的规定。我国大部分地区标准窗的尺寸均采用3M的扩大模数，窗洞口常用尺寸为600mm、900mm、1200mm、1500mm、1800mm、2100mm、2400mm等。

2. 窗的组成

窗主要由窗框、窗扇、五金零件及附件组成。有的还有贴脸板、窗台板、窗帘盒等部分，如图7-5所示。

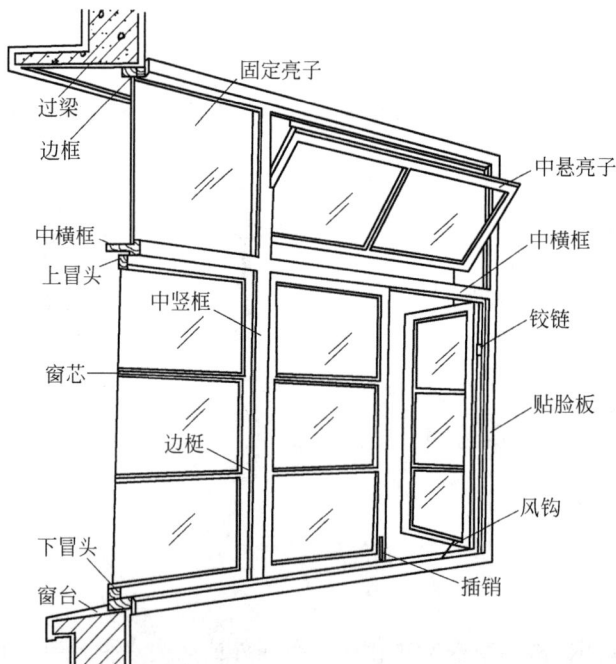

图7-5　木窗的组成

7.4　门窗构造

7.4.1　门窗的构造与安装

1. 铝合金门窗的构造与安装

1）铝合金门窗的构造

铝合金门窗质量轻，较钢门窗轻 50% 左右，气密性、水密性、隔声性、隔热性都较钢、木门窗有显著提高，且色泽美观。

铝合金门是目前常用的门之一，由铝合金门框、门扇、腰窗及五金零件组成。按铝合金门芯板的镶嵌材料分类，可分为铝合金条板门、半玻璃门、全玻璃门；按开启方式不同，可分为平开门、弹簧门、推拉门等。铝合金窗按开启方式不同，可分为固定窗、平开窗、推拉窗、滑撑窗等。

框料系列名称是以铝合金门窗框的厚度构造尺寸来区别各种铝合金门窗，如推拉门门框厚度构造尺寸为 50mm 厚，即称为 50 系列铝合金推拉门；平开窗窗框厚度构造尺寸为 90mm 宽，即称为 90 系列铝合金平开窗等。

铝合金属于金属材质，热导率高，按照节能要求，应采用断桥铝合金型材，即将铝合金从中间断开，采用隔热材料将断开的铝合金连为一体，使得热量不容易通过整个型材，形成冬天不向外流失热量，夏天外部热量不流向内部的屏障。

2）铝合金门窗的安装

铝合金门窗安装主要依靠金属锚固件定位，安装时应保证定位正确、牢固，在门窗框与墙体之间分层填以矿棉毡、玻璃棉毡或沥青麻刀等保温隔声材料，并于门窗框内外四周各留 5~8mm 深的槽口后填建筑密封膏。铝合金门窗不宜用水泥砂浆作门框与墙体间的填塞材料。

2. 塑钢门窗的构造与安装

1）塑钢门窗的构造

塑钢门窗是用增强塑料 PVC 空腹型材做框及扇，并在空腔中加入型钢加强的门窗。塑钢门窗强度高，刚度好，抗风压变形能力强，热导率低，耐弱酸碱，无需油漆，气密性、水密性、隔声性都较好，是我国目前大力推广使用的窗型。

塑钢窗由窗框、窗扇、窗的五金零件组成，按开启方式不同，可分为平开窗、推拉窗和上悬窗、中悬窗等。

2）塑钢门窗的安装

塑钢门窗一般采用后立口安装，墙和框间的缝隙应用泡沫塑料等发泡剂填实，并用玻璃胶密封。安装时，可用射钉或塑料、金属膨胀螺钉固定，也可用预埋件固定。

7.4.2　门窗的保温与节能

为提高建筑物的保温与节能性能，门窗的保温与节能非常重要。门窗保温节能的构造措施主要包括以下几方面：采取密封和密闭措施，减少窗洞口面积，减少门窗缝隙的长度，增加窗扇层数和玻璃层数。

7.5 遮阳构造

遮阳是为了防止直射阳光照入室内，以减少太阳辐射热，避免夏季室内过热以及保护室内物品不受阳光照射而采取的一种措施。遮阳的做法包括简易遮阳和固定遮阳等。

简易遮阳包括苇席遮阳、布篷遮阳等，如图 7-6 所示。

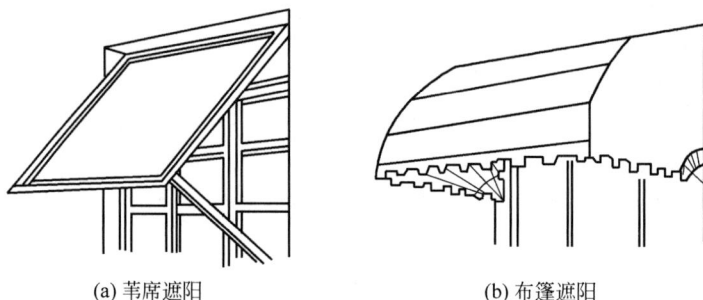

(a) 苇席遮阳　　　　　　　　　(b) 布篷遮阳

图 7-6　简易遮阳

固定遮阳包括水平遮阳、垂直遮阳、综合遮阳、挡板遮阳四种，如图 7-7 所示。

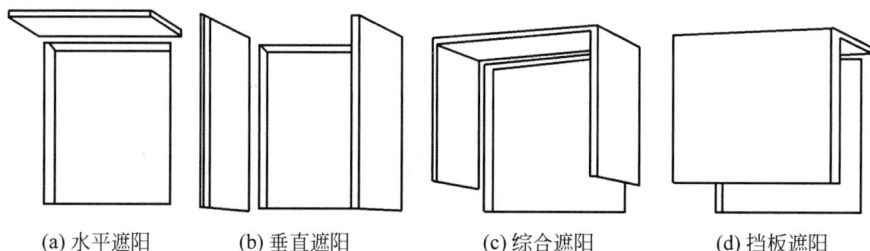

(a) 水平遮阳　　(b) 垂直遮阳　　(c) 综合遮阳　　(d) 挡板遮阳

图 7-7　固定遮阳板形式

—— 项目小结 ——

按门扇的开启方式不同，门可分为平开门、推拉门、弹簧门、折叠门、转门、卷帘门等。门主要由门框、门扇、亮子、五金零件及附件组成。

按窗扇的开启方式不同，窗可分为平开窗、悬窗、推拉窗、立转窗、固定窗。窗主要由窗框、窗扇、五金零件及附件组成。

框料系列名称是以铝合金门窗框的厚度构造尺寸来区别各种铝合金门窗。塑钢门窗是用增强塑料 PVC 空腹型材做框及扇，并在空腔中加入型钢加强的门窗。

遮阳构造包括简易遮阳（苇席遮阳、布篷遮阳）和固定遮阳（水平遮阳、垂直遮阳、综合遮阳、挡板遮阳）。

—— 习题 ——

一、选择题

1.（　　）开启时不占室内空间，但有坠落危险;（　　）擦窗安全方便，但影响家具的布置和使用。

A. 外开窗；内开窗

B. 内开窗；外开窗

C. 固定窗；内开窗

D. 推拉窗；固定窗

2. 门洞的高度一般在（　　　）以上。

A. 1800mm　　　　B. 1900mm　　　　C. 2000mm　　　　D. 2100mm

3. 门窗框的安装位置（　　　）。

A. 内平齐　　　　B. 外平齐　　　　C. 居中　　　　D. 以上都可以

4. 下列不属于按材料分类的门是（　　　）。

A. 钢门　　　　B. 塑钢门　　　　C. 推拉门　　　　D. 木门

5. 铝合金门窗框料系列名称是以（　　　）构造尺寸来区别各种铝合金门窗的称谓。

A. 门窗框的高度

B. 门窗框的厚度

C. 门窗扇的高度

D. 门窗扇的厚度

二、识图题

1. 判断图 7-8 中门的开启方式。

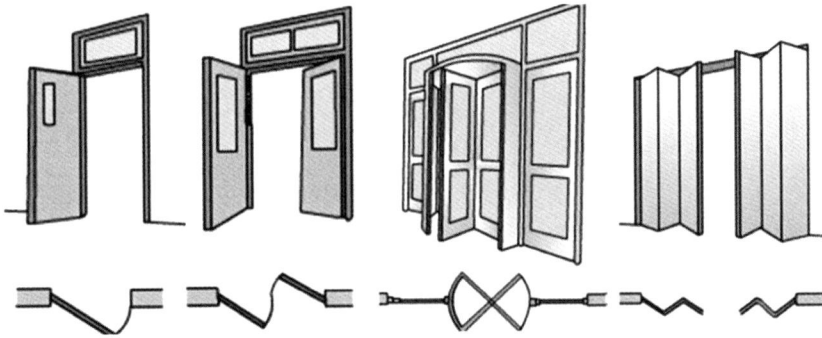

图 7-8　门的开启方式

2. 识读附录中的首层平面图，找出门窗代号；在门窗表中查找首层门窗洞口尺寸，完成以下填空题。

类　别	门窗代号	洞口尺寸（mm×mm）
首层门		
首层窗		

项目 8　建筑施工图识读

思维导图

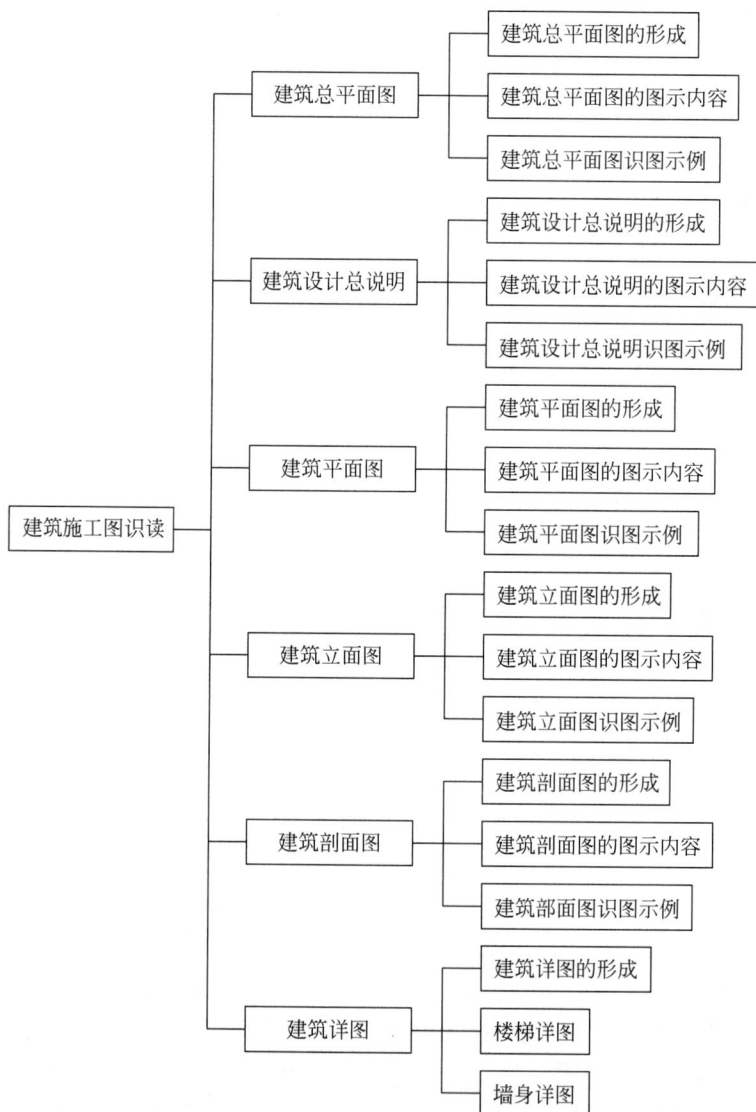

建筑施工图识读
- 建筑总平面图
  - 建筑总平面图的形成
  - 建筑总平面图的图示内容
  - 建筑总平面图识图示例
- 建筑设计总说明
  - 建筑设计总说明的形成
  - 建筑设计总说明的图示内容
  - 建筑设计总说明识图示例
- 建筑平面图
  - 建筑平面图的形成
  - 建筑平面图的图示内容
  - 建筑平面图识图示例
- 建筑立面图
  - 建筑立面图的形成
  - 建筑立面图的图示内容
  - 建筑立面图识图示例
- 建筑剖面图
  - 建筑剖面图的形成
  - 建筑剖面图的图示内容
  - 建筑部面图识图示例
- 建筑详图
  - 建筑详图的形成
  - 楼梯详图
  - 墙身详图

📖 **情境背景**

　　建筑施工图是用来表示新建房屋总体布局、外部造型、内部布置、细部构造和施工要求的一套图纸，是施工定位放线、内外装饰做法的依据，也是结构、水、电、暖通施工图的依据。识读员工宿舍楼建筑施工图，试分析建筑施工图包含哪些内容？应如何识读？

　　建筑施工图是整套房屋施工图中非常重要的专业图纸之一，主要包括图纸目录、建筑总平面图、建筑设计总说明、建筑平面图、建筑立面图、建筑剖面图、建筑详图等，用来表示房屋的规划位置、外部造型、内部布置、内外装修、细部构造、固定设施及施工要求等。

8.1　建筑总平面图

8.1.1　建筑总平面图的形成

　　建筑总平面图是将新建工程四周一定范围内的新建、拟建、原有和拆除的建筑物、构筑物，连同其周围的地形、地物状况，用水平投影方法和相应的图例所画出的工程图样。

　　总平面图主要表达新建房屋的位置、朝向、与原有建筑物的关系，以及周围道路、绿化和给水、排水、供电条件等方面的情况；作为新建房屋施工定位、土方施工、设备管网平面布置，以及在施工时进入现场的材料和构配件堆放场地、构件预制场地以及运输道路的依据。

8.1.2　建筑总平面图的图示内容

　　建筑总平面图主要包括以下内容。

　　（1）图名、比例、指北针或风玫瑰图。

　　（2）新建建筑物、原有建筑物、计划扩建建筑等的平面布局。

　　（3）新建建筑、原有建筑、计划扩建建筑等的定位尺寸。

　　（4）道路交通、绿化系统及管网的平面布局。

　　（5）新建建筑、原有建筑的层数，新建建筑首层室内地面的绝对标高、室外绝对标高等。

　　建筑施工图中，很多语言用图例形式表达。建筑总平面图图例如表 8-1 所示。

表 8-1　建筑总平面图图例

名　　称	图　　例	说　　明
新建的建筑物		新设计的建筑物，右上角以点数表示层数或者直接以数字表示层数。
原有的建筑物		应注明拟利用者。 用细实线表示。

名　称	图　例	说　明
计划扩建的预留地或建筑物	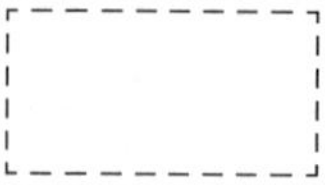	用中虚线表示。
拆除的建筑物	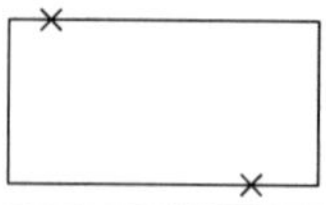	用细实线表示。
围墙及大门	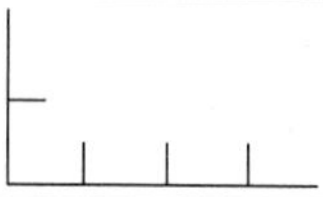 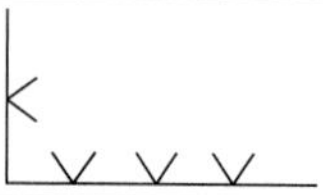	上图为砖石、混凝土或金属材料的围墙。 下图为镀锌铁丝网、篱笆等围墙。 如仅表示围墙时，不画大门。
室内标高	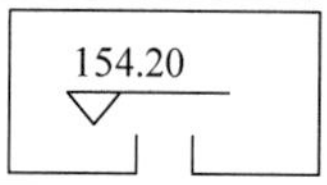 154.20	此标高为相对室外绝对标高而言的绝对标高。
室外标高	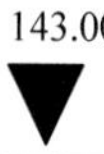 143.00	总平面图中的标高为绝对标高。
原有的道路	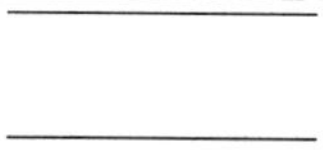	
坐标	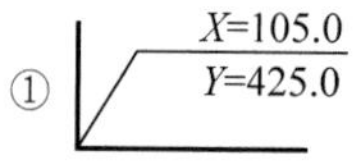 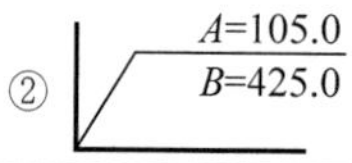 ① $X=105.0$ $Y=425.0$ ② $A=105.0$ $B=425.0$	① 表示地形测量坐标系； ② 表示自设坐标系，坐标数字平行于建筑标注。
等高线	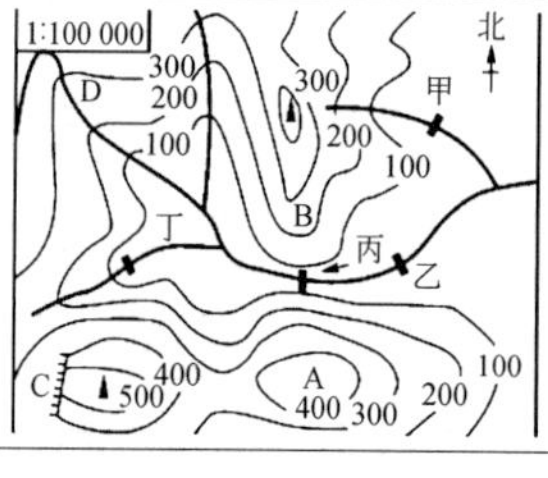	等高线指的是地形图上高程相等的相邻各点所连成的闭合曲线。 在等高线上标注的数字为该等高线的海拔。
指北针或风向频率玫瑰图	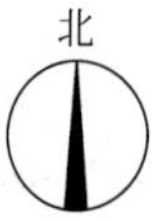 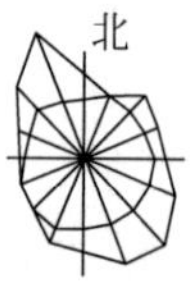 北	指北针的形状宜符合图例中的规定，其圆的直径宜为24mm，用细实线绘制。 指针尾部的宽度宜为3mm，指针头部应注"北"或"N"字。需用较大直径绘制指北针时，指针尾部的宽度宜为直径的1/8。总平面图上一般用风玫瑰图。 指北针与风玫瑰结合时，宜采用互相垂直的线段，线段两端应超出风玫瑰轮廓线2~3mm，垂点宜为风玫瑰中心，北向应注"北"或"N"字，组成风玫瑰所有线宽均宜为0.5b。 玫瑰图上所表示风的吹向，是指从外部吹向地区中心的方向，各方向上按统计数值画出的线段，表示此方向风频率的大小，线段越长，表示该风向出现的次数越多。

8.1.3 建筑总平面图识图示例

下面以图 8-1 所示的总平面图为例进行识图介绍。

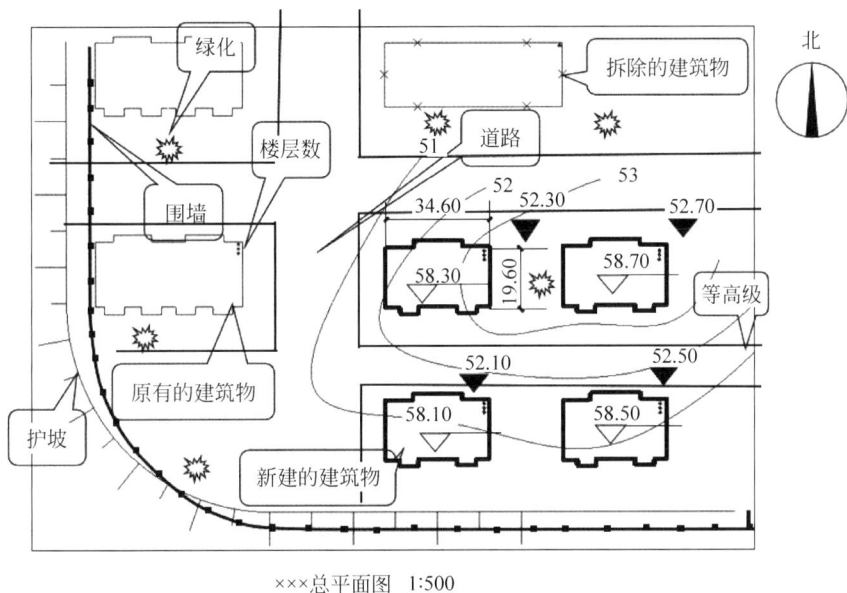

×××总平面图 1:500

图 8-1 ××× 总平面图

（1）图名，比例一般在图纸的正下方，此图的图名为 ××× 总平面图，比例为 1：500，指北针一般在图纸右上方，表示建筑的朝向。

（2）图中共有 4 栋新建的建筑物，2 栋原有的建筑物，1 栋拆除的建筑物。

（3）4 栋新建的建筑物的室内绝对标高分别为 58.30m、58.70m、58.10m、58.50m，室外地坪绝对标高分别为 52.30m、52.70m、52.10m、52.50m。新建的建筑物的总长为 34.60m，总宽为 19.60m。

（4）室内绝对标高为 58.10m 的新建建筑物南侧为护坡，北侧为道路。图中有等高线、绿化等图例。

8.2 建筑设计总说明

8.2.1 建筑设计总说明的形成

建筑设计总说明是用文字的形式表达图样中无法清楚表达且带有全局性的内容，主要包括设计依据、工程概况、构造做法等内容。

8.2.2 建筑设计总说明的图示内容

建筑设计总说明主要包括以下内容。

（1）工程施工图设计的依据性文件、批文和相关规范。

（2）项目概况。

（3）设计标高。

（4）用料说明和室内外装修。

（5）墙体、墙身防潮层、地下室防水、屋面、外墙面、勒脚、散水、台阶、坡道、油漆、涂料等的材料和做法。

（6）室内装修部分除用文字说明以外，亦可用表格形式表达，在表上填写相应的做法或代号。

（7）对采用新技术、新材料的作法说明及对特殊建筑造型和必要的建筑构造的说明。

（8）门窗及门窗性能、用料、颜色、玻璃、五金件等的设计要求。

（9）幕墙工程及特殊的屋面工程的性能及制作要求，平面图、预埋件安装图等以及防火、安全、隔音构造。

（10）墙体及楼板预留孔洞需封堵时的封堵方式说明等。

8.2.3　建筑设计总说明识图示例

下面以附录中员工宿舍楼建施 01 建筑设计总说明和建施 02 室内装修做法表为例进行识图介绍。

（1）设计依据：本图纸设计时的参考规范，如《民用建筑设计通则》（GB 50352—2019），《建筑设计防火规范》（GB 50016—2014）等。

（2）项目概况：工程名称为员工宿舍楼，总建筑面积 492.48m²。建筑高度为 9.15m（按设计室外地坪至女儿墙顶），地上 2 层。根据项目 1 中民用建筑概述中的按层数分类，该员工宿舍为低层建筑。建筑耐火等级为二级，抗震设防烈度为 7 度。结构类型为框架结构。建筑物设计使用年限为 50 年。屋面防水等级为 Ⅱ 级。

（3）设计标高及单位：室内外高差为 0.450m，所注各种标高，除注明者外，均为建筑完成面标高；总平面图尺寸单位及标高单位为 m，其余图纸尺寸单位为 mm。±0.000 对应的绝对高程为 168.250m。

（4）建筑构造做法：识读说明中墙体工程、屋面工程、门窗工程、外装修工程、内装修工程、油漆涂料工程内容，明确本工程中关于以上内容的通用做法要求，例如墙身防潮层做法、楼梯间屋面做法、雨篷屋面做法、门窗立樘位置、卫生间等遇有水的房间的防水防潮构造做法、露明铁件做法等。

（5）门窗表：识读门窗表中洞口尺寸、用料、玻璃等的设计要求。

8.3　建筑平面图

8.3.1　建筑平面图的形成

建筑平面图是用一个假想的水平剖切面沿窗台略高的位置剖切房屋后，移去上面的部分，对剩下部分向水平投影面作正投影得到的图形，简称平面图。

建筑物应每层剖切，得到的平面图以所在楼层命名，分别称为底层平面图、标准层平面图、屋顶平面图。

1. 底层平面图

底层平面图又称为一层平面图或首层平面图。它是所有建筑平面图中首先绘制的一张图。底层平面图上能看到散水、台阶、坡道、室内外高差、指北针、房间布局等构造，如附录员工宿舍楼建施 03 一层平面图及卫生间详图所示。

2. 标准层平面图

标准层平面图除了要表达清楚本层的室内布置外，还应画出本层的阳台和下一层的雨篷、遮阳板等。当建筑的中间层的房间尺寸和功能布局有不同时，需要每层单独画出，其命名一般根据建筑的层数来命名，如"二层平面图""三层平面图"等。当中间层的房间尺寸和功能布局完全相同时，可只画出一个共同的平面图，成为标准层平面图。当标准层平面图表示超过两层的平面图时，可在图名上体现，如"二～四层平面图"；也可将图名标注为"标准层平面图"，用标高来表示层数。如附录员工宿舍楼建施 04 二层平面图所示。

3. 屋顶平面图

屋顶平面图是从建筑物上方向下方所作的平面投影，主要表明建筑物屋顶上的布置情况和屋顶的排水方式。如附录员工宿舍楼建施 05 屋顶层平面图所示。

8.3.2　建筑平面图的图示内容

建筑平面图中通常包含以下内容。

（1）图名、比例、指北针。

（2）定位轴线及编号。

（3）尺寸标注，一般平面图的尺寸有三道，最里面一道为门窗洞口细部尺寸，中间一道为轴线尺寸，最外面一道为总长总宽尺寸。

（4）墙柱及门窗代号，M 表示门，C 表示窗，常用 M0921 或 C2124 表示门窗代号，前两位数字表示门窗洞口宽度，分别为 900mm 和 2100mm，后两位数字表示门窗洞口高度，分别为 2100mm 和 2400mm。

（5）剖切符号图例，与建筑制图中的剖切符号类似。

（6）散水、台阶、坡道等平面构造。

（7）房间名称、标高等。

（8）索引符号。

（9）标准层平面图中的雨篷等平面构造。

（10）屋顶层平面图中屋面的相关构造，如屋顶的形式，屋顶的排水方式和排水坡度，檐沟或天沟的排水坡度，上人孔、水箱及其他构筑物的位置等。

8.3.3　建筑平面图识图示例

下面以附录中员工宿舍楼建施 03 一层平面图及卫生间详图为例进行识图介绍。

（1）图名，比例，指北针：图名，比例在图纸的正下方，图名为一层平面图，比例为 1∶100，由指北针图例可知，该宿舍楼主入口朝北。

（2）定位轴线及编号：本工程横向定位轴线有 5 条，分别是①、②、③、④、⑤，纵向定位轴线有 6 条,分别是Ⓐ、Ⓑ、Ⓒ、Ⓓ、Ⓔ、Ⓕ。

(3)尺寸标注:最里面一道尺寸为门窗洞口细部尺寸,如南面阳台窗户 C-2 的宽度为 1750mm,中间一道为轴线尺寸,如员工宿舍的开间为 3.6m,进深为 5.4m,最外面一道为总长、总宽尺寸,总长为 14600mm,总宽为 17700mm。

(4)墙柱及门窗代号:本图中共有 M-1(1000×2700)、M-2(1500×2400)、M-3(800×2100)、M-4(1750×2700)、M-5(3300×2700)、FHM 乙(1000×2100)、FHM 乙 -1(1500×2100)七种类型的门,数量分别为 4、1、5、5、1、1、1。C-2(1750×2850)、C-3(600×1750)、C-4(2200×2550)、FHC(1200×1800)四种类型的窗,数量分别为 6、6、2、1。图中有两个门洞,分别为卫生间处的 JD1(1800×2700)、JD2(1500×2700),门窗的具体尺寸详见建施 09 门窗详图的门窗表。本工程的外墙为 200mm 厚,其中南北面的外墙部分为 300mm 厚(除宿舍管理室内、卫生间、楼梯间、门厅所在的外墙,均为 300mm 厚)。砌块墙体相交处设置构造柱。卫生间隔墙为 100mm 厚。

(5)剖切符号:图中有 1—1 剖面图剖切符号,剖切位置在楼梯间部位至宿舍区,投射方向为自东向西,1—1 剖面图详见建施 07 中 1—1 剖面图。

(6)散水、台阶、坡道等平面构造:散水宽为 900mm,散水做法详见建施 02 工程做法表。北面入口处有一台阶,台阶共 3 级,每级台阶宽 300mm,高 150mm。台阶做法详见建施 02 工程做法表。北面入口处还有一坡道,坡道坡度不大于 1:20。坡道做法详见建施 02 工程做法表。

(7)房间名称、标高:本图中有 4 间员工宿舍、1 间管理室、1 间楼梯间、1 间卫生间和盥洗室、1 间门厅、5 间阳台。室外地坪标高为 -0.450m,门厅标高为 ±0.000m,根据节点详图可知,阳台标高为 -0.030m,卫生间标高为 -0.020m。

8.4 建筑立面图

8.4.1 建筑立面图的形成

建筑立面图是在与建筑物立面平行的投影面上所作的投影图,简称立面图。

建筑立面图的命名方法主要有以下几种。

(1)用朝向命名,立面朝向哪个方向,就称为某方向立面图,如南立面图、北立面图、西立面图等。

(2)用外貌特征命名,其中反映主要出入口或比较显著地反应房屋外貌特征的那一面的立面图,如正立面图、侧立面图等。

(3)可以用立面图上首尾轴线命名,如 1—5 轴线立面图,A—F 轴线立面图等。

8.4.2 建筑立面图的图示内容

(1)图名、比例。

(2)两端轴线及编号。

(3)立面外轮廓线、室外地坪线、门窗、台阶、阳台、雨篷等主要建筑构造部件。

（4）标高，例如室外地面标高、门窗标高、檐沟等标高。

（5）立面装饰做法等。

8.4.3　建筑立面图识图示例

下面以附录中员工宿舍楼建施 06 为例进行识图介绍。

（1）图名、比例：该图图名为①~⑤，⑤~①，Ⓐ~Ⓕ，Ⓕ~Ⓐ立面图，比例为 1∶100。

（2）该立面图的命名方法为以两端定位轴线命名，结合建施 03 一层平面及卫生间详图可知，①~⑤立面图又称为南立面图，⑤~①立面图又称为北立面图，Ⓐ~Ⓕ立面图又称为东立面图，Ⓕ~Ⓐ立面图又称西立面图。

（3）4 张立面图中均有室外地坪线，⑤~①立面图中能看到台阶，Ⓕ~Ⓐ立面图中能看到台阶和坡道，①~⑤立面图中能看到雨篷，①~⑤、⑤~①立面图中能看到阳台、门窗等构造，Ⓐ~Ⓕ、Ⓕ~Ⓐ立面图中均能看到门窗构造。

（4）标高：室外地坪标高为 −0.450m，一层楼面标高为 ±0.000m，二层楼面标高为 3.600m，屋面标高为 7.200m，屋面女儿墙标高为 8.700m。一层的层高为 3.6m，二层的层高为 3.6m。楼梯间屋面最高点标高为 11.700m，楼梯间处雨篷顶标高为 10.250m。

（5）本图中外墙的做法为白色面砖横贴，空调格栅为砖红色，空调格栅做法详见建施 10 节点详图（一）中的 6 号节点详图。由①~⑤立面图可知，屋面女儿墙做法详见建施 10 节点详图（一）中的 4 号节点详图，由Ⓐ~Ⓕ、Ⓕ~Ⓐ立面图可知，另一侧屋面女儿墙做法详见建施 10 节点详图（一）中的 2 号节点详图，由①~⑤立面图可知，C-2 门窗部位节点做法详见建施 10 节点详图（一）中的 3 号节点详图，由Ⓐ~Ⓕ、Ⓕ~Ⓐ立面图可知，C-4 门窗部位节点做法详见建施 10 节点详图（一）中的 1 号节点详图。

（6）对照平面图，可知立面图上的门窗代号。①~⑤立面图中的门窗代号即一层平面图中①~⑤轴从左至右的门窗代号，即 C-2，C-3，C-3，C-2，C-2，C-3，C-3，C-2，⑤~①立面图中的门窗代号即一层平面图中①~⑤轴从右至左的门窗代号，即 C-2，C-3，C-3，C-2，C-3，M-5。

8.5　建筑剖面图

8.5.1　建筑剖面图的形成

建筑剖面图又称剖切图，是通过对有关的图形按照一定剖切方向所展示的内部构造图例，剖面图是假想用一个剖切平面将物体剖开，移去介于观察者和剖切平面之间的部分，对剩余的部分向投影面所作的正投影图。

8.5.2　建筑剖面图的图示内容

（1）图名、比例。

（2）尺寸标注：定位轴线、建筑高度尺寸、层高尺寸、门窗等细部尺寸。

（3）剖切到的楼板、屋顶、墙体、门窗、台阶、雨篷、坡道等。

（4）未剖切到但投影可见的门窗、台阶等。

（5）标高：室内外地面标高、楼面标高、屋顶标高、女儿墙标高、雨篷标高等主要部位标高。

8.5.3　建筑剖面图识图示例

下面以附录中员工宿舍楼建施 07 中 1—1 剖面图为例进行识图介绍。

（1）图名，比例：该图图名为 1—1 剖面图，比例为 1∶100。

（2）尺寸标注：1—1 剖面图中的建筑高度尺寸、层高尺寸同建筑立面图识图示例中的（4）标高。

（3）1—1 剖面图剖切到了 M-2，M-4，M-1，C-2 四种门窗，Ⓐ轴线处两扇窗为 C-2，高度 1—1 剖面图上未给，从门窗详图中可以看出，C-2 的高度为 2850mm，Ⓑ轴线处的门窗为 M-4，高度为 2700mm，Ⓒ轴线处的门窗为 M-1，高度为 2700mm，Ⓓ轴线处的门窗为 M-2 和 M-2′，高度分别为 2400mm 和 2200mm，Ⓕ轴线旁边的门窗为 C-1，高度为 1450mm。还剖切到雨篷、楼板、屋面板、室外地坪等构件。

（4）1—1 剖面图中未剖切到，但投影可见的有台阶、一层平面图中的 FHM 乙-1，阳台处的空调格栅，二层平面图的 C-4，阳台处的空调格栅。

（5）1—1 剖面图中的标高尺寸如建筑立面图所示。

8.6　建筑详图

8.6.1　建筑详图的形成

由于建筑平面图、立面图、剖面图的比例较小，无法清楚表达细部构造，因此，有必要用较大的比例将建筑物的细部构造尺寸、材料、做法等绘制出来，这样的图样称为建筑详图。

建筑详图一般可分为以下两类。

（1）局部构造详图：例如楼梯详图、电梯详图等。

（2）节点大样图：例如墙身详图、雨篷详图、檐沟详图等。

下面以楼梯详图与墙身详图为例进行讲解。

8.6.2　楼梯详图

1. 楼梯平面图的形成

楼梯平面图的形成与建筑平面图类似，是在楼层以上部位 1200mm 处剖切，一般切到上行梯段，移去上半部分，将余下部分向下投影所得到的图称为楼梯平面图。

楼梯平面图按照剖切的部位不同，分为楼梯首层平面图、楼梯标准层平面图、楼梯顶层平面图。

2. 楼梯平面图的图示内容

（1）图名，比例。楼梯平面图的比例常为 1∶50。

（2）楼梯间的定位轴线，楼梯各部位的尺寸，如梯段长、梯段宽、梯井宽、中间平台宽、楼层平台宽、踏步级数、踏面宽、楼层平台标高、休息平台标高、首层的剖切符号等。

3. 楼梯平面图识读示例

下面以附录中员工宿舍楼建施 08 楼梯详图为例进行识图介绍。

（1）该图名称为楼梯详图，包括楼梯首层平面详图、楼梯二层平面详图、楼梯屋顶层平面详图，比例均为 1∶50。

（2）由楼梯二层平面详图可知，该楼梯间开间为 3600mm，进深为 7800mm，梯段宽为 1650mm，梯井宽为 100mm，梯段长为 3300mm，中间休息平台宽为 2400mm，楼层平台宽度为 1900mm，楼层平台标高为 3.600m，中间休息平台标高为 1.800m，每跑楼梯有 12 个踏步，每个踏步踏面宽为 300mm。

4. 楼梯剖面图的形成

楼梯的剖面图又称为剖切图，是根据楼梯的造型按照某一个剖切方向所展示的楼梯内部构造图例。假想一个剖切平面将楼梯剖开，将介于观察者和剖切平面之间的部分去掉，剩下的部分作正投影图所得到的图称为楼梯剖面图。

5. 楼梯剖面图的图示内容

（1）图名，比例。

（2）楼梯剖面图两端定位轴线编号，楼梯踏步级数，踏步高尺寸，平台部位净高尺寸，梯段部位净高尺寸，楼层平台和休息平台的标高，楼梯栏杆扶手标高及做法等。

6. 楼梯剖面图识读示例

下面以附录中员工宿舍楼建施 07 中 1—1 剖面图为例进行识图介绍。

（1）该图图名为 1—1 剖面图，比例为 1∶100。本套图纸 1—1 剖面正好剖切到楼梯，因此不单独画楼梯剖面，而是和 1—1 剖面画在一起。

（2）楼梯间两端的定位轴线为Ⓓ和Ⓕ，由图可知，1~2 层共 2 个梯段，每个梯段各为 12 个踏步；2~3 层共 2 个梯段，每个梯段各为 12 个踏步，每个踏步高为 150mm。平台部位净高大于 2m，梯段部位净高大于 2.2m，均满足规范要求。由栏杆扶手大样图可知，栏杆扶手高 1050mm，垂直栏杆净距为 100mm，栏杆和扶手均用不锈钢钢管制作。

8.6.3　墙身详图

1. 节点大样图的形成

节点大样图是将建筑平面图或建筑立面图上的某个节点放大绘制的图样，一般用索引符号表示节点大样图的位置。节点大样图一般用较大的比例绘制，一般为 1∶50。

2. 节点大样图的图示内容

（1）图名，比例。

（2）对照建筑平面图或建筑立面图，找到节点大样图的剖切位置，部位名称，尺寸及材料做法等。

3.节点大样图识图示例

下面以附录中员工宿舍楼建施 10 节点大样（一）中的 6 号详图为例进行识图介绍。

（1）图名，比例：图名为节点大样（一），详图编号为 6，比例为 1∶20。

（2）由索引符号可知，该节点索引自建施 06 ①～⑤立面图中的阳台部位。由图可知，空调格栅的高度为 750mm，空调格栅所用材料为 50×50×2 方钢立管外喷。阳台外墙后 300mm，空调板挑出外墙 650mm，空调板装修做法如下。

找平层：20mm 厚干混 DSM20 砂抹面压光。

面层：满刮腻子一遍，刷底漆一遍，白色乳胶漆两遍。

阳台部位窗户窗台所用材料为 C25 素混凝土。空调格栅预埋铁件详图见建施 11 节点详图（二）的 a—a 详图。空调格栅方钢立管与阳台外墙的连接方式为膨胀螺栓。

—— 项目小结 ——

建筑施工图主要包括图纸目录、建筑总平面图、建筑设计总说明、建筑平面图、建筑立面图、建筑剖面图、建筑详图等。

建筑总平面图主要包括指北针、用地红线、主要建筑物和构筑物的平面图布局、室内外地面绝对标高等。

建筑设计总说明主要包括设计依据、工程概况、建筑构造做法、门窗表等。

建筑平面图主要包括定位轴线、三道标注尺寸、门窗及编号、墙、柱、楼梯电梯、剖切线等。

建筑立面图主要包括两端定位轴线、立面外轮廓、主要建筑构造部件、主要标高、外立面装修要求等。

建筑剖面图主要包括剖切到的墙体定位轴线、未剖切到但投影方向可见的建筑构造部件、主要标高等。

建筑详图主要包括局部构造详图和节点大样图，局部构造详图主要包括楼梯详图、电梯详图等；节点大样图主要包括墙身详图、雨篷详图、檐沟详图等。

—— 习题 ——

识读附录中员工宿舍楼整套建筑施工图，回答以下问题。

1.在附录提供的建筑施工图中，横向定位轴线有（　　　）道，编号自左到右是（　　　）号到（　　　）号。纵向定位轴线有（　　　）道，编号自下向上是（　　　）轴到（　　　）轴。

2.室内地面和室外地面的相对标高分别是（　　　　　）。

3.层高是（　　　），二层屋面女儿墙高度是（　　　），厚度是（　　　），楼梯间屋面女儿墙高度是（　　　），厚度是（　　　）。

4.二层楼面的标高是（　　　），屋面的标高是（　　　）。

5.屋面的排水坡度是（　　　），屋面防水层采用的是（　　　）防水材料，保温层材料是（　　　）。

6. 楼梯共有（　　　）处，踏步宽度是（　　　），踢面高度是（　　　），梯段宽度是（　　　），梯井宽度是（　　　），一层休息平台的标高是（　　　），二层休息平台的标高是（　　　）。

7. 在台阶构造图中分层注明做法，注出厚度（图 8-2）。

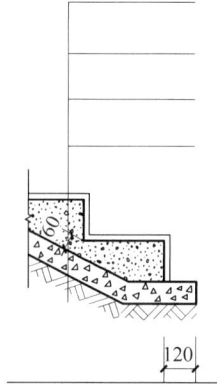

图 8-2　题图 1

8. 在散水构造图中分层注明做法，注出厚度（图 8-3）。

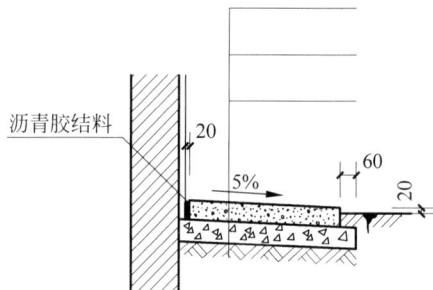

图 8-3　题图 2

项目 9　建模准备工作

思维导图

建模准备工作
- 界面介绍
  - 快速访问工具栏
  - 功能区
  - 属性选项卡
  - 项目浏览器
  - 视图控制栏
- 标高的创建
  - 标高的绘制
  - 标高的复制
- 轴网的创建
  - 轴网的绘制
  - 轴线的复制

情境背景

　　认识了建筑构造，学习了建筑识图，相信读者已经对建筑房屋的图纸有了一定的识读基础，并对其内部结构也有了比较详细的了解，在此基础上，让我们一起带着对房屋的构造认识，把附录中图纸通过 BIM 建模转化成三维虚拟模型吧！接下来，让我们在几组优美的模型中走进 Revit 建模的世界，如图 9-1～图 9-5 所示。

图 9-1　建模效果图 1

图 9-2　建模效果图 2

图 9-3 建模效果图 3

图 9-4 建模效果图 4

图 9-5 建模效果图 5

9.1 界面介绍

本项目使用的软件是 Revit 2019，与其配套的图纸是员工宿舍楼，具体详见附录图纸。

（1）双击桌面图标，启动完成后，会显示如图 9-6 所示界面。

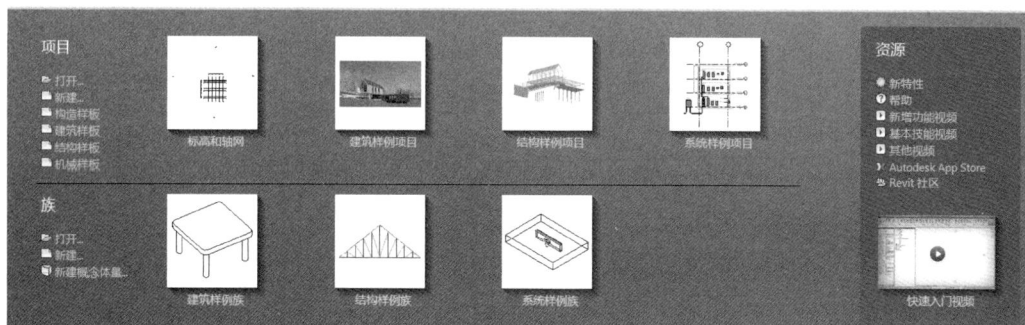
图 9-6 Revit 打开界面

该界面会依次列出最近使用过的项目文件和族文件，第一次启动 Revit 时，会显示软件自带的基本样例文件，以方便用户感受其功能。

（2）单击"项目"中的"建筑样板"，进入 Revit 绘图界面，如图 9-7 所示。

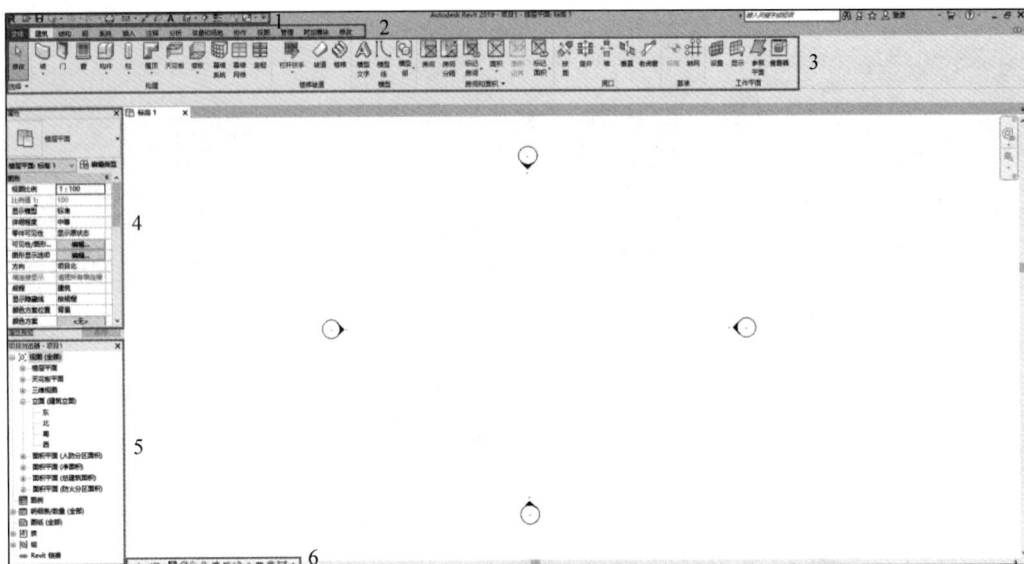

图 9-7 Revit 绘图界面

9.1.1 快速访问工具栏

快速访问工具栏包含一组默认工具，可以对该工具栏进行自定义，使其显示最常用的工具。

快速访问工具栏可以显示在功能区的上方或下方。要修改设置，请在快速访问工具栏上单击"自定义快速访问工具栏"下拉列表"在功能区下方显示"。

将工具添加到快速访问工具栏的方法如下：在功能区内浏览以显示要添加的工具，并在该工具上右击，然后单击"添加到快速访问工具栏"。

9.1.2 功能区

创建或打开文件时，会显示功能区。它提供创建项目或族所需的全部工具。

功能区：调整窗口的大小时，会发现功能区中的工具会根据可用的空间自动调整大小。该功能会使所有按钮在大多数屏幕尺寸下都可见。

面板标题旁的箭头表示该面板可以展开，来显示相关的工具和控件。

在默认情况下，单击面板以外的区域时，展开的面板会自动关闭。要使面板在其功能区选项卡显示期间始终保持展开状态，需单击展开的面板左下角的图钉图标。

通过某些面板，可以打开用来定义相关设置的对话框。点击面板底部的对话框启动器箭头，将打开一个对话框。

使用某些工具或者选择图元时，上下文功能区选项卡中会显示与该工具或图元的上下文相关的工具。退出该工具或清除选择时，该选项卡将关闭。

9.1.3 属性选项卡

"属性"选项卡是一个无模式对话框，通过该对话框，可以查看和修改用来定义图元属性的参数。

属性选项卡：第一次启动 Revit 时，"属性"选项卡处于打开状态，并固定在绘图区域左侧"项目浏览器"的上方。如果关闭"属性"选项卡，则可以使用下列任一方法重新打开它：单击"修改"选项卡→"属性"面板→▣（属性）；单击"视图"选项卡→"窗口"面板→"用户界面"下拉列表→"属性"；在绘图区域中右击并单击"属性"。

可以将该选项卡固定到 Revit 窗口的任一侧，并在水平方向上调整其大小。在取消对选项卡的固定之后，可以在水平方向和垂直方向上调整其大小。同一个用户从一个任务切换到下一个任务时，选项卡的显示和位置将保持不变。

通常，在 Revit 会话期间，"属性"选项卡应保持打开状态，以便执行下列操作：通过使用"类型选择器"，选择要放置在绘图区域中的图元的类型，或者修改已经放置的图元的类型；查看和修改要放置的或者已经在绘图区域中选择的图元的属性；查看和修改活动视图的属性；访问适用于某个图元类型的所有实例的类型属性。

9.1.4　项目浏览器

"项目浏览器"用于显示当前项目中所有视图、明细表、图纸、组和其他部分的逻辑层次。展开和折叠各分支时，将显示下一层项目。

打开"项目浏览器"：单击"视图"选项卡→"窗口"面板→"用户界面"下拉列表→"项目浏览器"，或在应用程序窗口中的任意位置右击，然后单击"浏览器"→"项目浏览器"。

在"项目浏览器"中，大型复杂项目可能会包含数百个条目。若要快速浏览并找到所需的项目，可以使用以下方法：在浏览器上右击，然后通过单击"搜索"来打开"在项目浏览器中搜索"对话框；在浏览器中展开或收拢顶层节点，在某一节点（例如"视图"或"族"）上右击，选择"展开选定项"或"收拢选定项"；展开或收拢所有顶层节点，则在浏览器中的某一节点或空白区域上右击，选择"展开全部"或"收拢全部"。

9.1.5　视图控制栏

可以通过视图控制栏快速访问影响当前视图的功能；在视图样板中定义某些视图属性后，相应的控件可能会被禁用。更改这些视图属性，需要修改视图样板属性。

9.2　标高的创建

9.2.1　标高的绘制

标高表示建筑物各部分的高度，是建筑物某一部位相对于基准面（标高的零点）的竖向高度，是竖向定位的依据。在正式建立模型前，应该先对项目的标高信息进行设置，后期建立的各构件模型将以标高来确定其高度和空间位置。

（1）在"项目浏览器"中选择"立面（建筑立面）"→"东"，修改绘图区域默认两条标高线的名称，如图 9-8 所示。

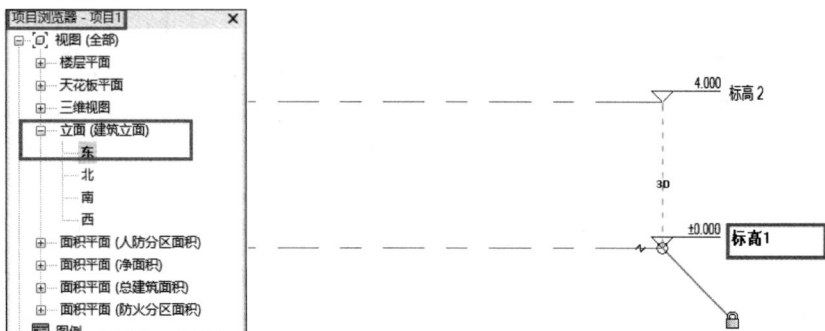

图 9-8　修改标高名称

（2）单击标高 1，修改为 1F，按回车键，在弹出的对话框中选择"是"，如图 9-9 所示。

图 9-9　重命名标高视图

（3）同理可修改标高 2 的名称，并根据员工宿舍楼立面图修改一层的层高，单击 1F 和 2F 之间蓝色线条上的数字，并将其修改为 3600，如图 9-10 所示。

图 9-10　修改标高高度

（4）根据员工宿舍楼图纸新建二层及以上标高，单击"建筑"选项卡中的"基准标签栏"工具，单击"标高"按钮，如图 9-11 所示。

图 9-11　新建二层标高

（5）捕捉 2F 标高线的左端点，并向上移动光标，将出现的蓝色线条的数字修改为 3600，如图 9-12 所示。

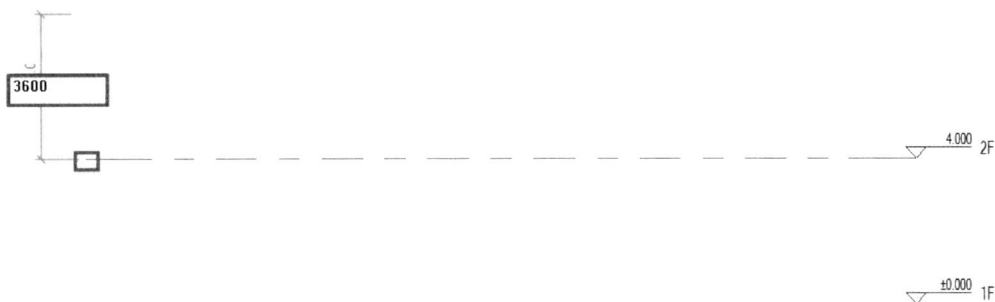

图 9-12 修改二层标高高度

（6）按回车键，标高线起点输入成功，向右移动鼠标，并同时捕捉 2F 标高线的右端点，在出现与右端点垂直的蓝色垂直线时单击，第三条标高线绘制完成，同时修改该标高线的名称，并重命名相应视图，如图 9-13 所示。

图 9-13 修改三层标高名称和高度

（7）完成员工宿舍楼其他标高的创建及修改，如图 9-14 所示。

图 9-14 标高的创建及修改

（8）完成室外地坪线的标高创建及名字的修改，并修改标头样式：选中室外地坪标高线，在"属性"面板中将标高修改为下标头，如图 9-15 所示。

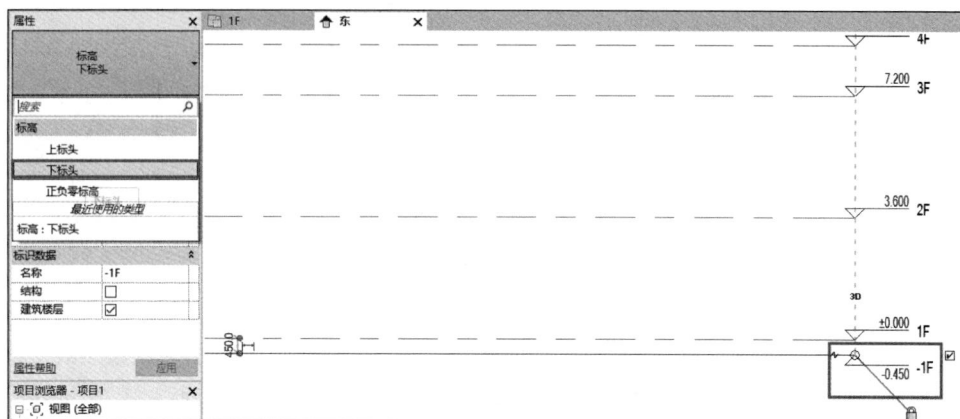

图 9-15　修改标头样式

（9）修改室外地平线的线型：选中室外地坪线，单击"属性"面板中的"编辑类型"，在弹出的"类型属性"对话框中"线型图案"条中选择中心线，单击"应用"按钮，线型修改成功，如图 9-16 所示。

图 9-16　修改室外地平线线型

（10）完成后的员工宿舍楼标高如图 9-17 所示。

9.2.2　标高的复制

标高的绘制可以用复制来完成，具体操作如下。

（1）修改完成 1F 和 2F 的名称和层高后，选中 2F 标高线，单击"修改 / 标高"选项卡，选择"修改"工具中的"复制"，如图 9-18 所示。

图 9-17　员工宿舍楼标高

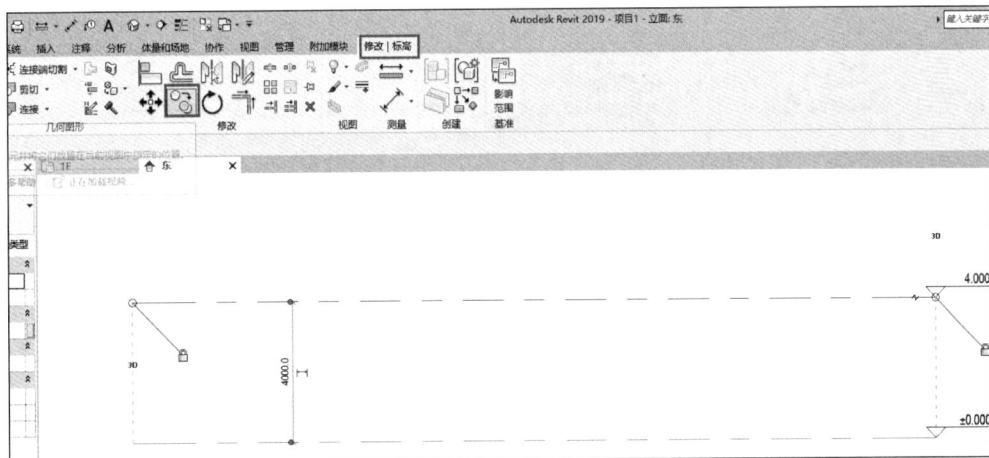

图 9-18　复制标高线

（2）在 2F 标高线上出现的竖直蓝色线条上捕捉到第一点，竖直向上移动鼠标，在出现的 2 层层高数据处输入 3600，按回车键即可完成 3F 的标高的复制及名称修改，如图 9-19 所示。

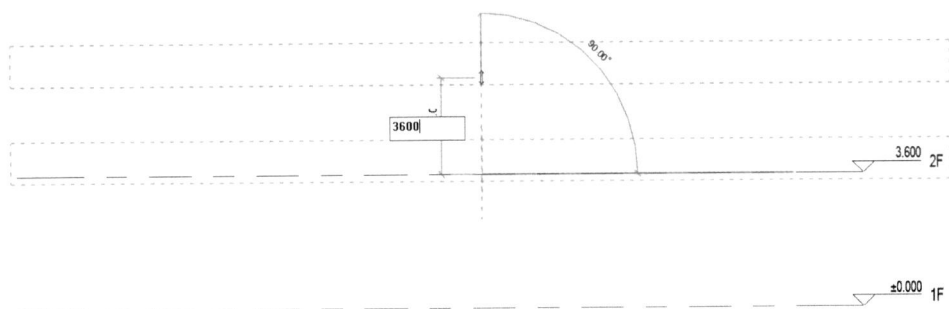

图 9-19　三层标高的复制

（3）选择 3F 标高线，继续单击复制，选择选项栏中出现的"约束"和"多个"，重复步骤（2），可一次完成所有标高线的复制，并完成名称的修改。

9.3 轴网的创建

9.3.1 轴网的绘制

在绘制建筑平面图之前，需要先绘制轴网。轴网是由建筑轴线组成的网，是人为在建筑图纸中为了标示构件的详细尺寸，按照一般的习惯标准虚设的，习惯上标注在对称界面或截面构件的中心线上。

标高创建完成之后，在"项目浏览器"中切换到"楼层平面"→"1F"视图绘制轴网。

（1）单击"建筑"选项卡，选择"基准"工具中"轴网"，并在适当的位置画出第一条水平轴线，如图 9-20 所示。

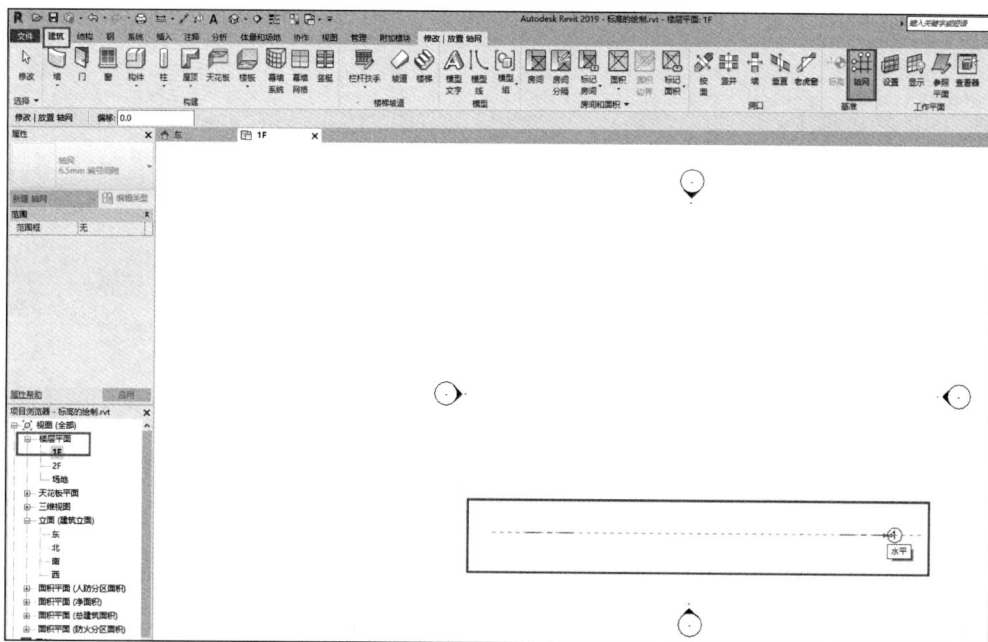

图 9-20 轴线的绘制

（2）选中该轴线，在"属性"面板中将轴网改成"6.5mm 编号"，变成为一条连续的轴线，如需要左端点也显示轴号，勾选左端点小矩形，左端点的轴号便显示出来。如图 9-21 所示。

（3）绘制第二条轴线。鼠标左键选中第一条轴网，捕捉 1 号轴线左端点，出现小正方形后向上拖动鼠标，在出现的蓝色线条的数据上输入正确的数值，如图 9-22 所示。

（4）按回车键，即可得到第二条轴线的左起点，拖动鼠标向右，并捕捉 1 号轴线右端点，出现小正方形时向上拖动鼠标，在两条线相交处单击，完成第二条轴线的绘制，如图 9-23 所示。

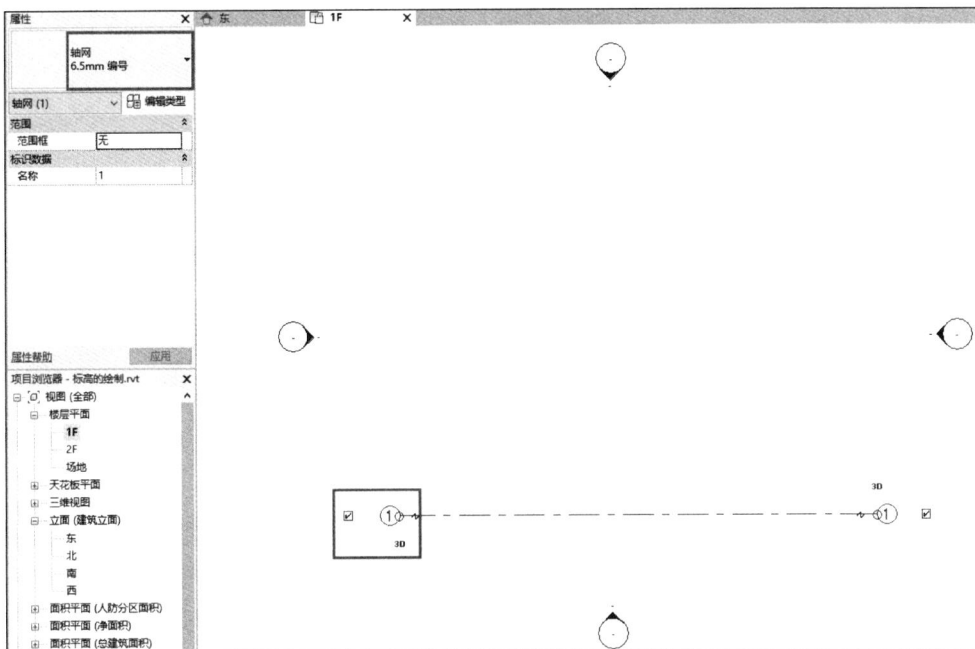

图 9-21 修改轴线样式

图 9-22 捕捉第二条轴线起点

图 9-23 绘制完成第二条轴线

（5）完成员工宿舍里所有横向轴线的绘制，重复步骤（2），即可完成所有横向轴线样式和名称的修改，如图 9-24 所示。

（6）单击"轴网"按钮，在适当的位置绘制第一条纵向的轴线，并在"属性"面板中修改轴线为"6.5mm 编号"，单击轴线名称，将其修改为"A"，并勾选下端点小正方形，第一条纵向轴线绘制完成，如图 9-25 所示。

（7）根据员工宿舍楼完成其他纵向轴线的绘制，如图 9-26 所示。

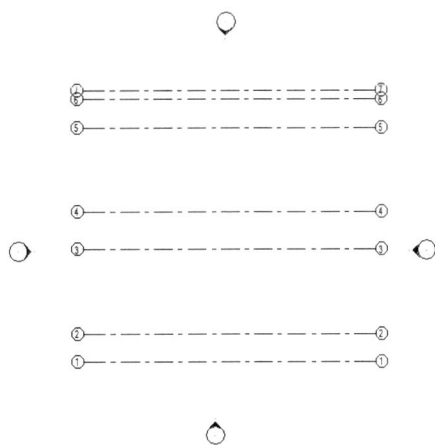

图 9-24 横向轴线的绘制和修改

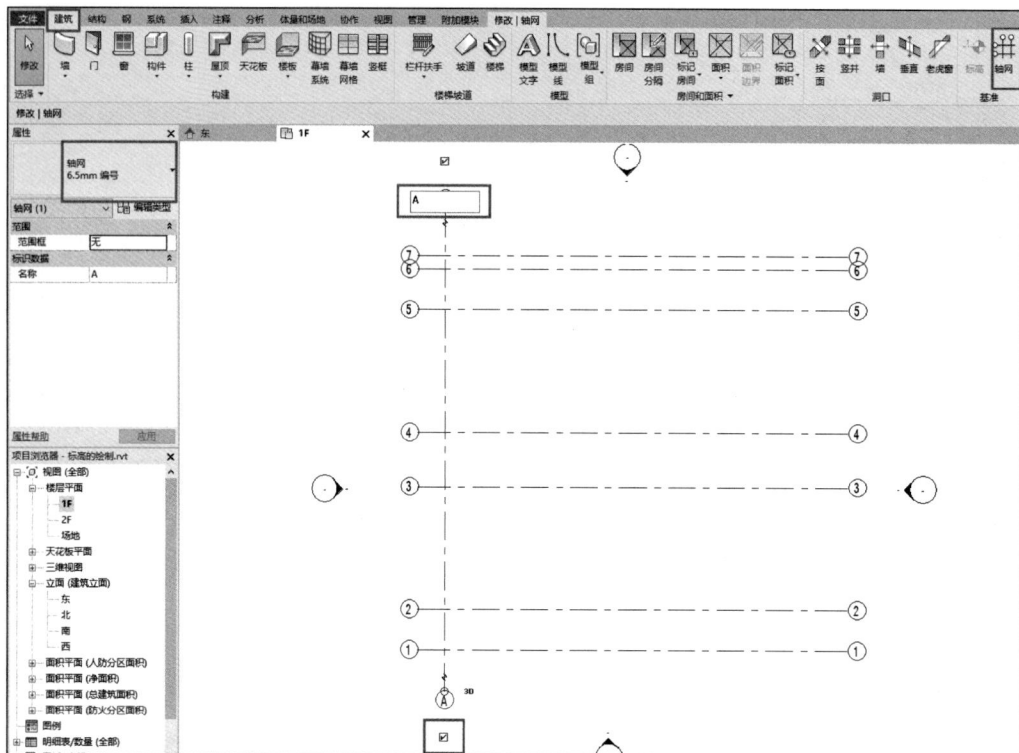

图 9-25　绘制纵向轴线

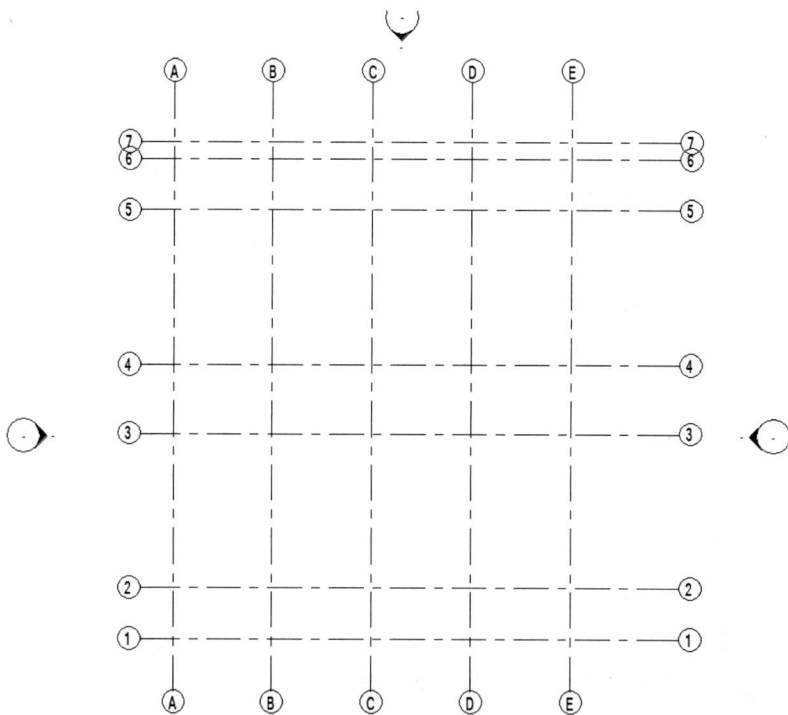

图 9-26　员工宿舍楼轴线

9.3.2　轴线的复制

轴线的绘制也可以参考标高线利用复制完成，具体操作如下。

（1）单击"轴网"按钮，完成第一条横向轴线的绘制，单击"修改"选项卡→"修改"工具→"复制"，如图 9-27 所示。

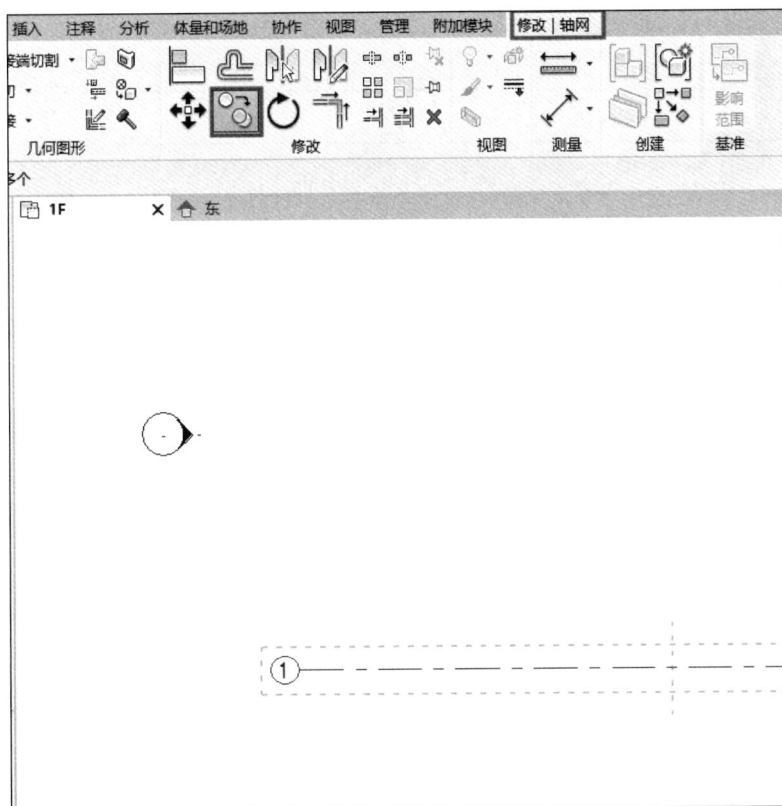

图 9-27　复制轴线

（2）在 1 号轴线上出现的竖直蓝色线条上捕捉到第一点，竖直向上移动鼠标，在出现的蓝色线条上的数据处输入正确的数值，按回车键，完成 2 号轴线的复制，如图 9-28 所示。

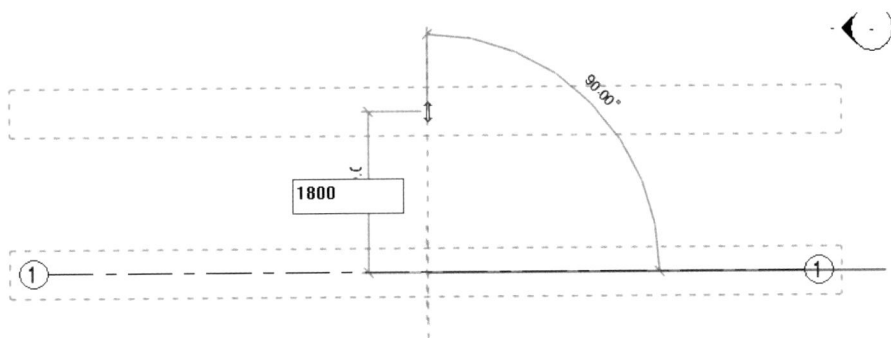

图 9-28　修改轴线间尺寸

（3）选择 2 号轴线，继续单击"复制"，选择选项栏中出现的"约束"和"多个"，重复步骤（2），即可一次完成所有横向轴线及纵向轴线的复制。

—— 习题 ——

1. 标高和轴网有哪些创建方法？

_____

_____

_____

_____

2. 练习创建员工宿舍楼的标高和轴网。

_____

_____

_____

_____

项目 10 墙体的绘制

思维导图

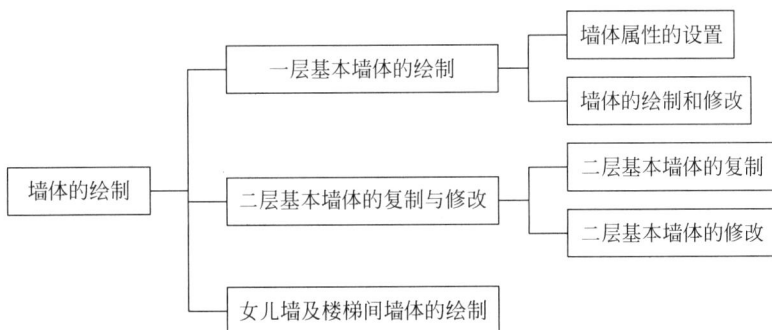

情境背景

项目 9 建立了员工宿舍楼项目的标高和轴网。从本项目开始，将为员工宿舍楼项目创建三维模型，根据不同的用途和特性，模型对象被划分为很多类别，如墙、门、窗、家具等，首先从建筑的最基本的模型构件——墙开始。

墙属于系统族，即可以根据指定的墙结构参数定义生成三维墙体模型。墙是最灵活也最复杂的建筑构件，本项目将要完成员工宿舍楼的墙体，以此来掌握墙的创建和编辑方法。

10.1 一层基本墙体的绘制

10.1.1 墙体属性的设置

绘制完成员工宿舍楼的标高及轴网后，将进行员工宿舍楼墙体的绘制。识读员工宿舍楼建筑设计中有关墙体的说明，可知员工宿舍楼墙体的厚度与材质分别为 200mm 厚加气混凝土砌块外墙，200mm 厚加气混凝土砌块内墙，100mm 厚加气混凝土砌块内墙。具体操作步骤如下。

（1）单击"建筑"选项卡，单击"构建"工具中的"墙"，如图 10-1 所示。

（2）在"属性"面板中选择"基本墙 - 常规 200mm"，根据具体工程设置墙体名称，单击属性选项卡上的"编辑类型"，弹出"类型属性"对话框，如图 10 2 所示。

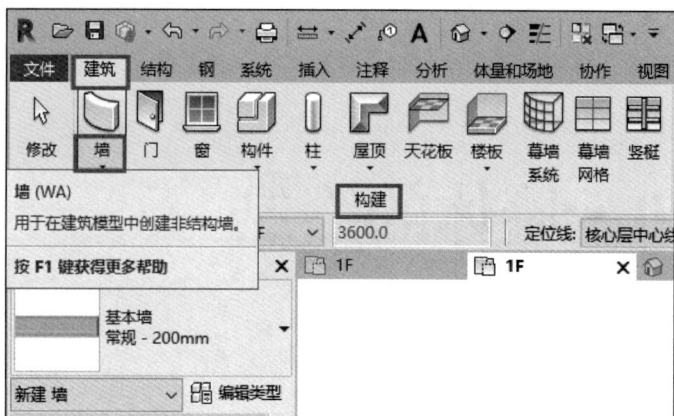

图 10-1 绘制墙

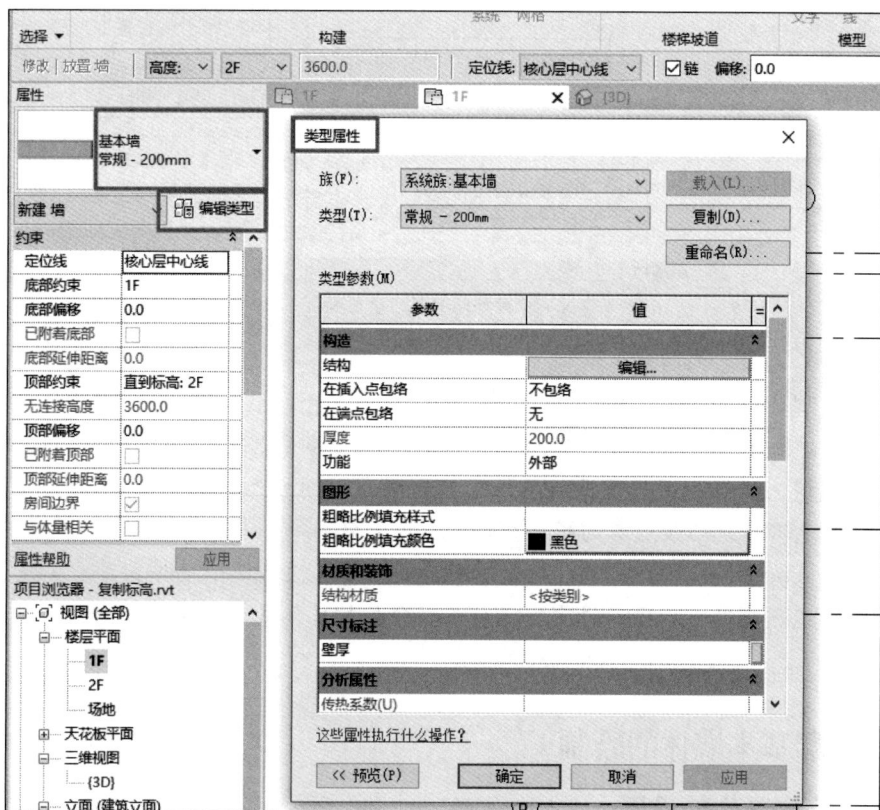

图 10-2 基本墙编辑类型

（3）在"类型属性"对话框中单击"复制"，在弹出的"名称"对话框中修改名称为"加气混凝土砌块外墙 200mm"，单击"确定"按钮，本工程独有的墙体类型便新建完成，如图 10-3 所示。

（4）修改一层墙体其他属性：依次修改定位线为"墙中心线"，底部约束为"1F"，顶部约束为"直到标高：2F"，如图 10-4 所示。

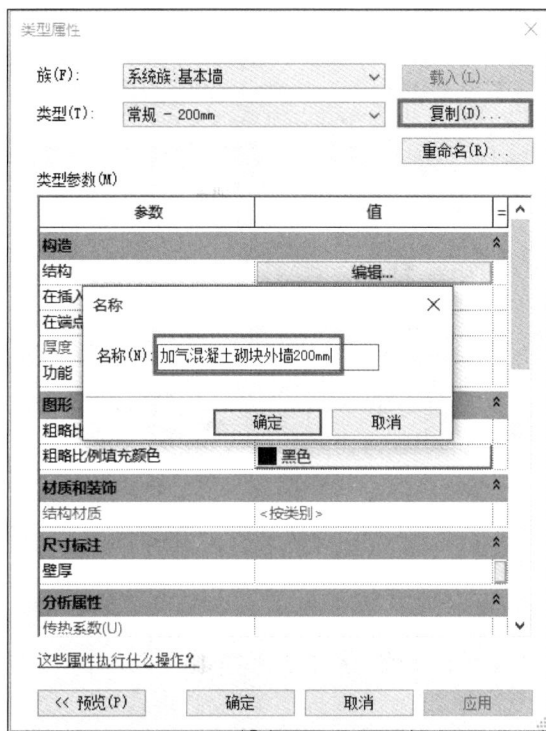

图 10-3　修改墙体名称

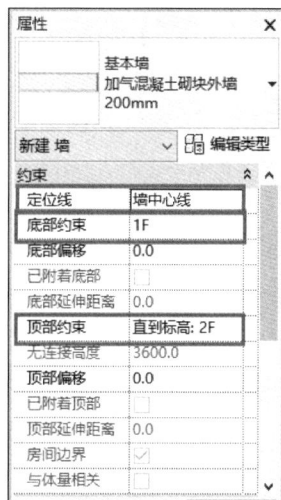

图 10-4　修改墙体属性

10.1.2　墙体的绘制和修改

（1）单击"建筑"选项卡中基准工具中"墙体"，进入"修改/放置墙"选项卡，在"绘制"工具中可用"直线""矩形""弧线"等绘制墙体，根据员工宿舍楼墙体的形式，本工程墙体采用"直线"绘制，如图 10-5 所示。

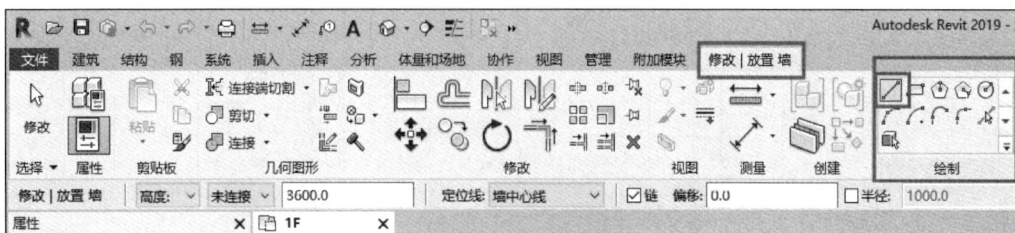

图 10-5　直线绘制墙

（2）根据员工宿舍楼一层平面图绘制 1 轴上 A~C 轴的墙体：单击 1 轴和 A 轴交点完成墙体的起点，向上移动光标单击 1 轴和 C 轴的交点完成墙体的第二点，如图 10-6 所示。

（3）根据员工宿舍楼一层平面图，C~D 轴之间的墙体向右偏移 250mm，完成第二点的绘制后，向右水平移动光标，在出现的蓝色数据框中修改数字为 250，如图 10-7 所示。

（4）输入正确数据后，按回车键得到墙体第三点，光标竖直向上捕捉到与 D 轴的交点，得到墙体的第四点，C~D 轴之间的墙体便绘制完成，如图 10-8 所示。

图 10-7　绘制固定长度墙体

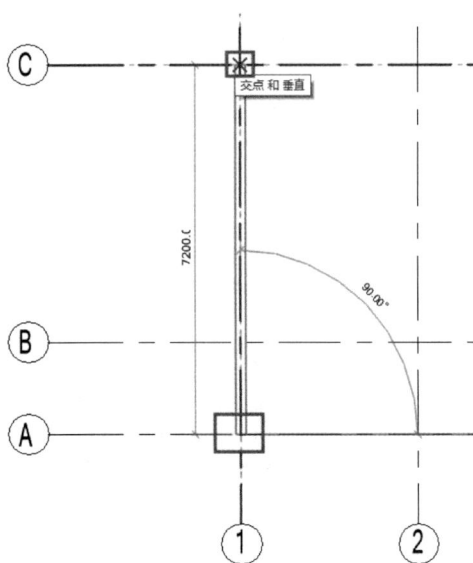

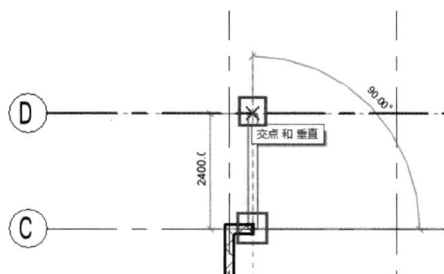

图 10-6　绘制 1 号轴墙

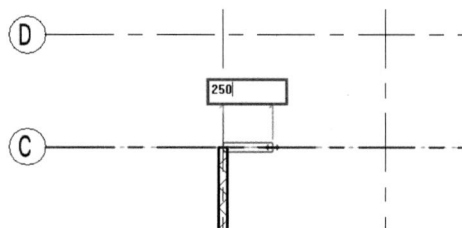

图 10-8　绘制 C~D 轴墙体

（5）重复以上步骤，完成员工宿舍楼所有外墙的绘制，如图 10-9 所示。

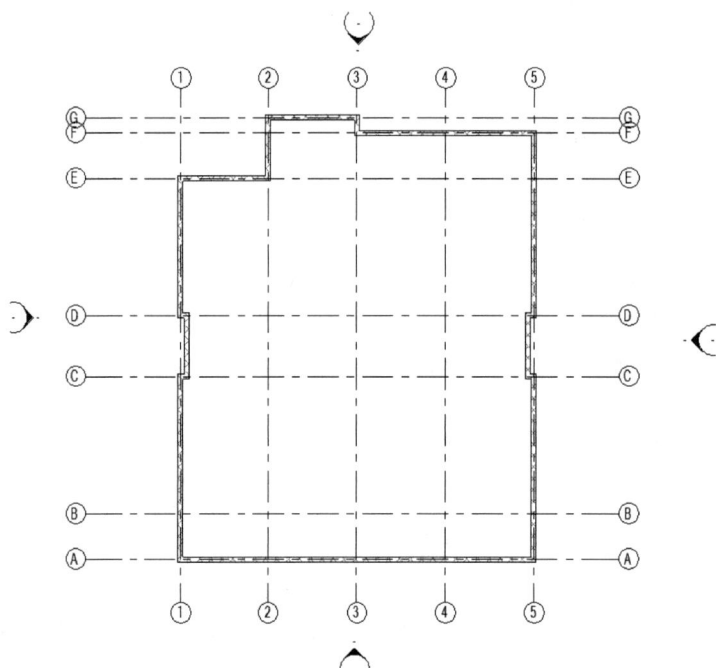

图 10-9　一层外墙

（6）回到"属性"面板，单击"编辑类型"，复制出"加气混凝土砌块内墙 200mm"，如图 10-10 所示。

（7）同理，再复制一个"加气混凝土砌块内墙 100mm"，在"类型属性"对话框中进入类型参数的结构行，单击"编辑"，如图 10-11 所示。

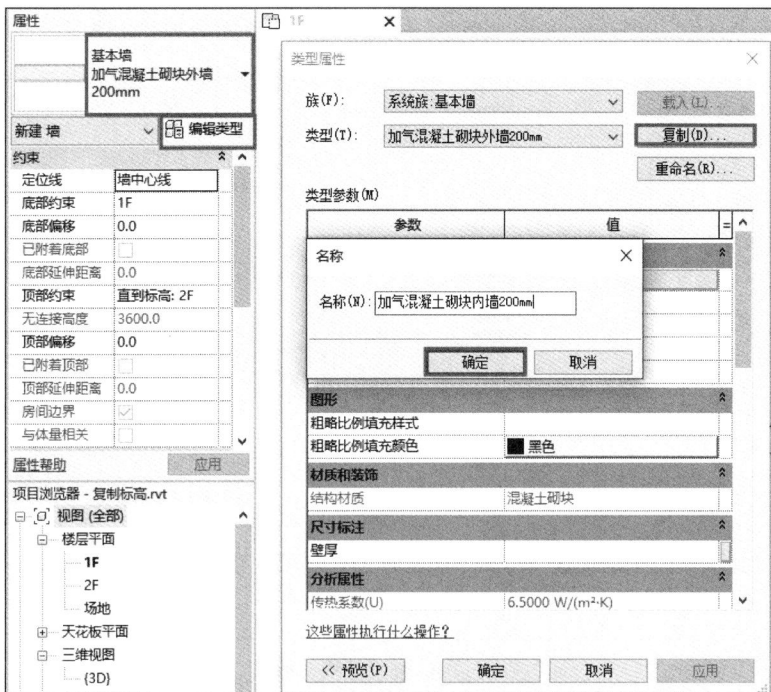

图 10-10 修改内墙名称

（8）在弹出的"编辑部件"对话框中，将结构的厚度修改为100mm，如图10-12所示。修改结构层的材质，本工程是加气混凝土砌块，单击结构层材质，将材质修改为"混凝土砌块"，如图10-13所示。

图 10-11 编辑结构参数

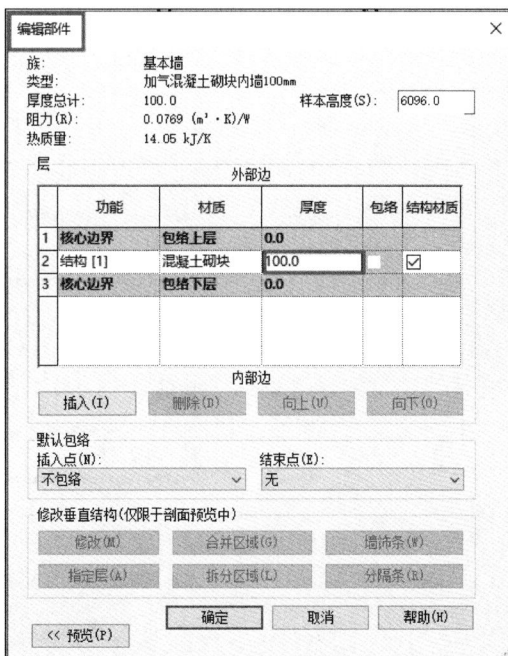

图 10-12 修改结构厚度

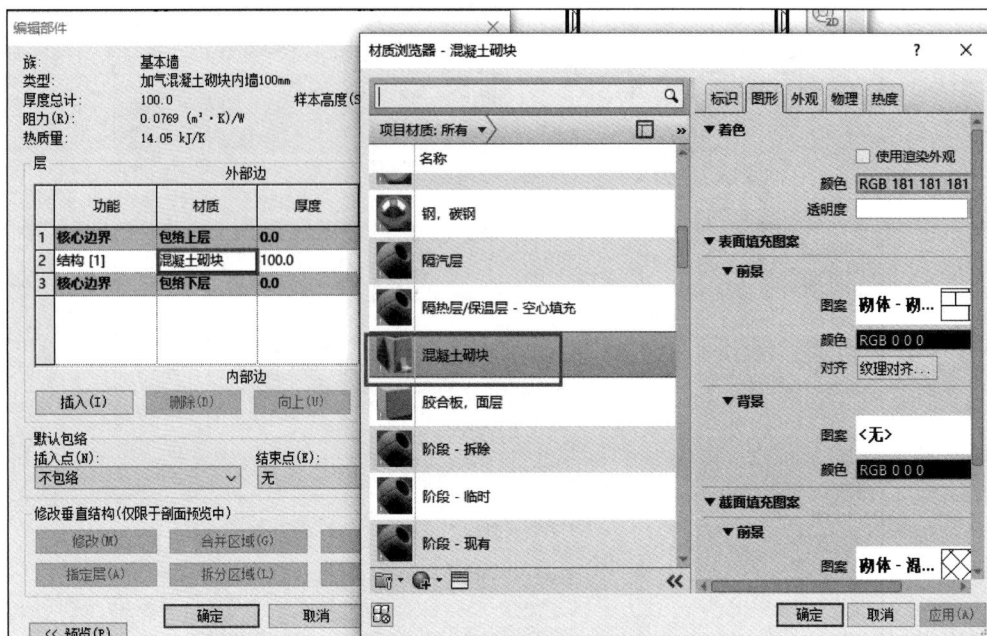

图 10-13　修改结构层材质

（9）按照绘制外墙的方法，把所有 200mm、100mm 厚的内墙按图纸绘制完成，如图 10-14 所示。

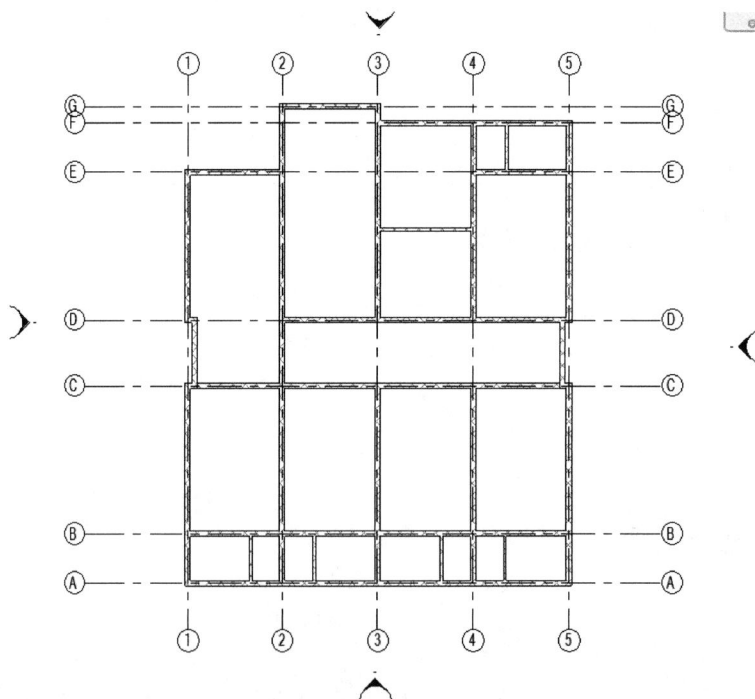

图 10-14　一层墙体

10.2　二层基本墙体的复制与修改

10.2.1　二层基本墙体的复制

一层墙体绘制完成后，结合员工宿舍楼，二层墙体可采用复制一层墙体并根据图纸进行修改的方式进行绘制，具体操作步骤如下。

（1）框选绘图区所有构件，单击"修改"选项卡，单击"选择"工具中的"过滤器"，在弹出的对话框中只勾选墙构件，单击"确定"后，1F 所有墙体被选中，如图 10-15 所示。

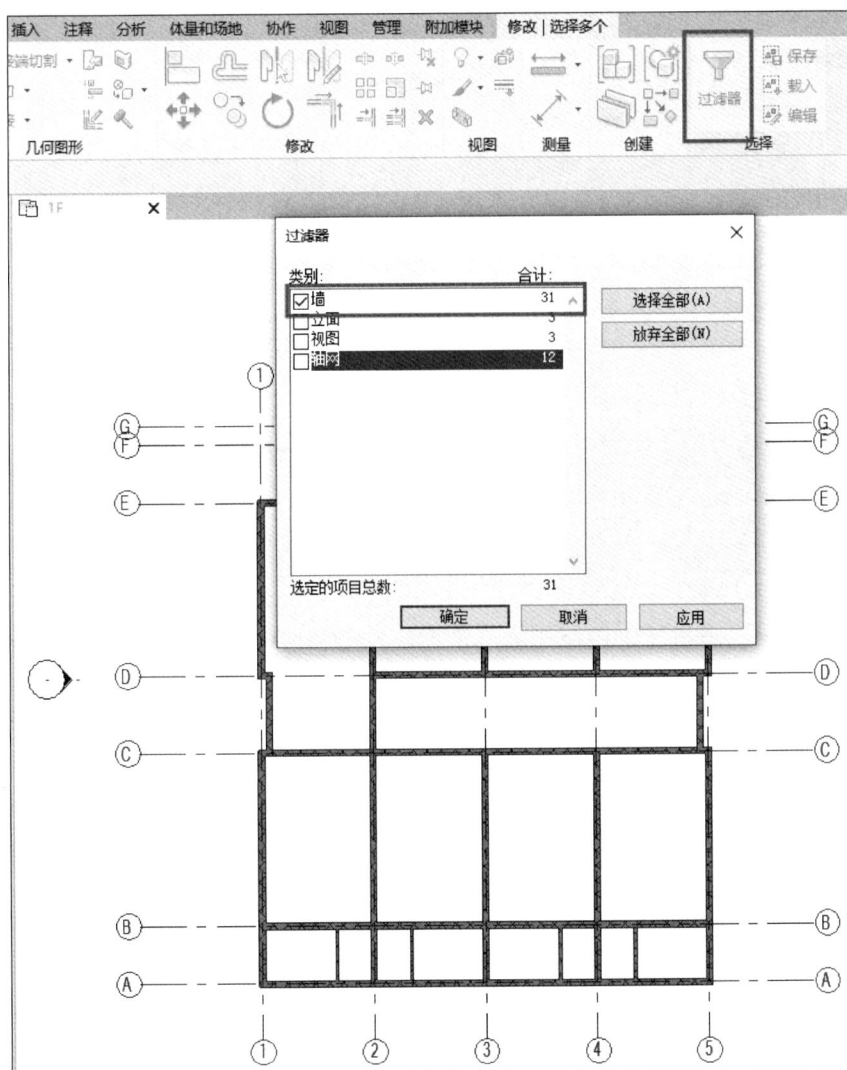

图 10-15　过滤器选择墙体

（2）单击"修改"选项卡中"剪切板"，单击"复制到剪切板"，如图 10-16 所示。

（3）单击"粘贴"菜单下的"与选定的标高对齐"，在弹出的对话框中选择"2F"，单击"确定"按钮，一层墙体便复制到二层，如图 10-17 所示。

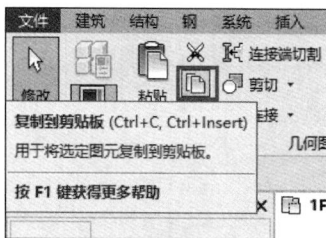

图 10-16　复制

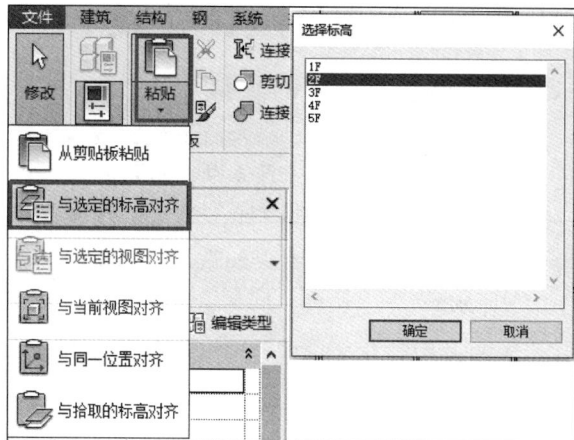

图 10-17　粘贴

10.2.2　二层基本墙体的修改

（1）根据员工宿舍楼二层平面图对复制过来的墙体进行修改，选择 D 轴上的内墙，拉伸小蓝点至与左端墙体连接，如图 10-18 所示。

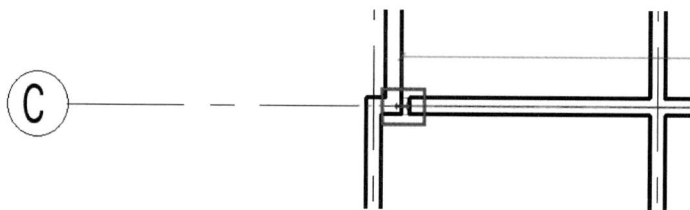

图 10-18　拉伸墙体

（2）按照员工宿舍楼图纸绘制加气混凝土外墙 200mm，并删除 E 轴上左边墙体，如图 10-19 所示。

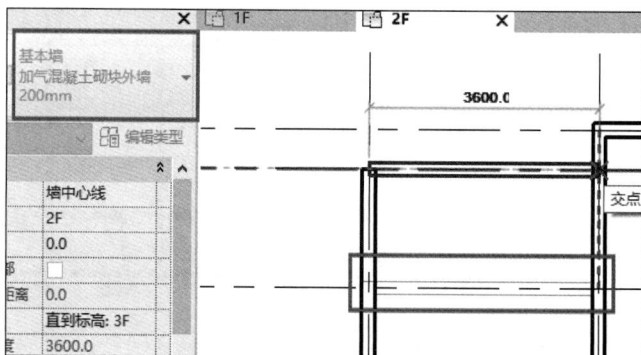

图 10-19　删除墙体

（3）按照员工宿舍楼图纸，在上图位置绘制完成加气混凝土内墙 200mm 和加气混凝土内墙 100mm，如图 10-20 和图 10-21 所示。

（4）二层墙体复制和修改完成，如图 10-22 所示。

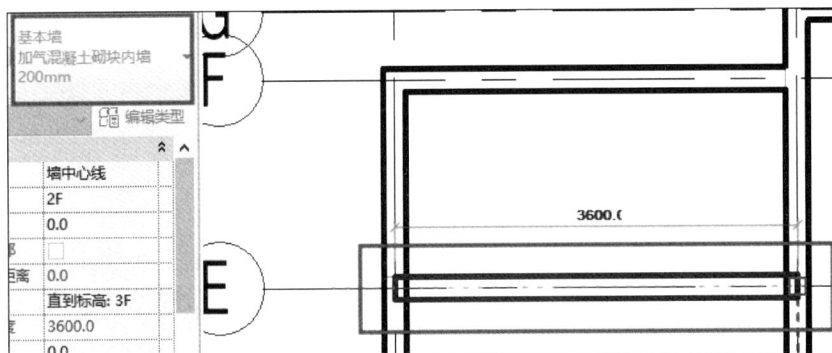

图 10-20　绘制 200mm 厚墙体

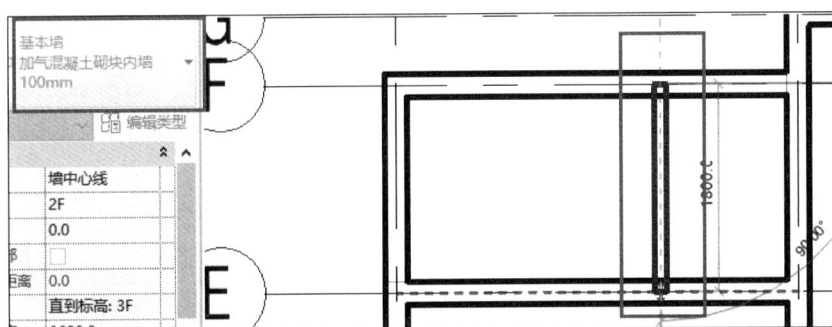

图 10-21　绘制 100mm 厚墙体

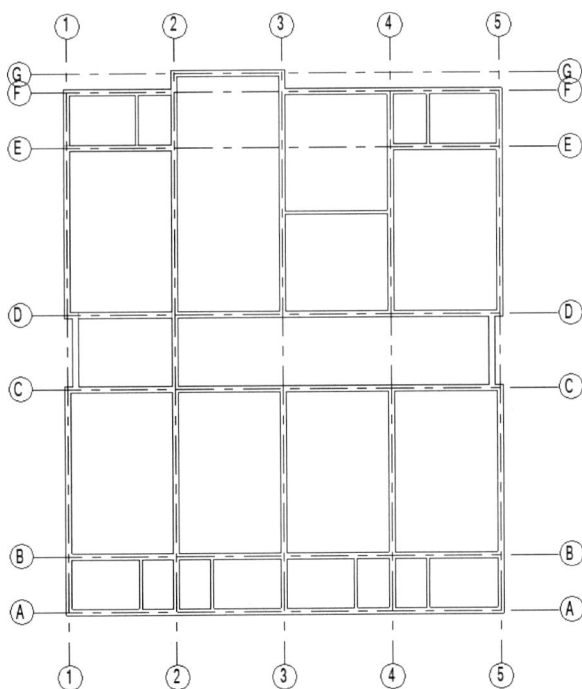

图 10-22　二层墙体

10.3　女儿墙及楼梯间墙体的绘制

根据员工宿舍楼屋顶层平面图可知：女儿墙高度为 1.5m，厚度为 200mm；楼梯间屋面墙体高度为 3.6m，厚度为 200mm；楼梯间屋面上女儿墙高度为 0.9m，厚度为 200mm。

（1）在"项目浏览器"中"楼层平面"切换至 3F，在"属性"面板中选择"加气混凝土砌块外墙 200mm"，调整顶部约束为"未连接"，并设置无连接高度为"1500mm"，如图 10-23 所示。

（2）按照首层墙体的绘制方法，结合员工宿舍楼屋顶层平面图，绘制二层上方 1500mm 高度的女儿墙，如图 10-24 所示。

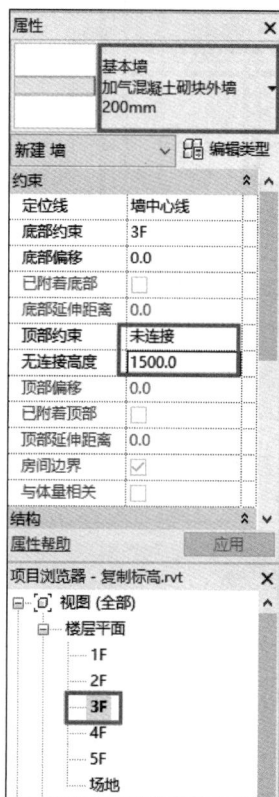

图 10-23　设置女儿墙属性

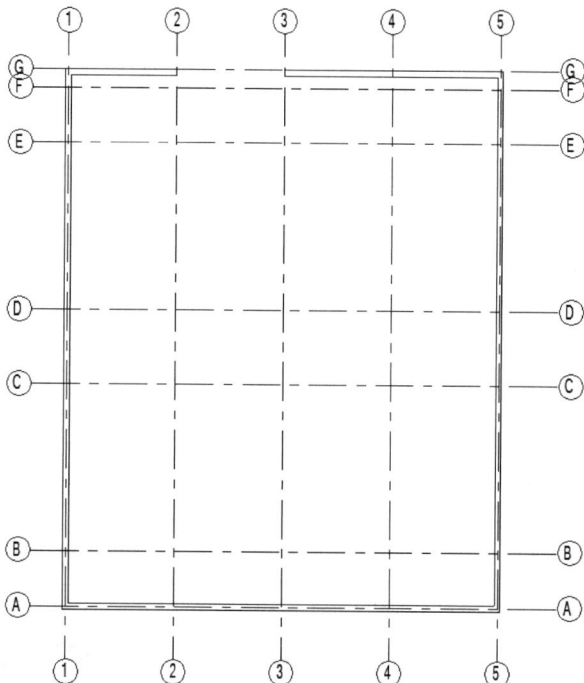

图 10-24　女儿墙

（3）再次修改"属性"面板中"加气混凝土砌块外墙 200mm"墙体的无连接高度为"3600mm"，结合图纸绘制楼梯间屋面墙体，如图 10-25 所示。

（4）在"项目浏览器"中"楼层平面"切换至 4F，再次修改"属性"面板中"加气混凝土砌块外墙 200mm"墙体的无连接高度为"900mm"，结合图纸绘制楼梯间屋面的女儿墙，如图 10-26 所示。

（5）员工宿舍楼墙体绘制完成，3D 模型如图 10-27 所示。

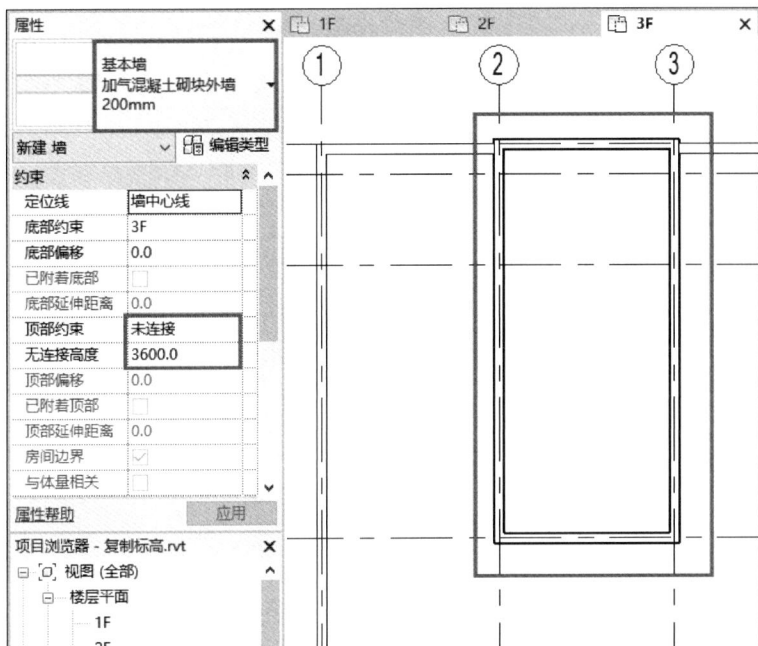

图 10-25　楼梯间屋面墙体

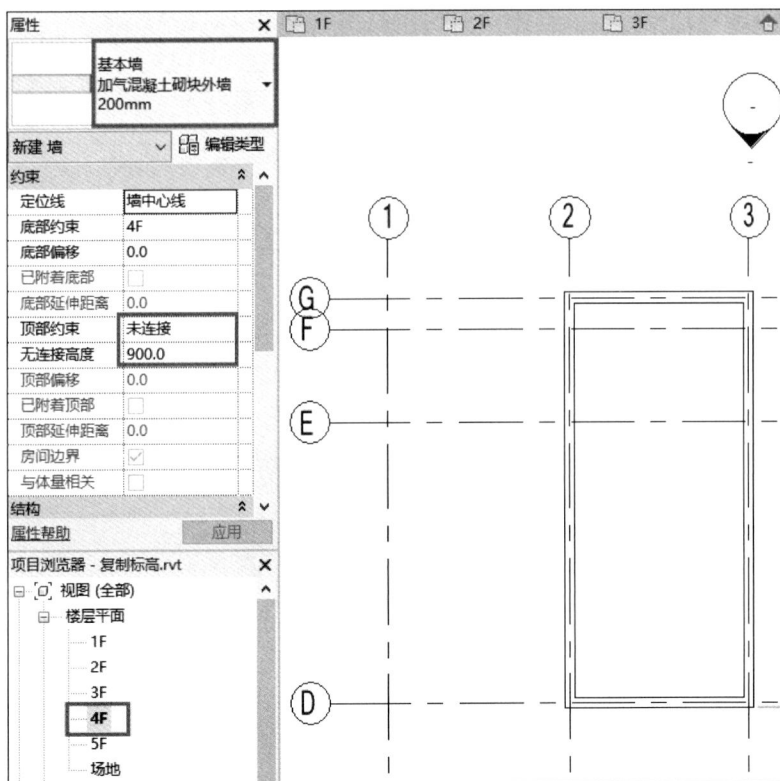

图 10-26　楼梯间屋面女儿墙

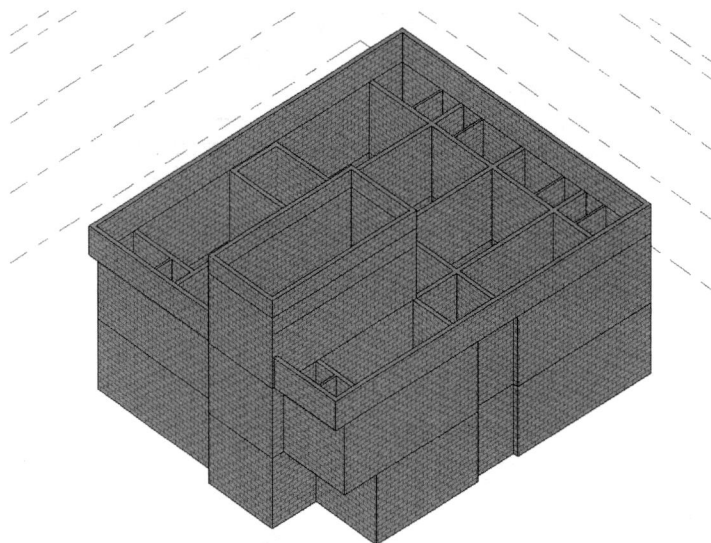

图 10-27　墙体 3D 模型

习题

1. 如何修改墙体结构层的材质?

_____

_____

_____

2. 如何在墙体结构中增加保温层?

_____

_____

_____

3. 练习创建员工宿舍楼的墙体。

_____

_____

_____

项目 11 门窗的绘制

思维导图

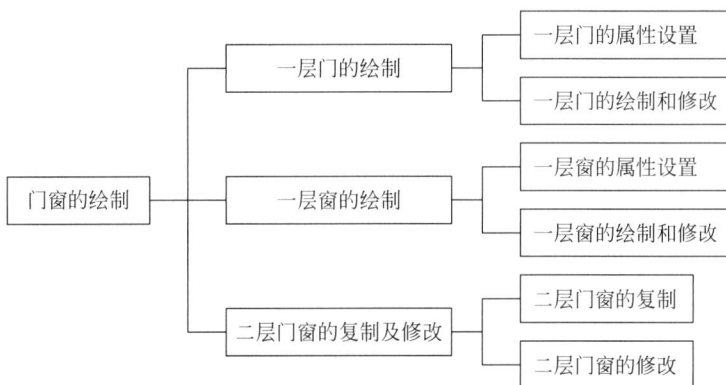

情境背景

  门、窗是建筑设计中最常用的构件，软件提供了门窗工具，用于在项目中添加门、窗图元。门、窗必须放置于墙、屋顶等主体图元上，这种依赖于主体图元而存在的构件称为"基于主体的构件"。本项目将使用门窗构件为员工宿舍楼项目模型添加门窗，在开始本项目练习之前，请确保已经完成上一项目中员工宿舍楼项目的所有墙模型。

  使用门、窗工具，可以在项目中添加任意形式的门窗，门、窗构件与墙不同，门窗图元属于可载入族，在添加门窗前，必须在项目中载入所需的门窗族，才能在项目中使用。

11.1 一层门的绘制

11.1.1 一层门的属性设置

  绘制完成员工宿舍楼墙体后，将进行员工宿舍楼一层门窗的绘制。以一层外墙上的门 M5 为例，结合一层平面图和门窗表可知，M5 的洞口宽度及高度分别是 3300mm、2700mm，材质是塑钢中空玻璃门。本项目将使用组合窗绘制 M5。具体操作步骤如下。

（1）单击"建筑"选项卡→"构建"工具→"窗"，如图 11-1 所示。

（2）在"属性"面板中单击"编辑类型"，进入"类型属性"对话框，单击"复制"按钮，将默认名称改为"M5"，单击"确定"按钮，如图 11-2 所示。

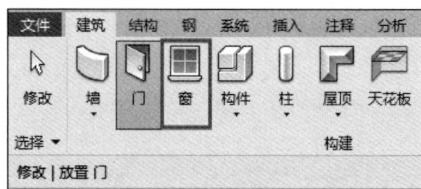

图 11-1 窗

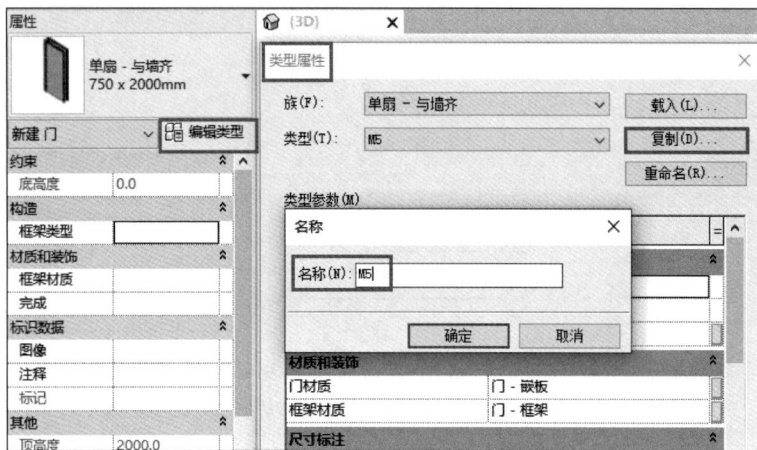

图 11-2 编辑类型修改门名称

（3）在"类型属性"中单击"载入"，进入"打开"对话框，依次选择"建筑"→"窗"→"普通窗"→"组合窗"，选择 M5 样式的窗形式，如图 11-3 所示。

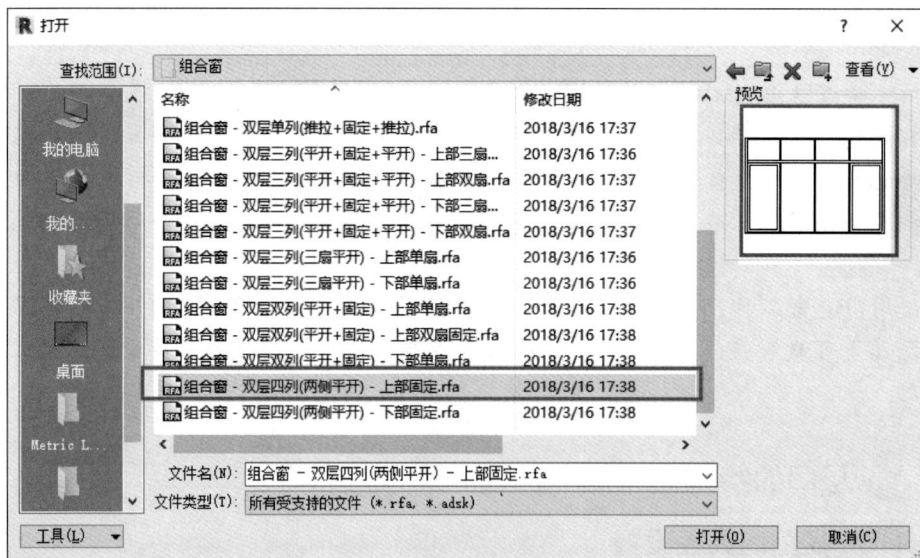

图 11-3 载入 M5 样式

（4）单击"打开"按钮，进入"类型属性"对话框，按照 M5 的参数修改"类型参数"中尺寸标注数据参数和"其他"里面的默认窗台高度，单击"确定"按钮。M5 的参数如图 11-4 所示。

（5）以同样的方式完成 M-1（单扇塑钢门）、M-2（塑钢双开门）、M-2″（塑钢双开门）、M-3（塑钢单开门）、M-4（塑钢中空玻璃单开门联落地窗）的属性设置，如图 11-5~ 图 11-9 所示。

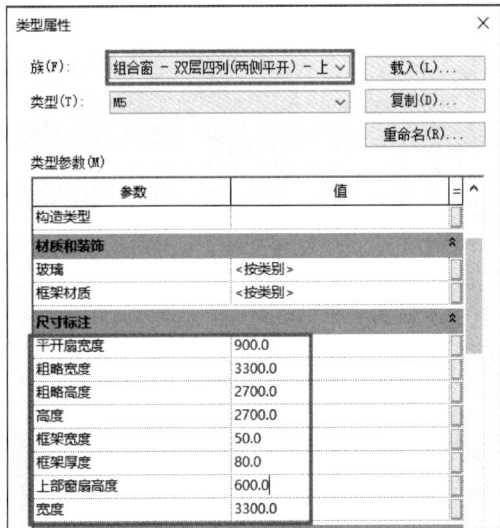

图 11-4　M5 属性参数

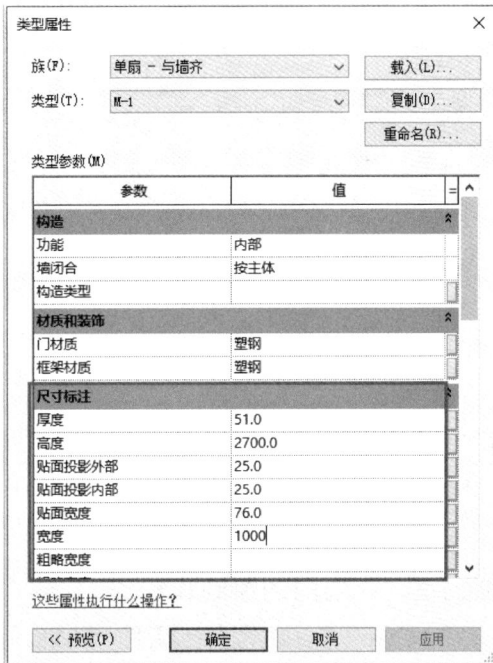

图 11-5　M-1 属性参数

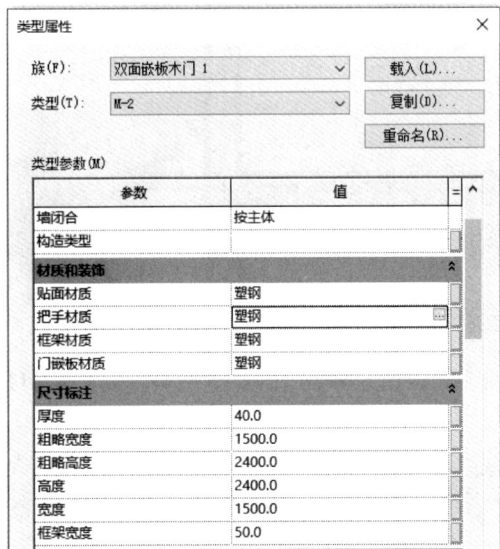

图 11-6　M-2 属性参数

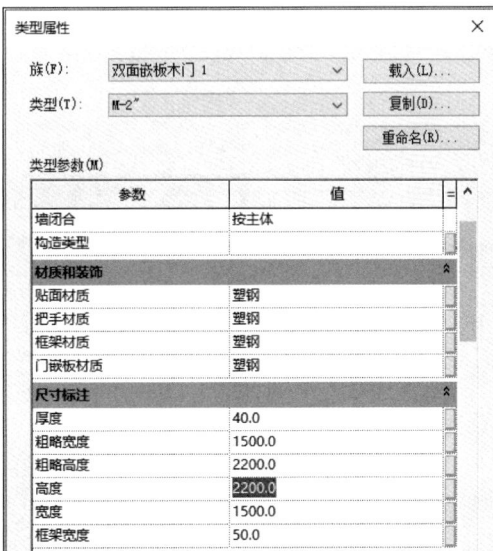

图 11-7　M-2″ 属性参数

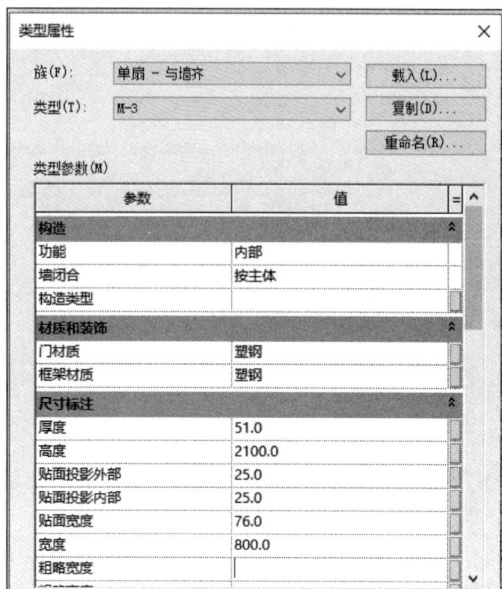

图 11-8　M-3 属性参数

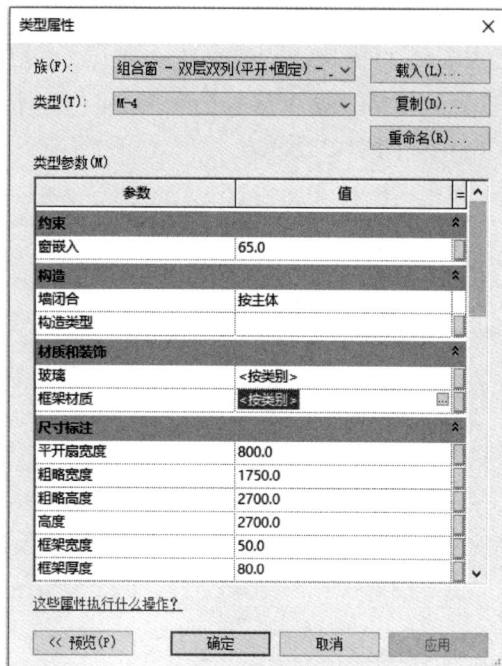

图 11-9　M-4 属性参数

11.1.2　一层门的绘制和修改

（1）结合员工宿舍楼一层平面图 M5 的位置，将 M5 放在相对应墙体任何一个位置。选中 M5，修改 M5 距墙边的数据为 50，按回车键后 M5 位置设置正确，如图 11-10 所示。

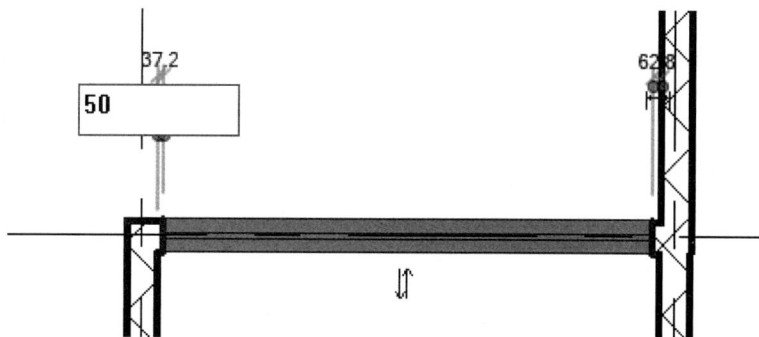

图 11-10　修改 M5 位置

（2）参照 M5 的绘制方式完成本层 M-1、M-2、M-2″、M-3、M-4 的绘制，如图 11-11 所示。

（3）绘制 FHM 乙（单开防火门）：在"族类型"选择"单扇 - 与墙齐"，并在"类型属性"中复制一个"FHM 乙"，修改其尺寸参数，在"属性"面板中把"其他"中的"防火等级"设置为"乙级"，如图 11-12 所示。

（4）结合员工宿舍楼一层平面图 FHM 乙的位置，绘制 FHM 乙及 FHM 乙 -1，如图 11-13 和图 11-14 所示。

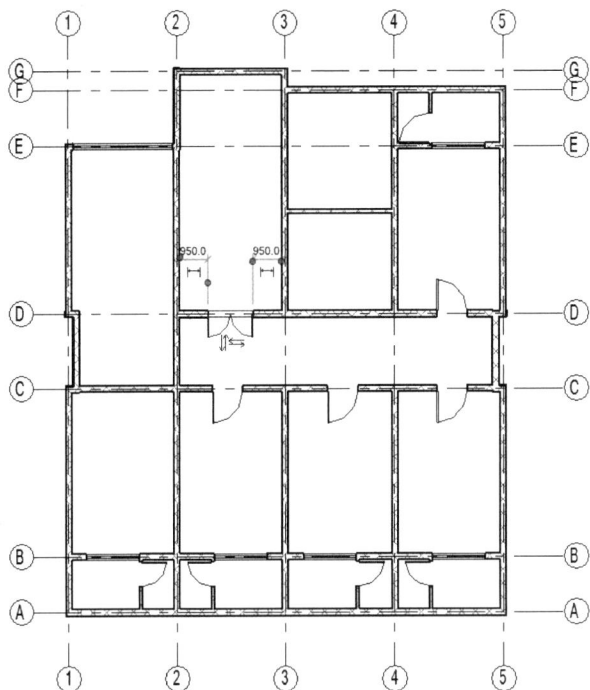

图 11-11　绘制普通门

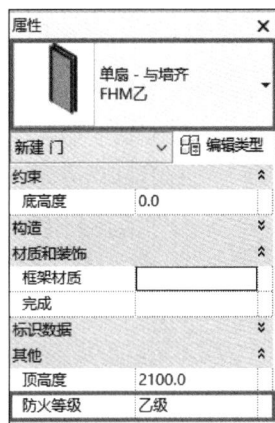

图 11-12　FHM 乙属性参数

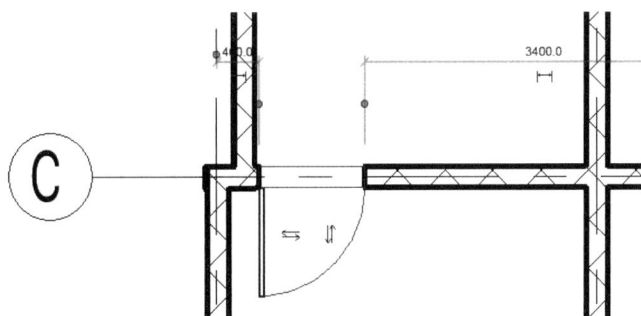

图 11-13　绘制 FHM 乙

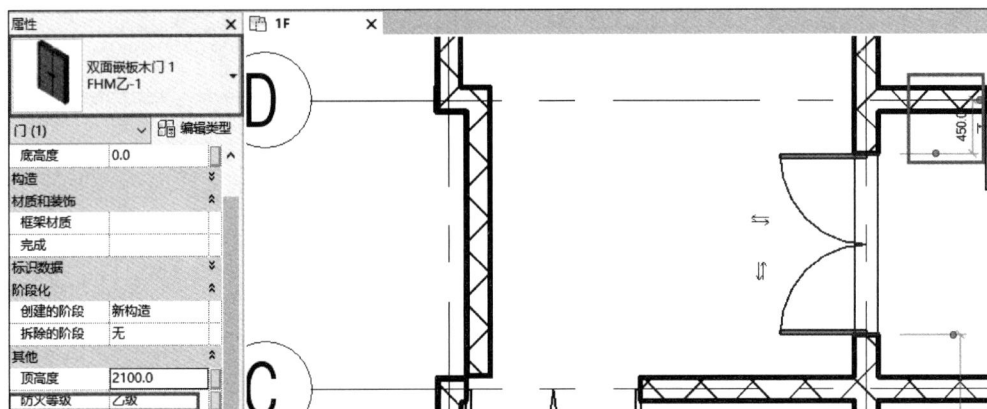

图 11-14　绘制 FHM 乙 -1

（5）通过载入门洞族的方式设置 JD1、JD2 的属性，并按照绘制门的方式完成门洞的绘制，如图 11-15 所示。

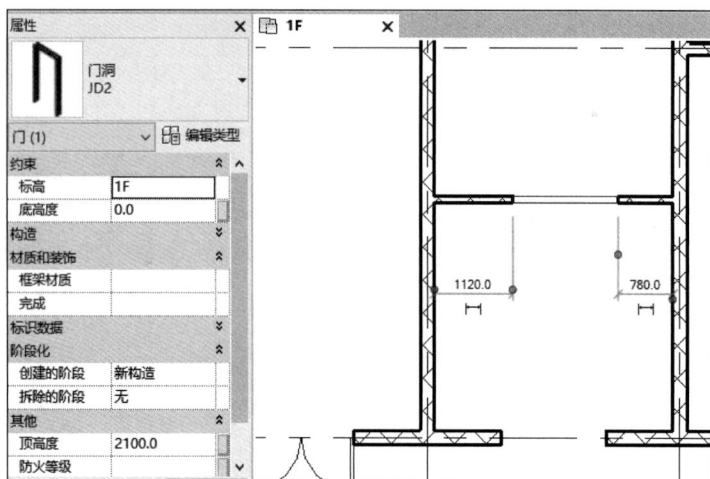

图 11-15　门洞的属性设置及绘制

11.2　一层窗的绘制

11.2.1　一层窗的属性设置

一层门绘制完成后，一层窗的属性设置及绘制方式跟门基本相似，在窗的属性设置过程中，应注意窗的离地高度。

（1）单击"建筑"选项卡中的"窗"，在"属性"面板中单击"编辑类型"，在弹出的"类型属性"对话框中载入族，结合门窗详图中 C-2 的样式，依次选择进入"建筑"→"窗"→"样板"→"三层双列"窗族，如图 11-16 所示。

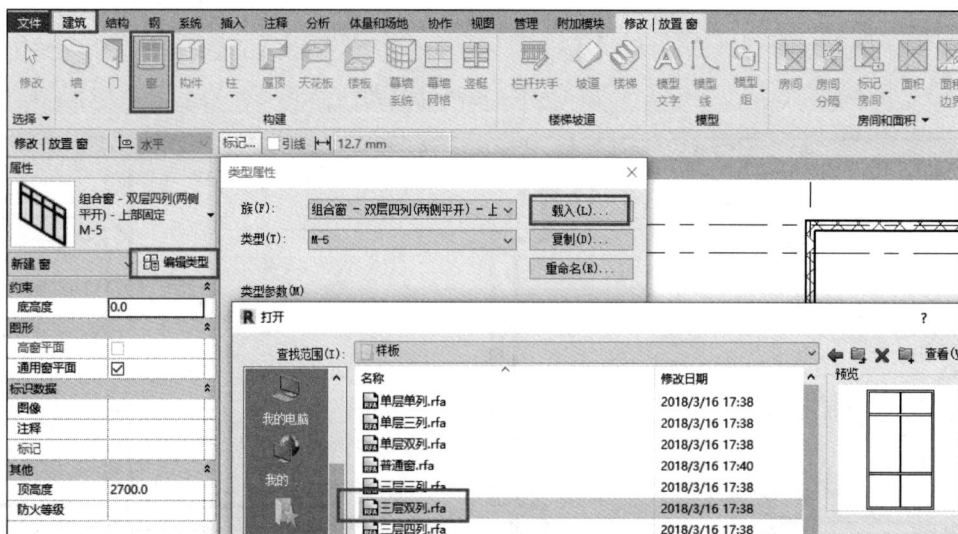

图 11-16　载入窗族

（2）载入族后，复制，并将其命名为"C-2"，根据门窗表和门窗详图修改其材质、尺寸标注和类型标记，如图 11-17 所示。

（3）窗的离地高度可以根据平面图窗所在的位置和对应的立面图上该窗距离地面的高度来确定。C-2 的离地高度为 100mm，将"属性"面板中底高度修改为"100.0"，如图 11-18 所示。

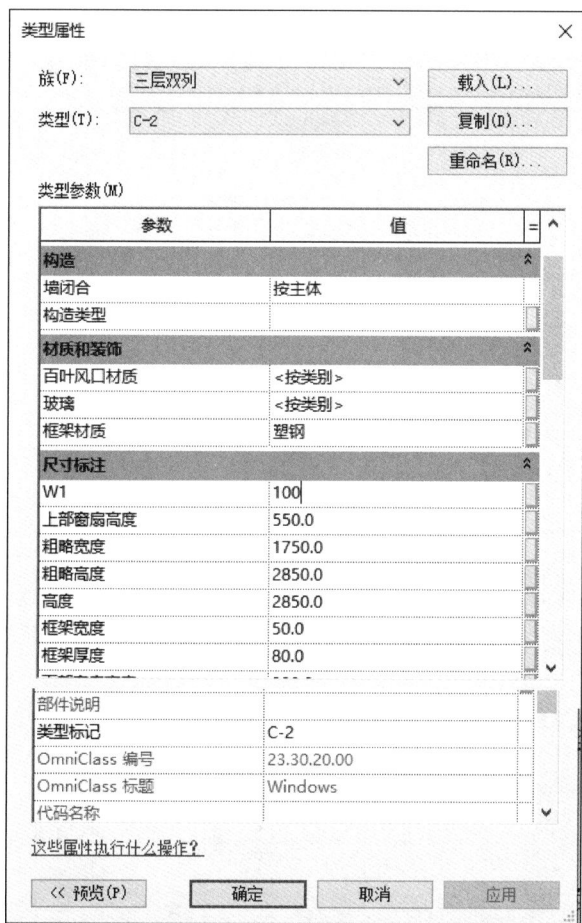

图 11-17　C-2 属性参数

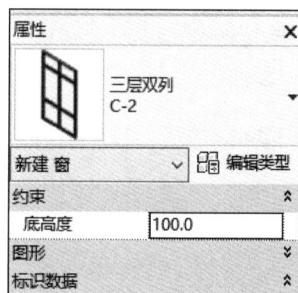

图 11-18　C-2 离地高度

（4）以同样的方式完成 C-3（塑钢窗，中空玻璃）、C-4（塑钢窗，中空玻璃）的属性设置，分别如图 11-19 和图 11-20 所示。

11.2.2　一层窗的绘制和修改

（1）单击"建筑"选项卡中的"窗"，同时在"修改 / 放置窗"选项卡中单击"在放置时进行标记"，根据一层平面图 C-2 具体位置对其进行位置修改，如图 11-21 所示。

（2）参照 C-2 的绘制方式，完成其他窗的绘制。如图 11-22 所示。

图 11-19 C-3 属性参数

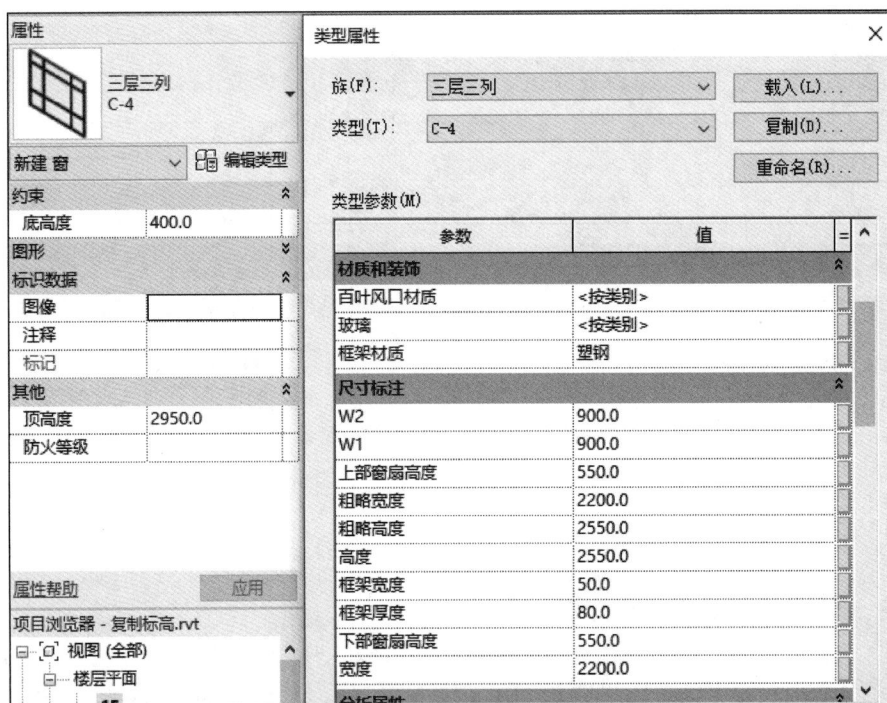

图 11-20 C-4 属性参数

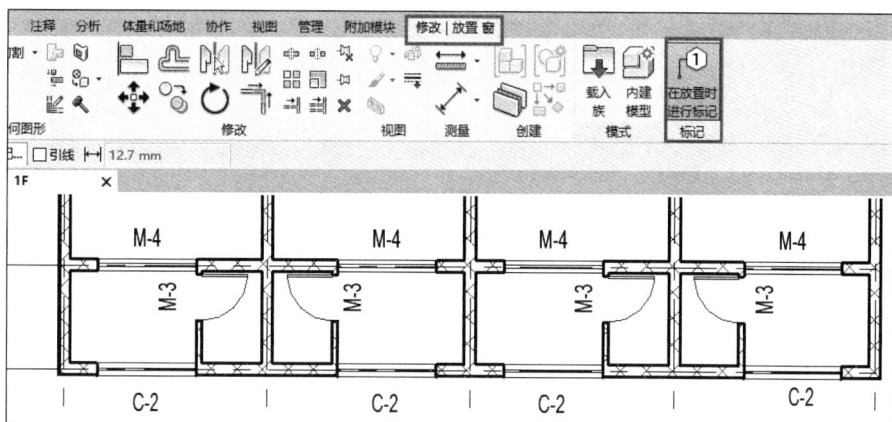

图 11-21　修改 C-2 位置

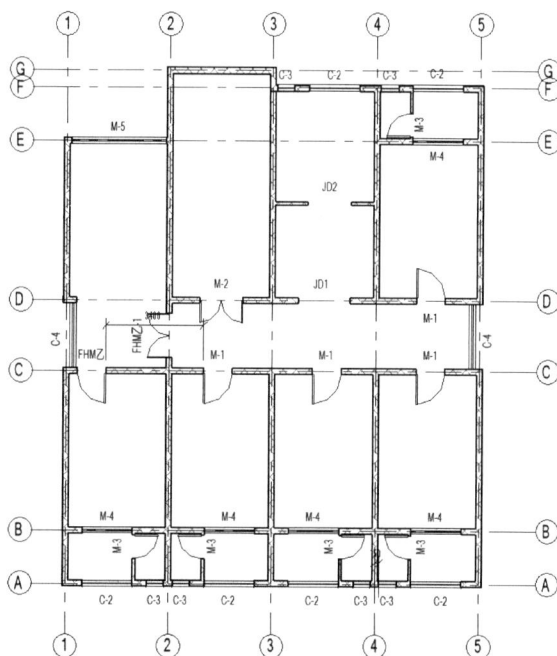

图 11-22　一层门窗

11.3　二层门窗的复制及修改

11.3.1　二层门窗的复制

一层门窗绘制完成后，结合员工宿舍楼，二层门窗可复制一层门窗，并根据图纸进行修改的方式进行绘制，具体操作步骤如下。

（1）框选绘图区所有构件，单击"修改"选项卡，单击"选择"工具中的"过滤器"，在弹出的对话框中勾选门、门标记、窗、窗标记，如图 11-23 所示。

（2）单击"修改"选项卡中"剪切板"，单击"复制到剪切板"，单击"粘贴"下拉菜单中的"与选定的视图对齐"，如图 11-24 所示。

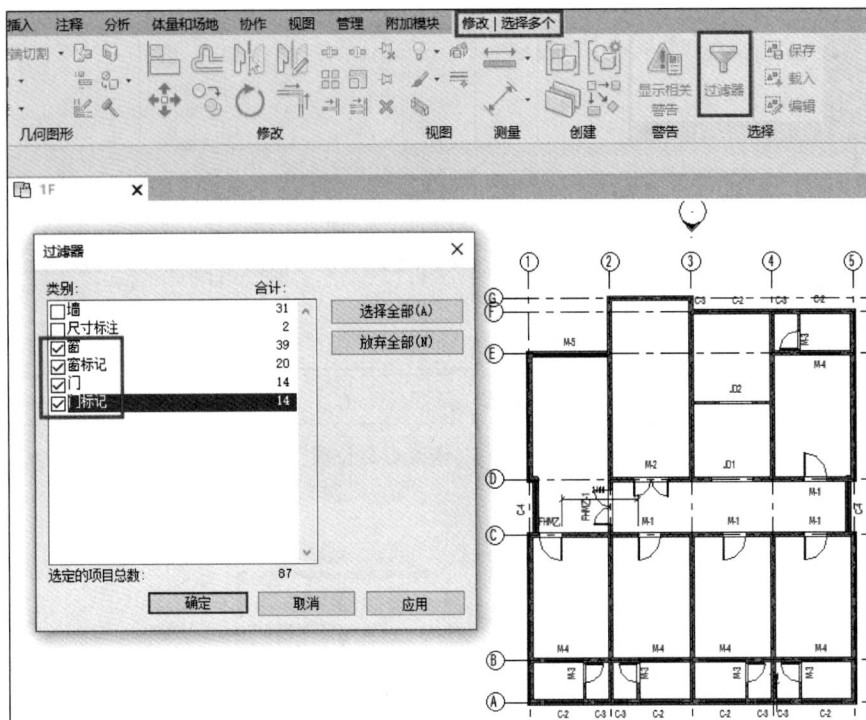

图 11-23　过滤器选择门窗

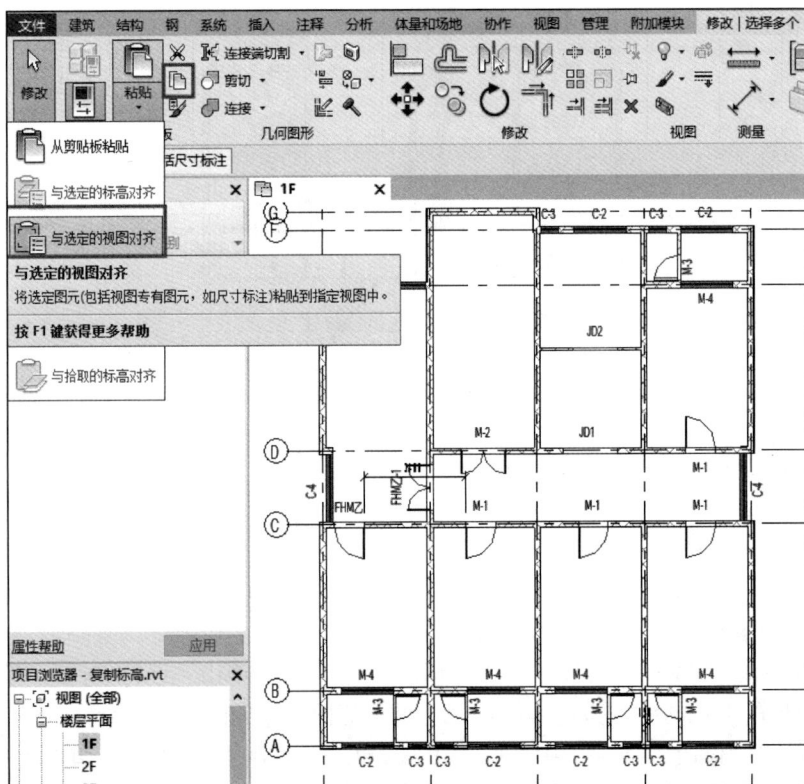

图 11-24　复制和粘贴

（3）在弹出的"选择视图"对话框中选择"楼层平面：2F"，单击"确定"按钮，所有的门窗便复制到2层，如图 11-25 所示。

11.3.2　二层门窗的修改

（1）双击楼层平面 2F 进入 2F 视图，结合员工宿舍楼二层平面图，首先按照一层门的绘制方式新绘制 D 轴左边第一个 M-1，如图 11-26 所示。

（2）删除 E 轴左边第一个原有的 M-5，新绘制 E 轴 ~F 轴之间的门窗 M-3、M-4、C-2、C-3，如图 11-27 所示。

（3）设置 C-1 的属性，并在 G 轴新绘制 C-1，如图 11-28 和图 11-29 所示。

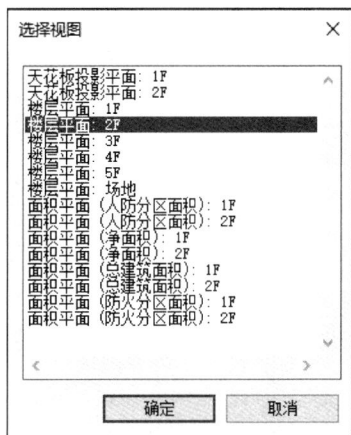

图 11-25　选择视图

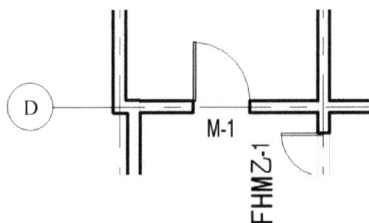

图 11-26　绘制 M-1

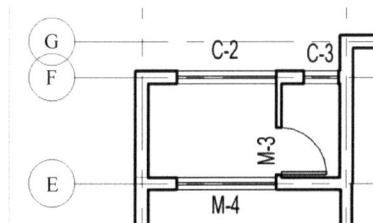

图 11-27　绘制 M-3、M-4、C-2、C-3

图 11-28　C-1 属性参数

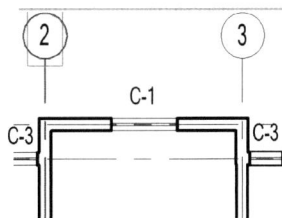

图 11-29　绘制 C-1

（4）二层门窗绘制完成，如图 11-30 所示。

（5）结合屋顶平面图和立面图完成出屋面楼梯间的门窗绘制，如图 11-31 所示。

（6）员工宿舍楼墙门窗绘制完成，3D 模型如图 11-32 所示。

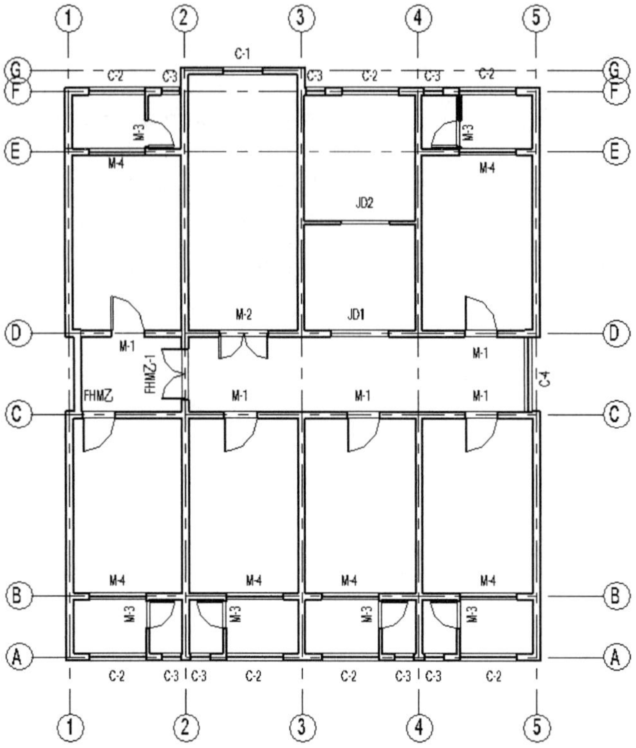

图 11-30 二层门窗

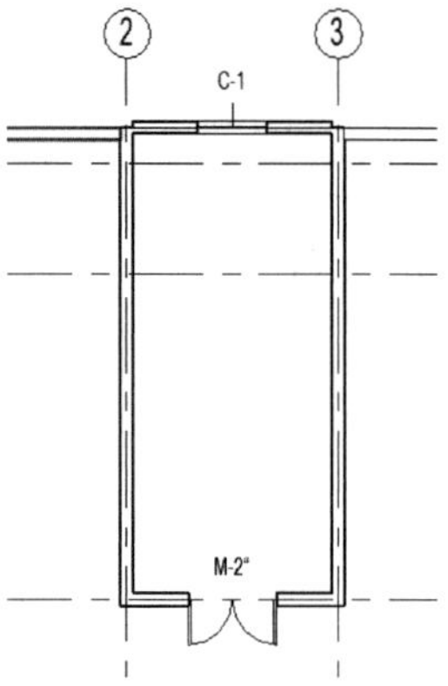

图 11-31 出屋面楼梯间门窗

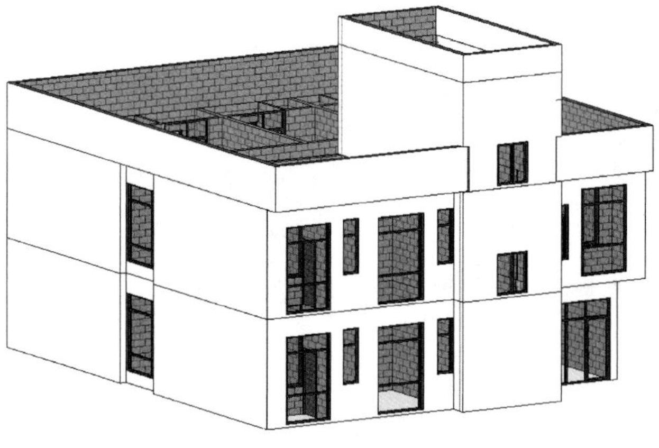

图 11-32 门窗 3D 模型

习题

1. 如何在放置门窗时同时进行标记?

2. 练习创建员工宿舍楼的门窗。

项目 12　楼板、屋面板的绘制

思维导图

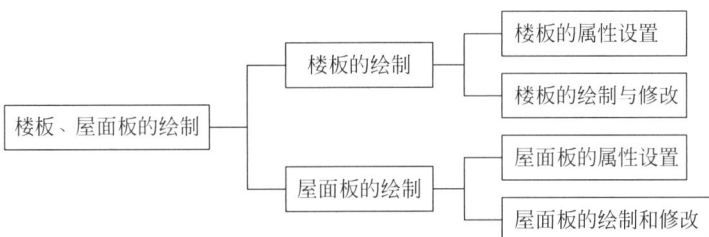

楼板、屋面板的绘制 ── 楼板的绘制 ── 楼板的属性设置 / 楼板的绘制与修改
　　　　　　　　　　└ 屋面板的绘制 ── 屋面板的属性设置 / 屋面板的绘制和修改

情境背景

　　软件提供了灵活的楼板、屋顶工具，可以在项目中创建任意形式的楼板和屋顶，与墙类似，楼板、屋顶都属子系统族，可以根据草图轮廓及类型属性中定义的结构生成任意结构和形状的楼板、屋顶。

　　本项目将使用这些工具继续完成员工宿舍楼项目，掌握楼板、屋顶工具的使用方法。

12.1　楼板的绘制

12.1.1　楼板的属性设置

　　绘制完成员工宿舍楼的墙体、门窗后，将进行员工宿舍楼楼板、屋面板的绘制。识读员工宿舍楼楼板部分说明，可知员工宿舍楼楼板的厚度与材质为 100mm 厚混凝土。具体操作步骤如下。

　　（1）单击"建筑"选项卡，单击"构建"工具中"楼板"，如图 12-1 所示。

　　（2）在"属性"面板中选择"楼板 - 常规 150mm"，根据具体工程设置楼板名称，单击属性选项卡上的"编辑类型"，弹出"类型属性"对话框，"复制"后修改名称为"员工宿舍楼 100mm"，并单击"确定"按钮，如图 12-2 所示。

图 12-1　建筑绘制楼板

图 12-2　楼板编辑类型

（3）单击"类型参数"对话框中"结构"→"编辑 ..."，如图 12-3 所示。

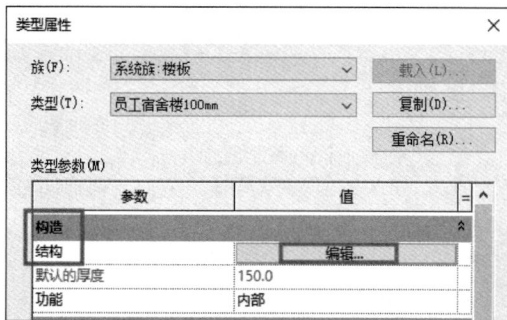

图 12-3　修改楼板结构参数

（4）根据员工宿舍楼结构图中板的厚度，"编辑部件"对话框中首先修改结构 [1] 的厚度为"100"，再单击结构 [1] 的材质，进入"材质浏览器"，在下方新建一种材质，并将其命名为"混凝土"，单击右侧"外观"选项卡，进入"资源浏览器"，找到外观库中"混凝土"材质，选择"混凝土 - 现场浇注"。单击"确定"按钮，楼板的属性设置完成，如图 12-4 所示。

图 12-4　楼板属性

12.1.2　楼板的绘制与修改

（1）单击"修改/创建楼层边界"选项卡，选择"绘制"工具中的"矩形"绘制楼板，如图 12-5 所示。

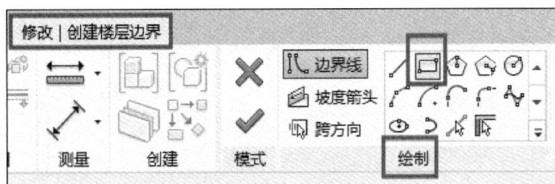

图 12-5　矩形绘制楼板

（2）根据员工宿舍楼建筑图中平面图房间的设置和员工宿舍楼结构图中板图，以轴线为捕捉点，用"矩形"绘制左下角第一块板的边界，如图 12-6 所示。

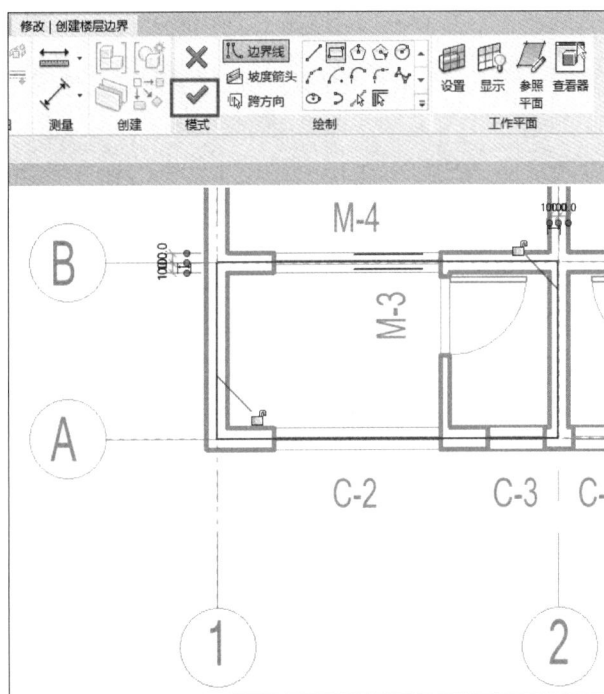

图 12-6　绘制左下第一块板

（3）楼板边界绘制完成后，单击"修改/创建楼层边界"选项卡中的"√"，在弹出的 Revit 对话框中选择"是"，完成该块楼板的绘制，如图 12-7 所示。

（4）本项目卫生间的楼板相同，可以采用复制的方式完成卫生间楼板的绘制：单击"过滤器"选中左下角第一块板，单击"修改/楼板"选项卡选择"复制"，并勾选选项栏中的"多个"，如图 12-8 所示。

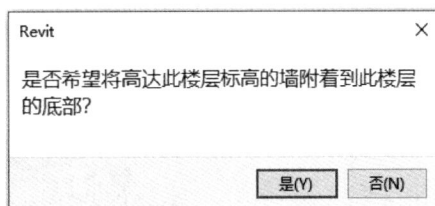

图 12-7　对话框选择

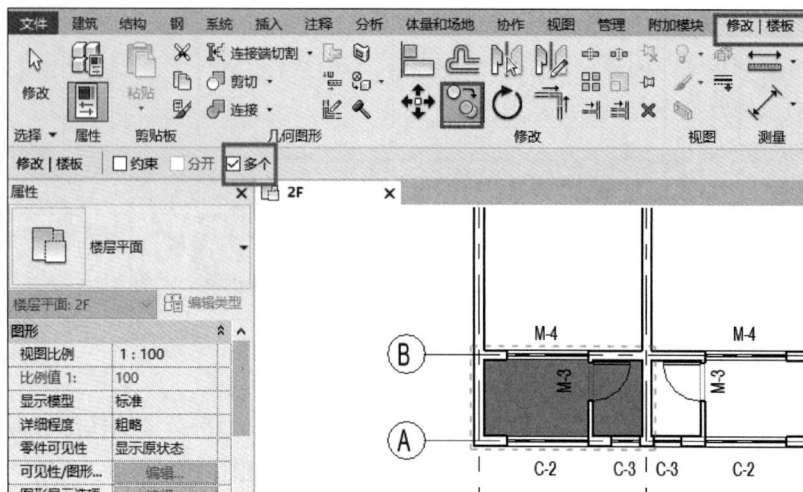

图 12-8　过滤器选择左下楼板

（5）选择第一块的某一点，以此点为基点，依次复制到其他卫生间板的相应位置，如图 12-9 所示。

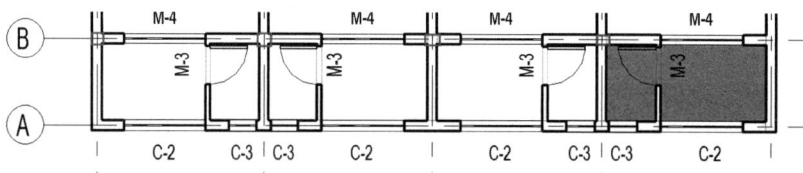

图 12-9　复制卫生间楼板

（6）重复步骤以上步骤，完成员工宿舍楼其他楼板的绘制，如图 12-10 所示。

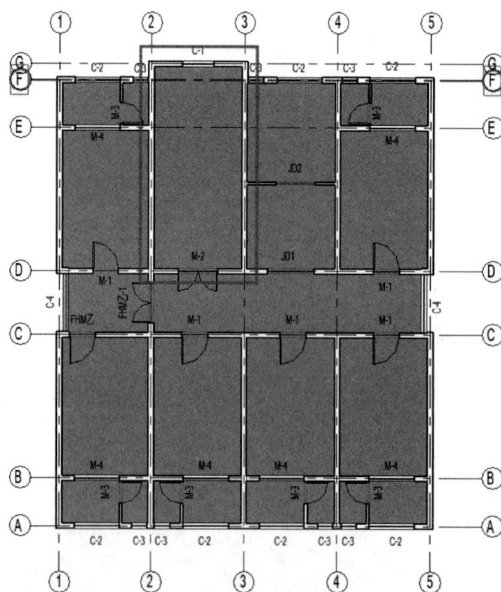

图 12-10　楼板

（7）图 12-10 中，框中的楼板与图纸不符，选中该楼板，单击"修改|楼板"选项卡中"编辑边界"，如图 12-11 所示。

（8）进入编辑边界界面，拖动下方红色线条向上，并把蓝色线条显示的数据值修改为"1600"，如图 12-12 所示。

（9）单击"修改|楼板"选项卡中的"√"，完成编辑模式，修改后的楼板如图 12-13 所示。

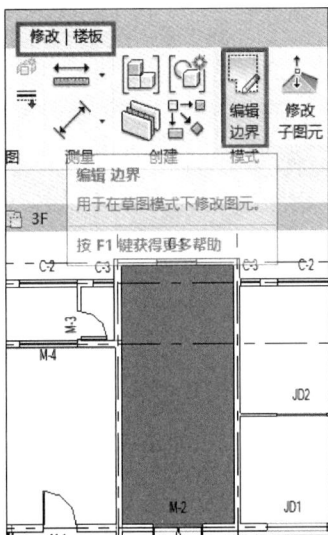

图 12-11 编辑边界

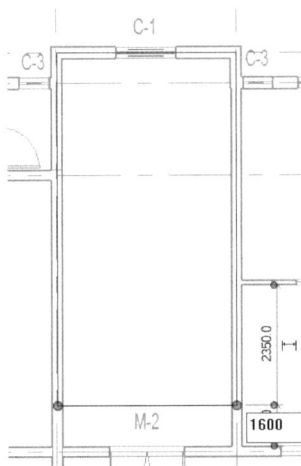

图 12-12 编辑楼板边界

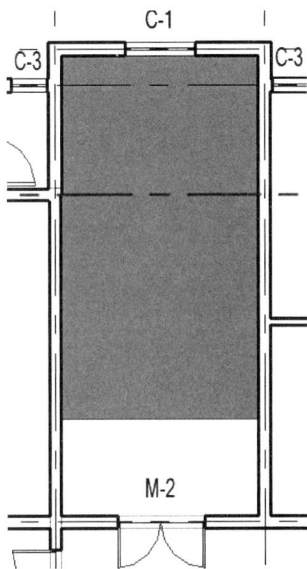

图 12-13 完成楼板编辑

12.2 屋面板的绘制

12.2.1 屋面板的属性设置

软件提供了迹线屋顶、拉伸屋顶和面屋顶三种创建屋顶的方式。其中，迹线屋顶的创建方式与楼板非常类似。不同的是，在迹线屋顶中，可以灵活地为屋顶定义多个坡度。下面将使用"迹线屋顶"绘制员工宿舍楼屋顶。

楼层切换到 3F，通过识读员工宿舍楼结构图屋顶层板图发现，本层屋面板的厚度均为 100mm，根据屋面板的特点，可将屋面板设置成一大块板，通过拾取墙的方法进行绘制，具体操作步骤如下。

（1）单击"建筑"选项卡，单击"构建"工具中"屋顶"，下拉菜单中选择"迹线屋顶"，如图 12-14 所示。

（2）在"属性"面板中选择"基本屋顶常规 -400mm"，根据具体工程设置楼板

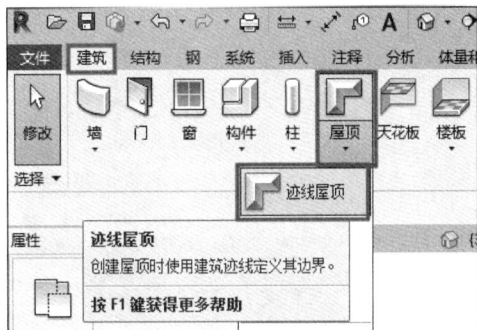

图 12-14 迹线屋顶

名称，单击"属性"面板上的"编辑类型"，弹出"类型属性"对话框，"复制"后修改名称为"员工宿舍楼屋顶100mm"，并点击"确定"按钮，单击"类型参数"中的"结构"→"编辑 ..."，如图 12-15 所示。

图 12-15　迹线屋顶编辑类型

（3）在"编辑部件"对话框中修改结构 [1] 的厚度为"100"，参考楼板结构层材质的修改方法，修改屋面结构层的材质为"混凝土 - 现场浇注"，如图 12-16 所示。

图 12-16　迹线屋顶属性

12.2.2　屋面板的绘制和修改

（1）单击"修改|创建屋顶迹线"选项卡，选择"绘制"工具中的"拾取墙"，将选项栏中"定义坡度"钩去掉，同时勾选"延伸到墙中（至核心层）"，如图 12-17 所示。

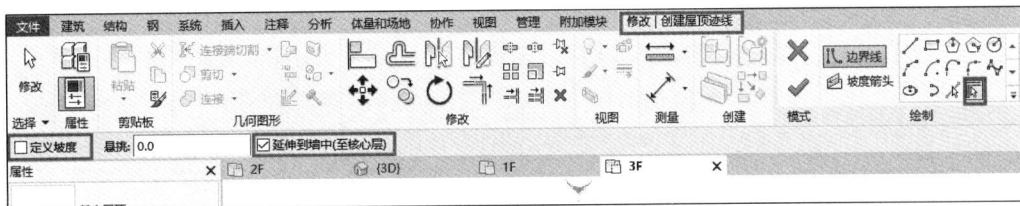

图 12-17　修改|创建屋顶迹线

（2）将光标放在某一段墙上，墙高亮显示后，单击鼠标左键，该墙体所对应的屋面板边界线便创建成功，拾取所有墙体，如图 12-18 所示。

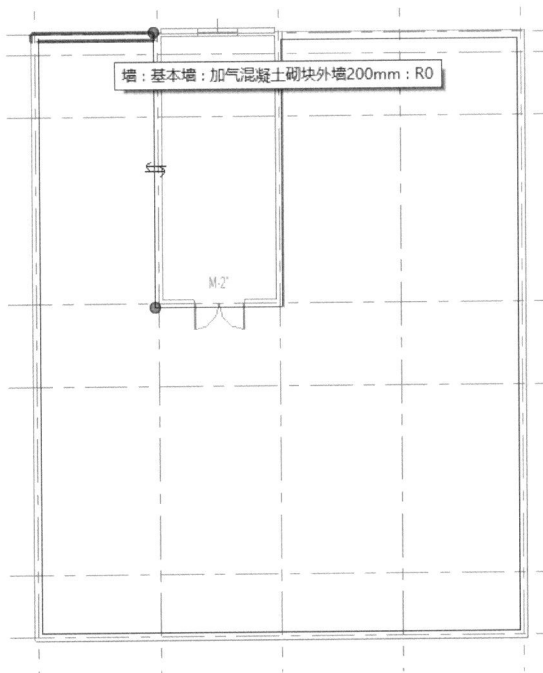

图 12-18　拾取所有墙线

（3）选择 D 轴上的板边界线，单击"修改|创建屋顶迹线"选项卡中的"移动"，选择 D 轴上的板边界线上的某一点，向上拖动光标，根据员工宿舍楼结构图屋顶层板图说明，将数据修改为"1975"，如图 12-19 所示。

（4）单击"修改|创建屋顶迹线"选项卡中的"√"，完成屋面板编辑模式，如图 12-20 所示。

（5）屋面板创建完成，如图 12-21 所示。

（6）楼层切换到 4F，完成屋面楼梯间屋面板的绘制，如图 12-22 所示。

（7）员工宿舍楼楼板及屋面板绘制完成，3D 模型如图 12-23 所示。

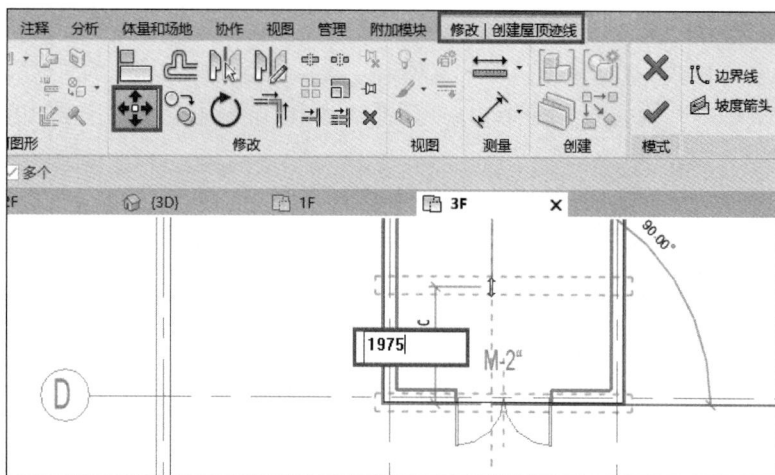

图 12-19　修改板边界限

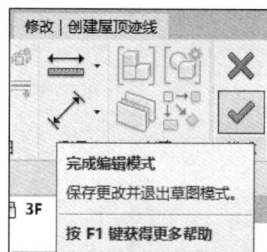

图 12-20　完成编辑迹线屋面

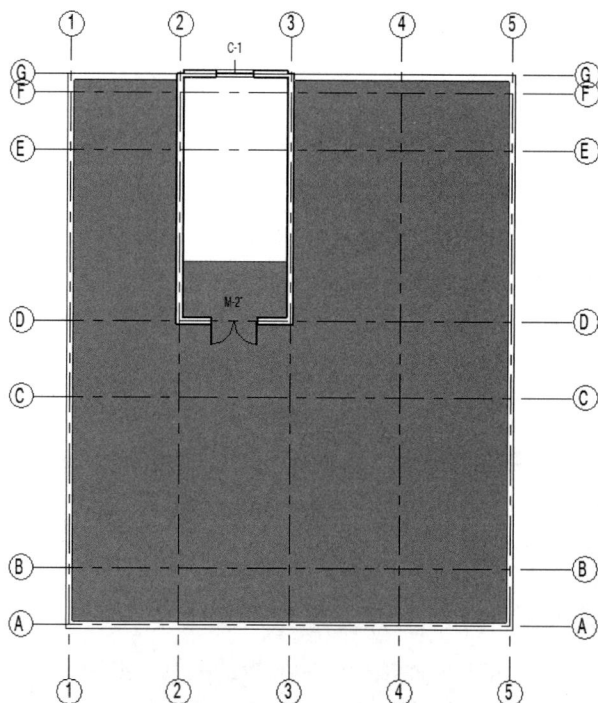

图 12-21　二层屋面板

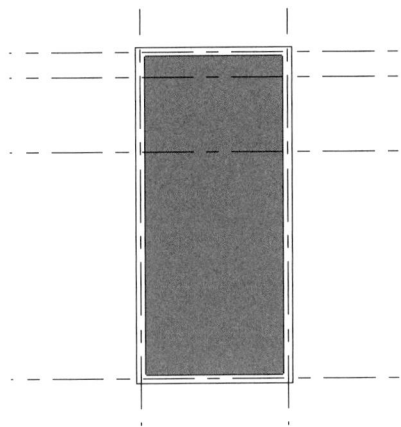

图 12-22　楼梯间屋面板

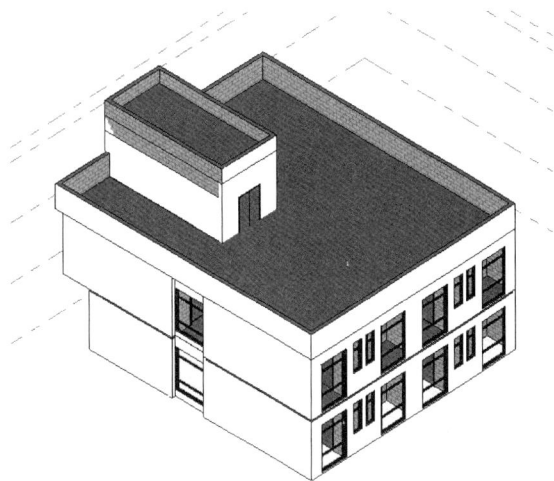

图 12-23　楼板、屋面板 3D 模型

习题

1. 楼板工具还可以用于创建什么构件?

2. 屋面板有哪些创建方法?

3. 练习创建员工宿舍楼的楼板、屋面板。

项目 13　结构构件的绘制

思维导图

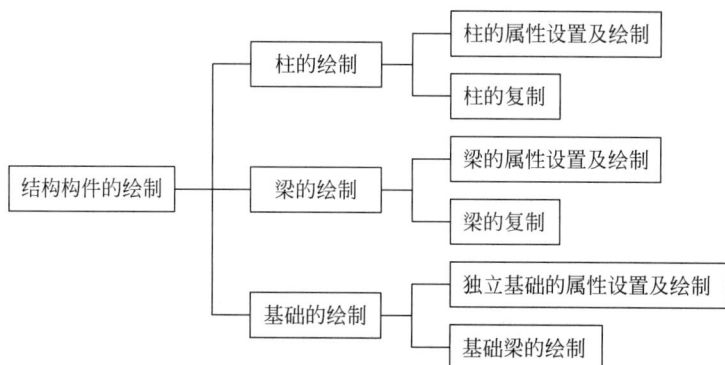

情境背景

在使用软件完成项目设计时，除绘制墙、门、窗、楼板、屋面板等建筑模型外，软件还提供了一系列结构工具，用于完成结构模型的绘制，一般情况下，把参与承重的构件，如结构柱、结构梁、结构楼板、基础、结构墙等视为结构构件。可以使用软件在项目中布置这些结构构件。

13.1　柱的绘制

13.1.1　柱的属性设置及绘制

软件中提供了两种不同用途的柱，即建筑柱和结构柱。两者所起的功能和作用不相同，建筑柱主要起装饰和围护作用，结构柱则主要用于支撑和承载重力。可以在创建轴网后布置结构柱，也可以按照本书的方式，在完成建筑设计模型后，再添加结构构件。

要创建结构柱，必须首先载入柱族，"公制结构柱 .rte"族样板允许用户使用该样板自定义任何形式的结构柱族。识读员工宿舍楼柱平面图，找出 KZ1~KZ12 尺寸及位置等信息。具体操作步骤如下。

（1）在"项目浏览器"中"楼层平面"切换到 1F。单击"结构"选项卡→"柱"，如图 13-1 所示。

（2）在"属性"面板中单击"编辑类型"，在弹出的"类型属性"对话框中单击"载入（L）..."，如图 13-2 所示。

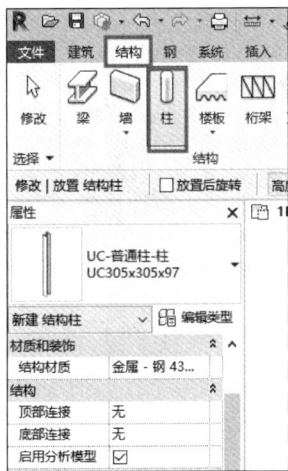

图 13-1 结构柱绘制　　　　　　　　　　　图 13-2 柱类型属性

（3）依次载入"结构"文件夹中的"柱"构件，打开"混凝土"材质文件夹，选择"混凝土 - 矩形 - 柱"族，单击"确定"按钮，新的柱族载入完成，如图 13-3 所示。

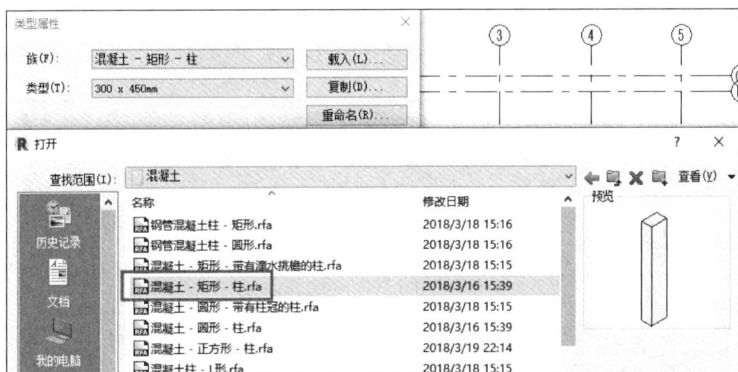

图 13-3 载入新的柱族

（4）复制一个新的柱，将其命名为 KZ1，根据员工宿舍楼柱表分别修改类型参数中尺寸标注 b 为"500"，修改 h 为"500"，修改类型标记改为 KZ1，如图 13-4 所示。

（5）完成其他框架柱的属性设置，如图 13-5 所示。

（6）单击"修改 | 放置结构柱"选项卡→"垂直柱"，单击"在放置时进行标记"，根据员工宿舍楼结构图柱平面定位图，鼠标捕捉到 1 轴和 A 轴交点，单击，KZ1 绘制完成，如图 13-6 所示。

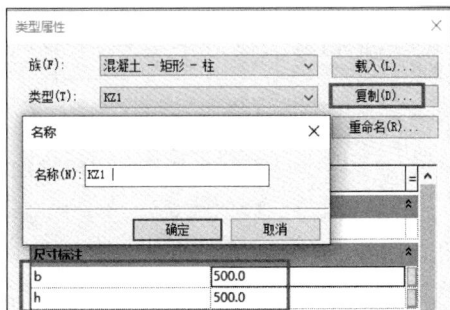

图 13-4 新建 KZ1 并修改尺寸参数

图 13-5　其他框架柱新建和属性编辑

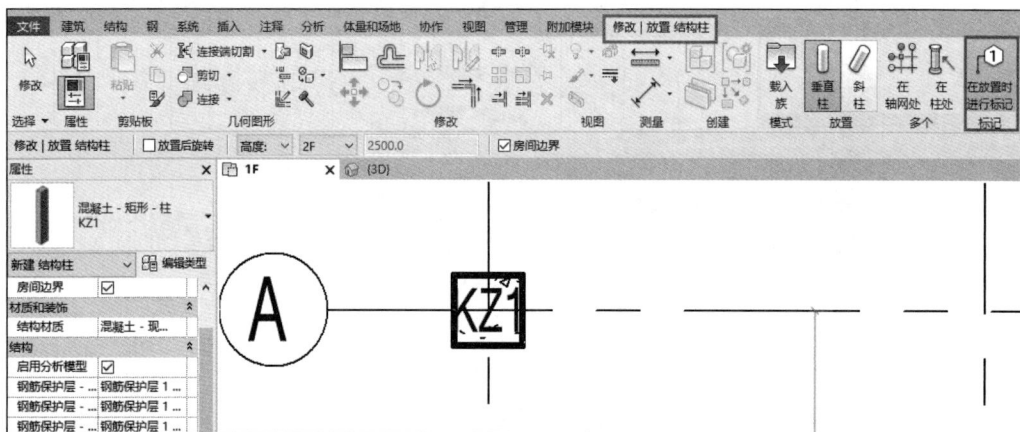

图 13-6　绘制 KZ1

（7）根据员工宿舍楼图纸中 KZ1 的具体位置，选中 KZ1，出现表示 KZ1 具体位置的小圆点和蓝色数据线条，选中并拖动左边两个小圆点，使其分别平齐 KZ1 的右边线和上边线，右边的小圆点与 3 号轴线平齐，如图 13-7 所示。

（8）修改数值蓝色数据线的数据值为"1700"，修改水平数据线的数据值为"7050"，KZ1 的位置修改完成，如图 13-8 所示。

（9）完成其他框架柱的绘制及修改，如图 13-9 所示。

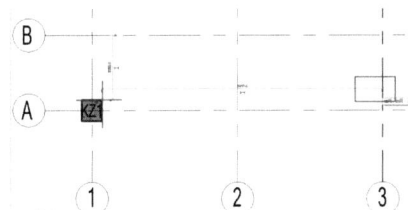

图 13-7　修改 KZ1 位置

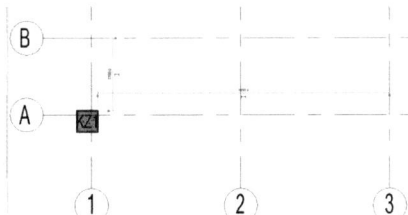

图 13-8　修改 KZ1 位置数据

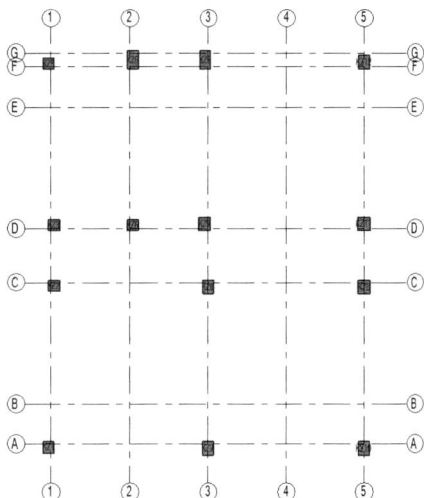

图 13-9　其他框架柱的绘制和修改

13.1.2　柱的复制

　　一层柱绘制完成后，结合员工宿舍楼，二层柱的柱截面尺寸与一层柱相同，可直接复制一层柱，具体操作步骤如下。

　　（1）框选绘图区所有构件，单击"修改"选项卡，单击"选择"工具中的"过滤器"，在弹出的对话框中勾选所有柱及柱标记，单击"修改"选项卡中"剪切板"，单击"复制到剪切板"，单击"粘贴"下拉菜单中"与选定的视图对齐"，如图 13-10 所示。

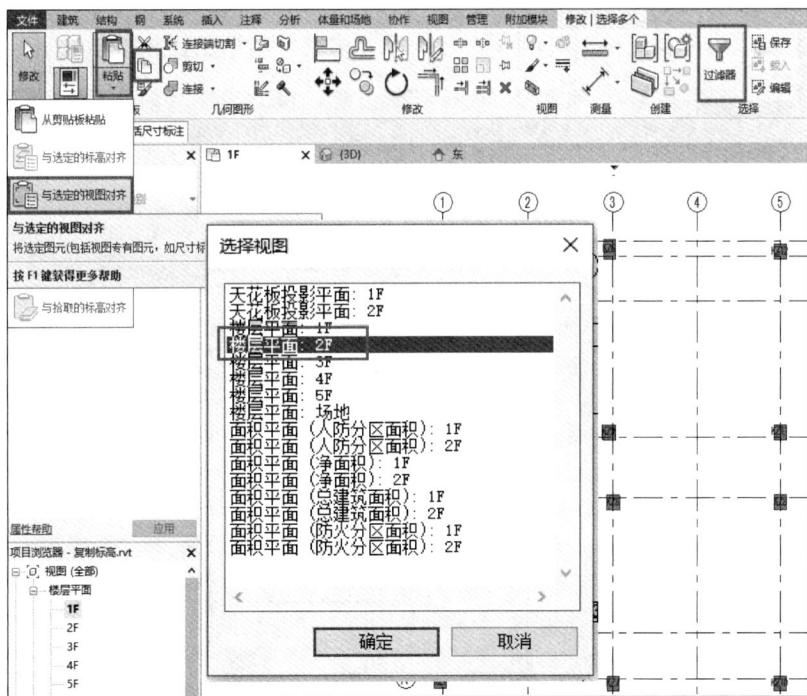

图 13-10　复制粘贴框架柱

（2）在弹出的"选择视图"对话框中选择"楼层平面2F"，单击"确定"按钮，一层柱便复制到二层，如图13-11所示。

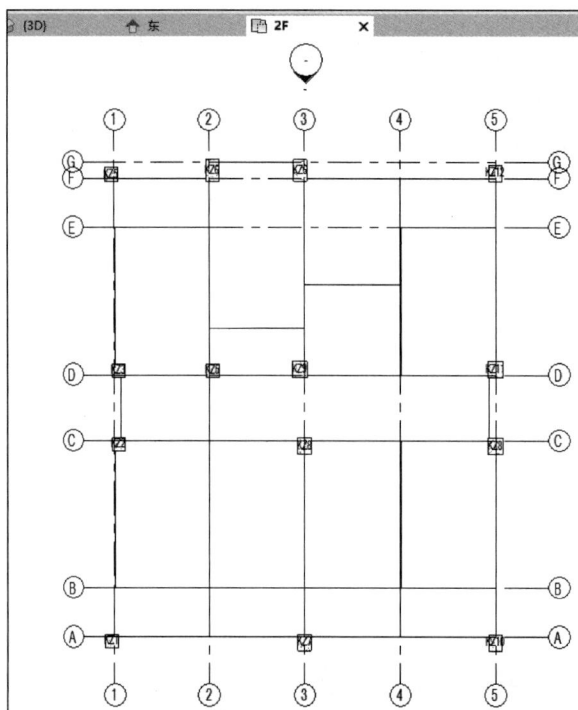

图13-11 二层框架柱

（3）选择二层楼梯间位置处的4根框架柱，将其复制粘贴到3F，如图13-12所示。

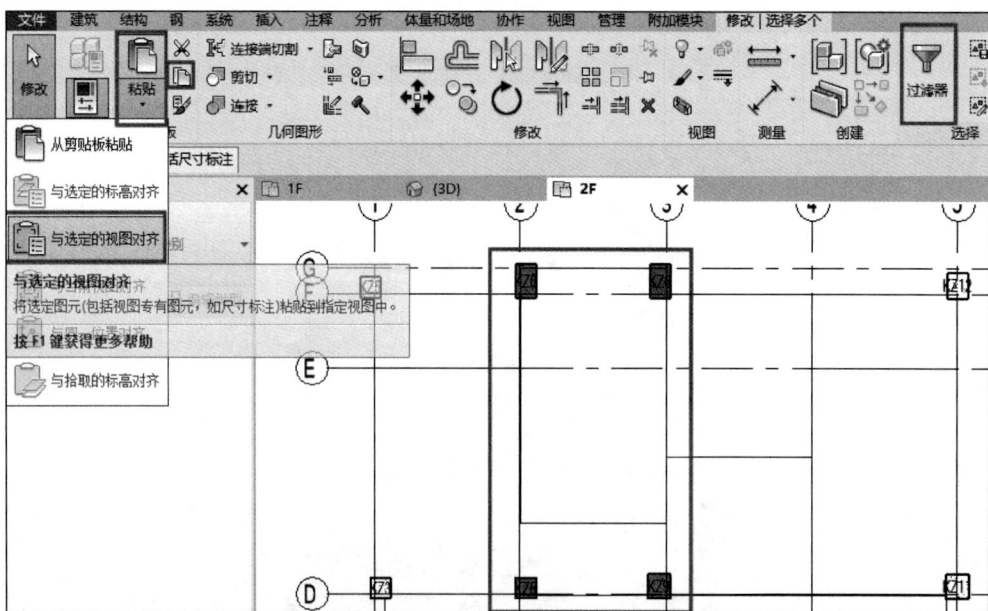

图13-12 楼梯间框架柱复制粘贴

（4）在弹出的"选择视图"对话框中选择"楼层平面 3F"，单击"确定"按钮，楼梯间的 4 个框架柱便复制到 3 层，如图 13-13 所示。

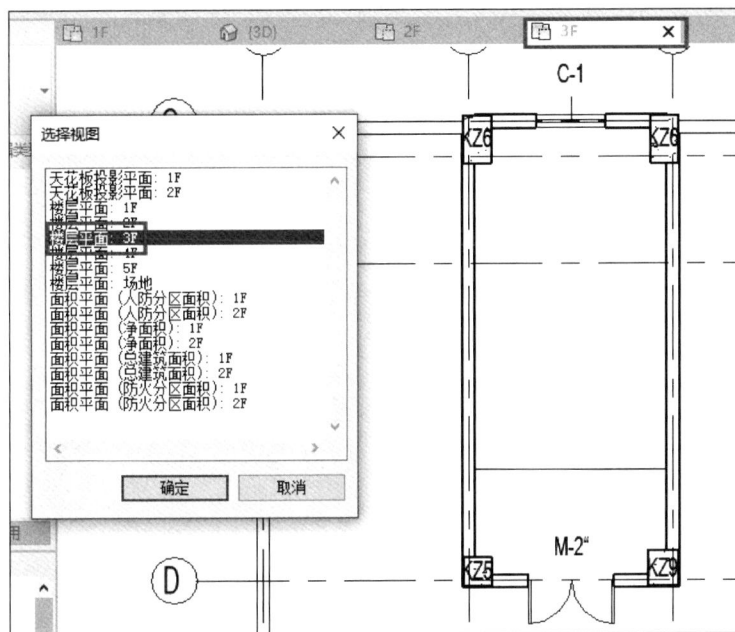

图 13-13　楼梯间柱

（5）员工宿舍楼框架柱绘制完成，3D 模型如图 13-14 所示。

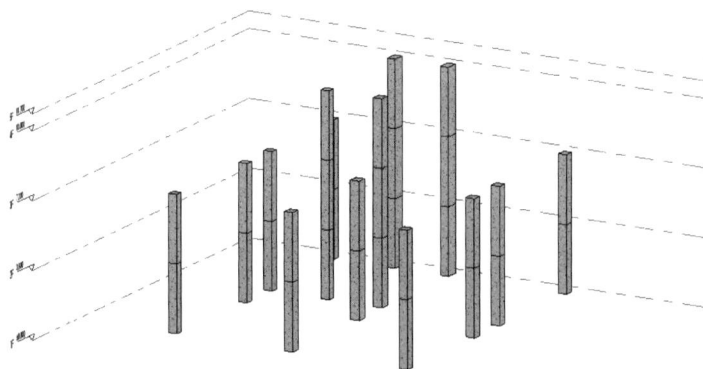

图 13-14　员工宿舍楼框架柱 3D 模型

13.2　梁的绘制

13.2.1　梁的属性设置及绘制

软件中提供了梁、支撑、梁系统和桁架四种创建结构梁的方式，其中梁和支撑均采用与绘制墙相似的方式生成梁图元，梁系统则在指定区域内按指定距离阵列生成梁；桁架通过放置"桁架"族，设置族类型属性中的上弦杆、下弦杆、腹杆等梁族类型，生成复杂形式的桁架图元。无论使用哪种方式，均必须先载入指定的梁族文件。

识读员工宿舍楼梁平面图，找出梁尺寸及位置等信息。具体操作步骤如下。

（1）在"项目浏览器"中"楼层平面"切换到 1F。单击"结构"选项卡中的"梁"，单击"属性"面板→"编辑类型"，在弹出的"类型属性"对话框中单击"载入（L）..."，载入一个新的梁族，如图 13-15 所示。

图 13-15　梁类型属性

（2）依次双击"结构""框架""混凝土""混凝土 - 矩形梁"族，单击"确定"按钮，新的梁族载入完成，如图 13-16 所示。

图 13-16　载入新的梁族

（3）复制一个新的梁，将其命名为 KL1（1），根据员工宿舍楼结构图中标高 3.55m 梁的配筋图可知，KL1（1）截面尺寸为 250mm×600mm，修改类型参数中尺寸标注 b

为"250"，h 为"600"，类型标记改为 KL1（1），如图 13-17 所示。

图 13-17　新建 KL1（1）并修改尺寸参数

（4）完成其他框架柱的属性设置，如图 13-18 所示。

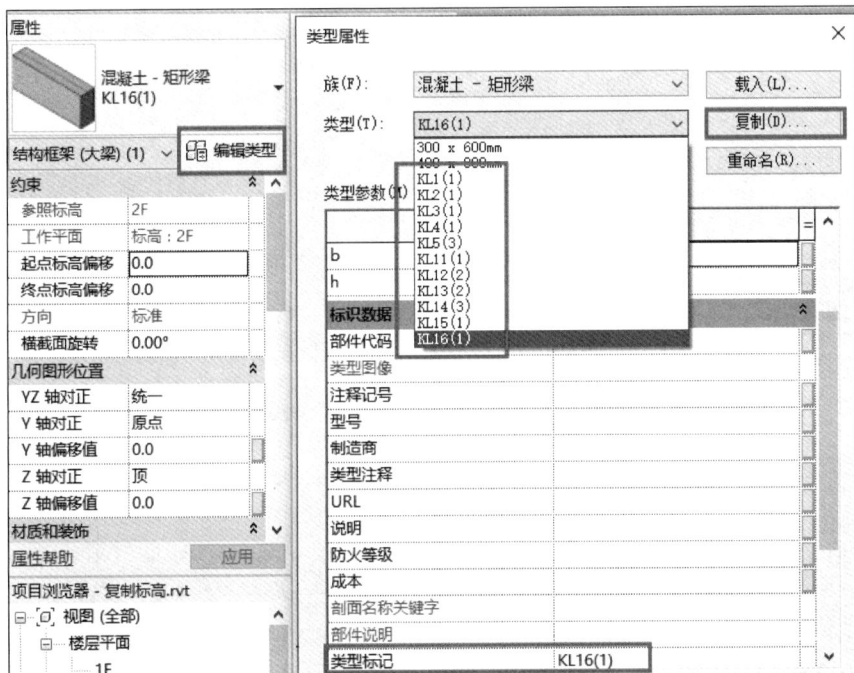

图 13-18　其他框架梁新建和属性编辑

（5）单击"修改|放置梁"选项卡，单击"在放置时进行标记"，根据员工宿舍楼 KL1（1）的位置用"直线"绘制 KL1（1），如图 13-19 所示。

（6）根据员工宿舍楼图纸中 KL1（1）的具体位置，选中 KL1（1），单击小蓝点，将其拖动到与梁内边线平齐，并修改蓝色数据线上的数据值为"3450"，如图 13-20 所示。

（7）完成其他框架梁及非框架梁的绘制及修改，如图 13-21 所示。

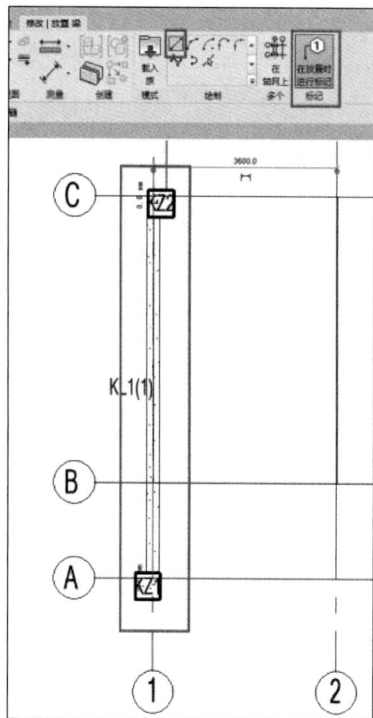

图 13-19　绘制 KL1（1）

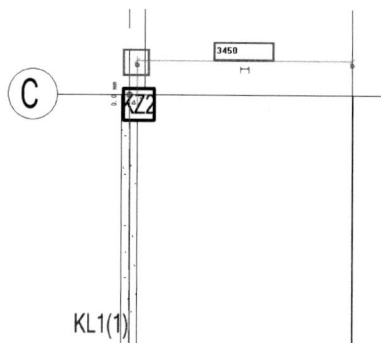

图 13-20　修改 KL1（1）位置

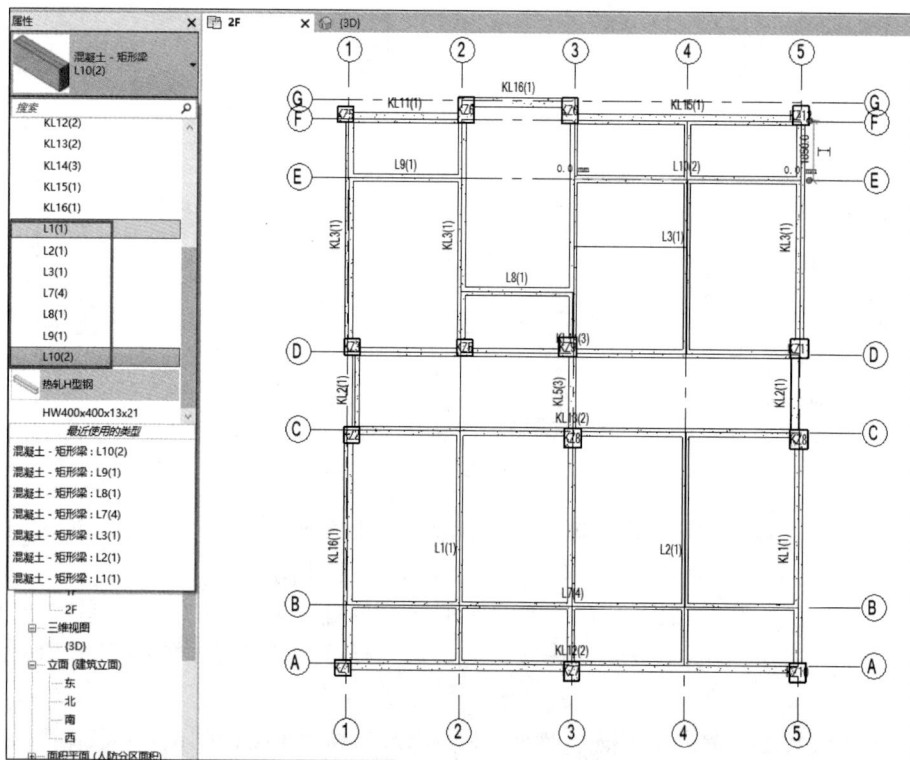

图 13-21　标高 3.55m 其他梁的绘制和修改

13.2.2　梁的复制

标高 3.55m 梁绘制完成后，结合员工宿舍楼，标高 7.2m 及 10.8m 梁可采用复制标高 3.55m 梁，并根据图纸进行修改或直接新建的方式进行绘制，在此不作赘述。

（1）标高 7.2m 梁如图 13-22 所示。

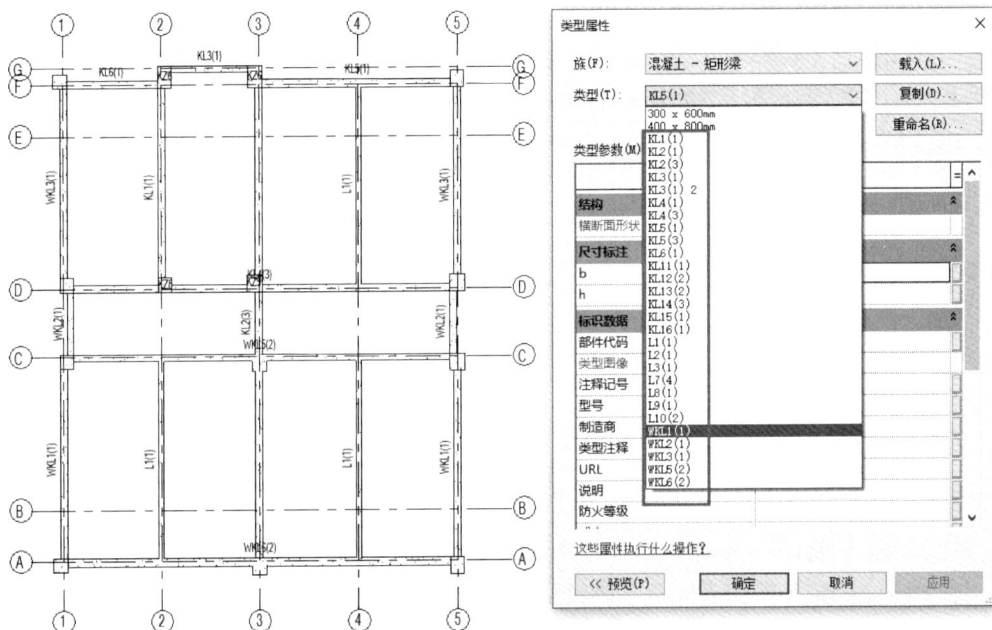

图 13-22　标高 7.2m 梁

（2）标高 10.8m 梁如图 13-23 所示。

（3）员工宿舍楼框架梁绘制完成，3D 模型如图 13-24 所示。

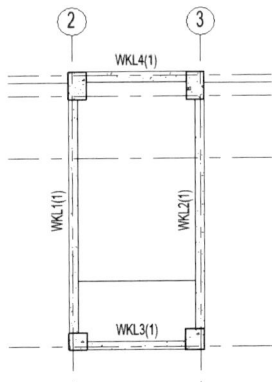

图 13-23　标高 10.8m 梁

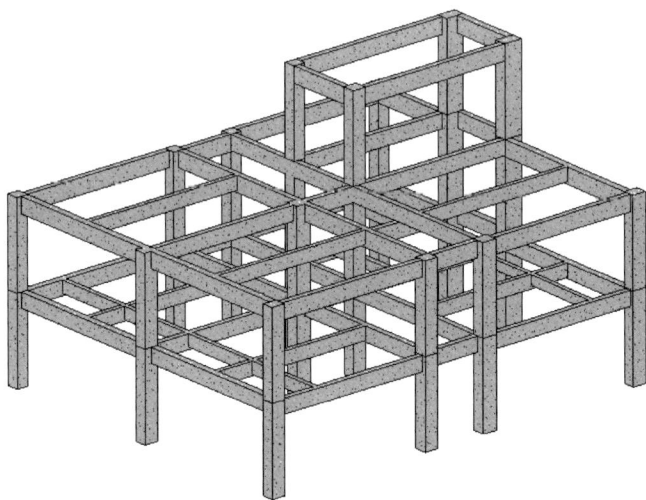

图 13-24　员工宿舍楼框架柱、框架梁 3D 模型

13.3　基础的绘制

13.3.1　独立基础的属性设置及绘制

软件中提供了三种基础形式，分别是条形基础、独立基础和基础底板，用于生成建筑不同类型的基础。条形基础的用法类似于墙饰条，用于沿墙底部生成带状基础模型，单击选择墙，即可在墙底部添加指定类型的条形基础；基础底板可以用于创建建筑筏板基础，其用法与楼板完全一致；独立基础是将自定义的基础族放置在项目中，并作为基础参与结构计算，使用"公制结构基础"族样板，可以自定义任意形式的结构基础。

识读员工宿舍楼基础平面图，找出独立基础的尺寸及位置等信息。具体操作步骤如下。

（1）单击"项目浏览器"中"立面（建筑立面）"切换到任一立面图，根据员工宿舍楼结构图基础平面布置图和基础梁图创建基础和基础梁的标高，如图 13-25 所示。

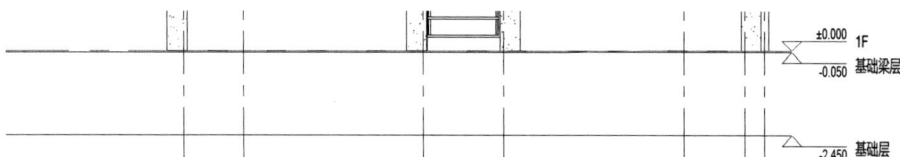

图 13-25　创建基础和基础梁标高

（2）单击"视图"选项卡，单击"平面视图"→"楼层平面"，选中基础梁层和基础层，单击"确定"按钮，完成基础梁层和基础层楼层平面的建立，如图 13-26 所示。

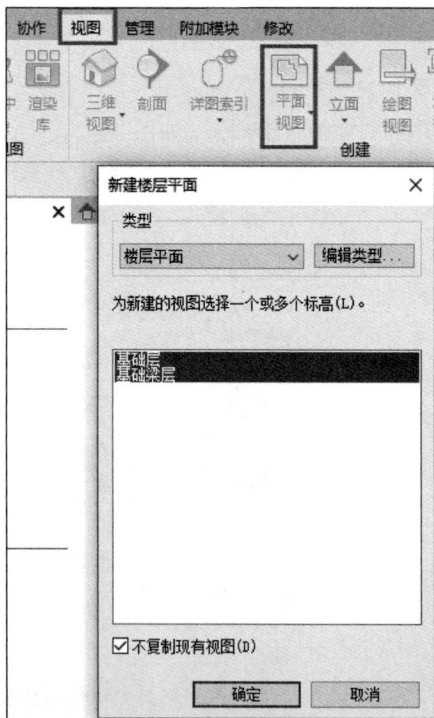

图 13-26　新建基础和基础梁楼层平面

（3）在"项目浏览器"中"楼层平面"切换到基础层，单击"结构"选项卡中的"独立基础"，"属性"面板中单击"编辑类型"，在弹出的"类型属性"对话框中单击"载入（L）..."，载入三阶独立基础，如图 13-27 所示。

图 13-27　载入独立基础

（4）员工宿舍楼 DJ1 为二阶独立基础，可将载入的三阶独立基础中第二阶独立基础看成两阶，但两阶之间的距离为 0，即 x2、y2 均为 0。DJ1 基础属性如图 13-28 所示。

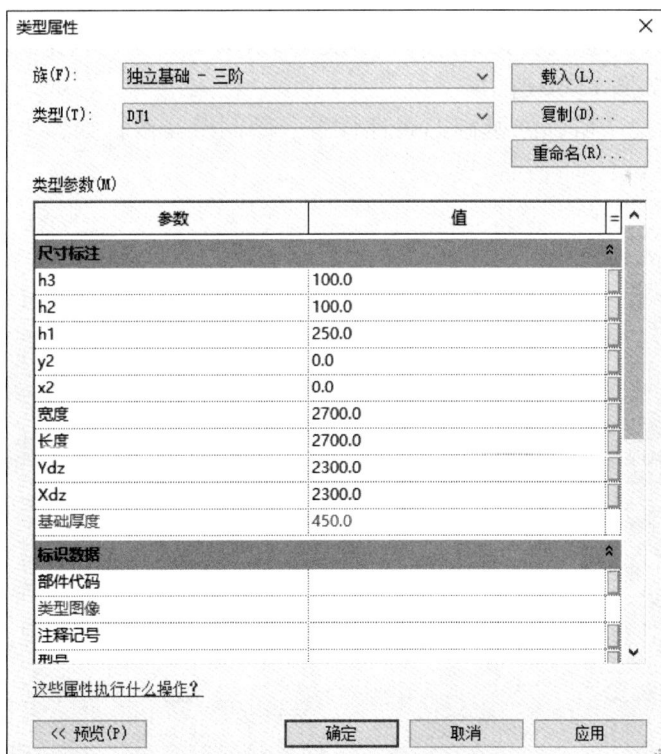

图 13-28　DJ1 基础属性

（5）修改 DJ1"属性"面板中"自标高的高度偏移"为"450"（基础图中 DJ1 的基础顶标高是在 −2.45m 的基础之上向上 450mm）。单击到 1 轴和 F 轴的交点绘制 DJ1，如图 13-29 所示。

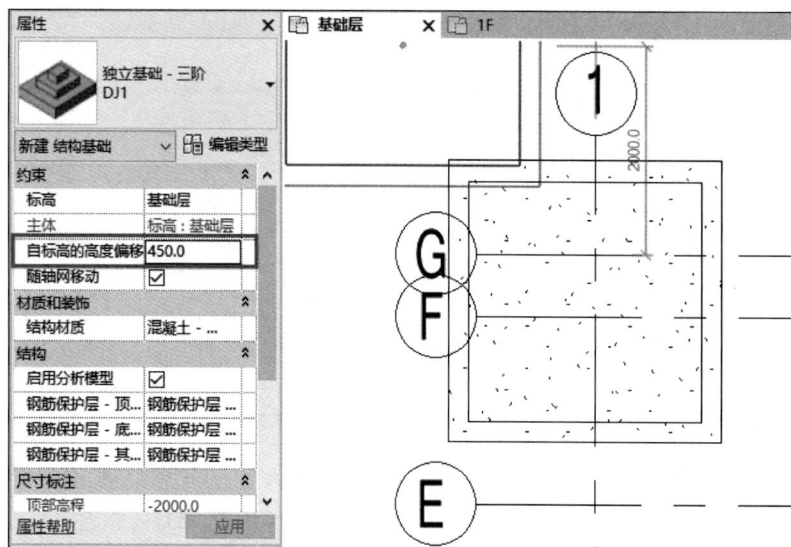

图 13-29　绘制 DJ1

（6）选中 DJ1，选中蓝色小圆点，将其拖动到 DJ1 的外边线，并根据图纸修改蓝色数据线的数据，如图 13-30 所示。

（7）完成其他二阶独立基础的属性设置、绘制及修改，如图 13-31 和图 13-32 所示。

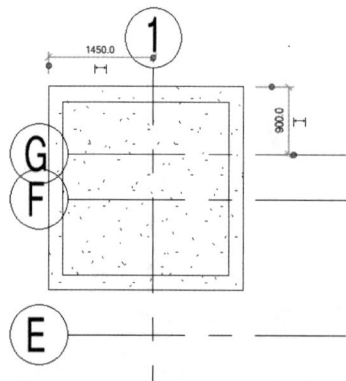

图 13-30　修改 DJ1 位置

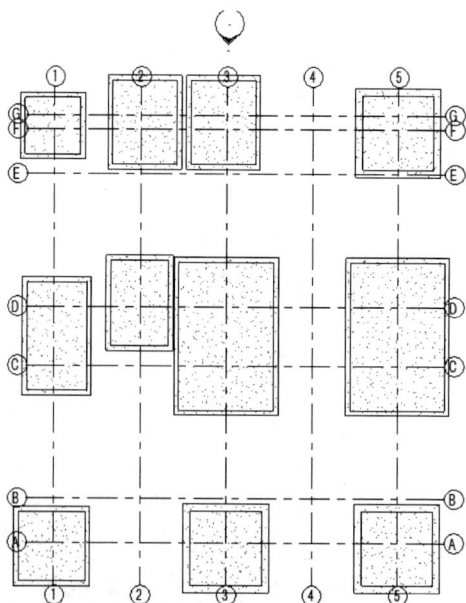

图 13-31　二阶独立基础平面图

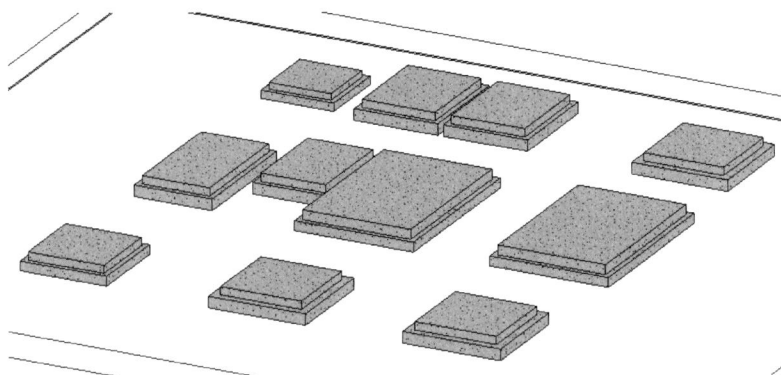

图 13-32 员工宿舍楼基础 3D 模型

13.3.2 基础梁的绘制

基础梁的属性设置、绘制及修改与框架梁相同,在此不作赘述。

(1)绘制完成的基础梁如图 13-33 所示。

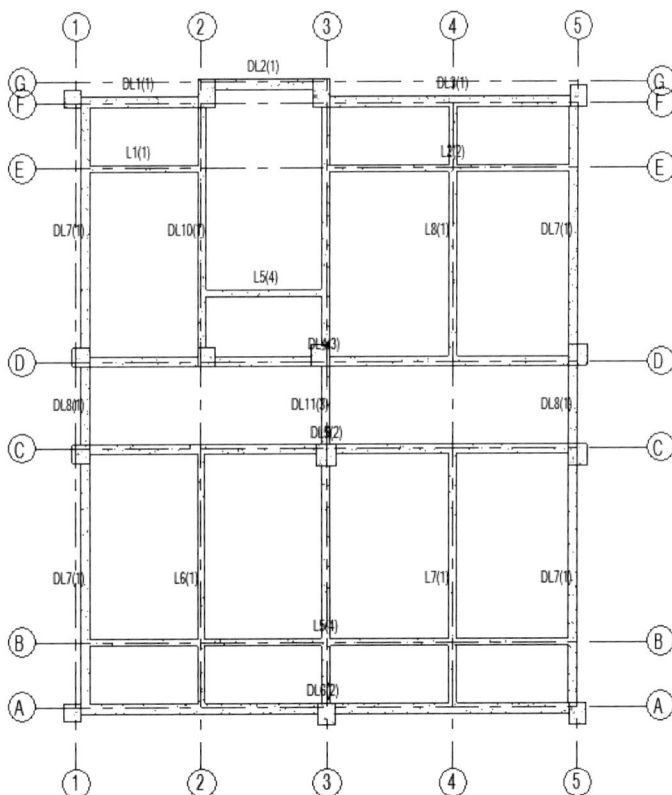

图 13-33 基础梁平面图

(2)复制首层的框架柱到基础梁层和基础层,如图 13-34 所示。

(3)员工宿舍楼结构构件绘制完成,3D 模型如图 13-35 所示。

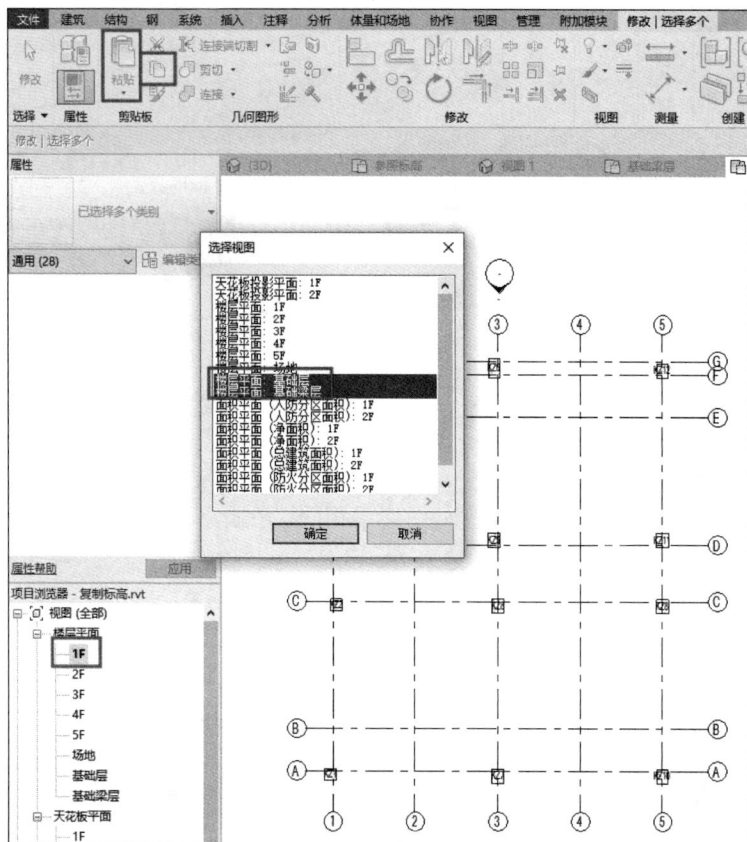

图 13-34　复制首层框架柱到基础梁层和基础层

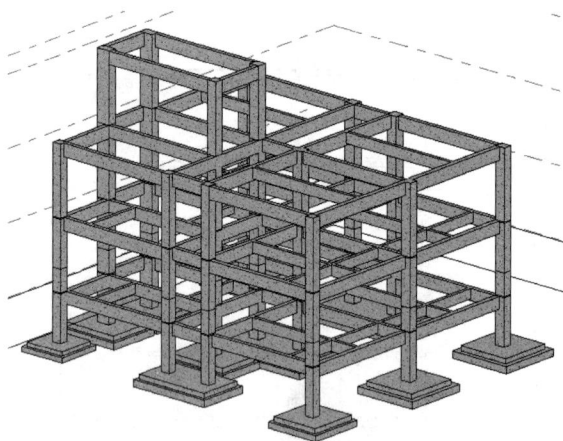

图 13-35　员工宿舍楼结构构件 3D 模型

—— 习题 ——

练习创建员工宿舍楼的柱、梁、基础。

项目 14　其他构件的绘制

思维导图

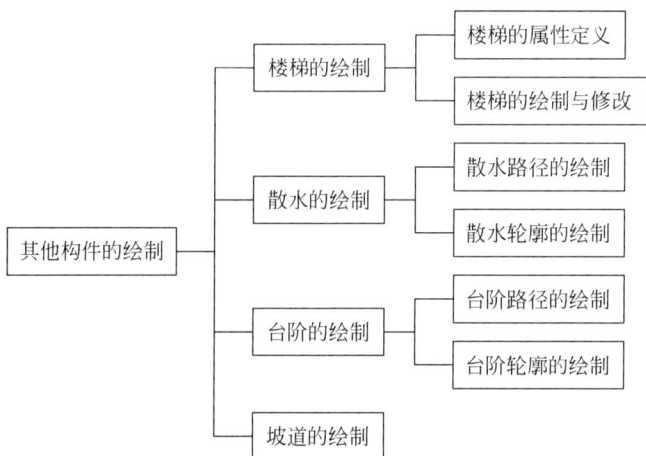

情境背景

　　Revit 软件提供了扶手楼梯、坡道等工具，通过定义不同的扶手、楼梯的类型，可以在项目中生成各种不同形式的扶手、楼梯构件，此外，软件中还提供了台阶、散水等工具，还可以定义台阶、散水等构件。接下来，根据员工宿舍楼的图纸，进行这部分构件的绘制学习。

14.1　楼梯的绘制

14.1.1　楼梯的属性定义

　　楼梯是建筑物中楼层之间的垂直交通工具，主要由梯段（踢面、踏面、梯梁）、栏杆扶手和中间休息平台组成。软件提供了多种楼梯的绘制样式，如直梯、螺旋梯段、U 形梯段、L 形梯段、自定义绘制的梯段等。

　　识读员工宿舍楼楼梯平面图，找出楼梯尺寸及位置等信息。具体操作步骤如下。

　　（1）将"项目浏览器"中"楼层平面"切换到 1F。单击"建筑"选项卡→"楼梯"，如图 14-1 所示。

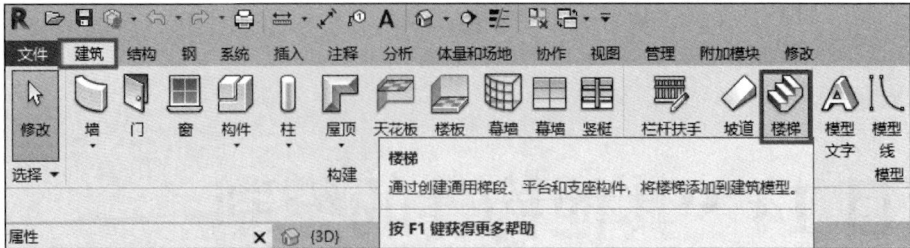

图 14-1　楼梯

（2）在"属性"面板中选择"整体浇筑楼梯"，单击"编辑类型"，在弹出的"类型属性"对话框，根据员工宿舍楼楼梯详图，修改"类型参数"中的数据，如图 14-2 所示。

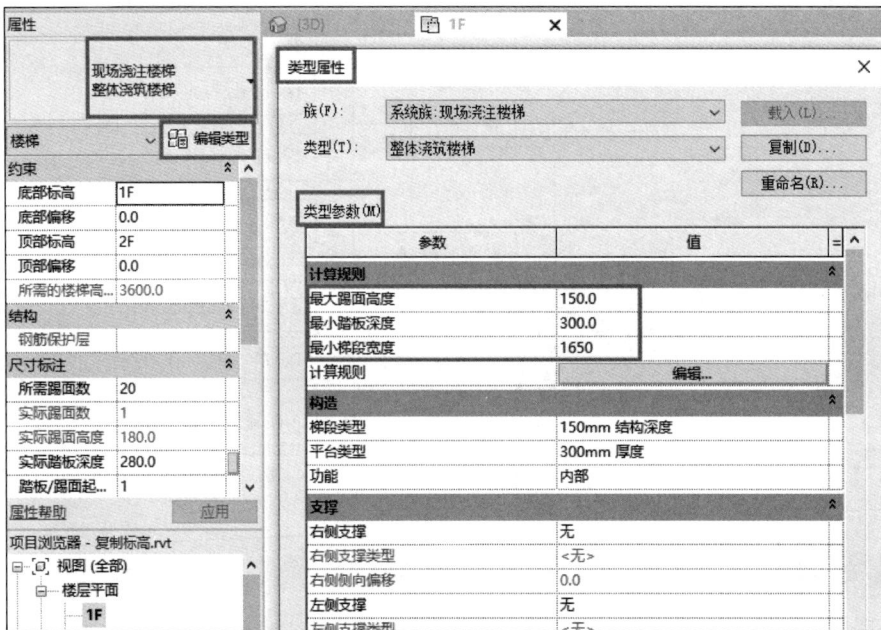

图 14-2　楼梯计算规则参数

（3）单击"梯段类型"的参数值，复制一个新的梯段命名为"120mm 结构深度"，将"结构深度"修改为"120"，如图 14-3 所示。

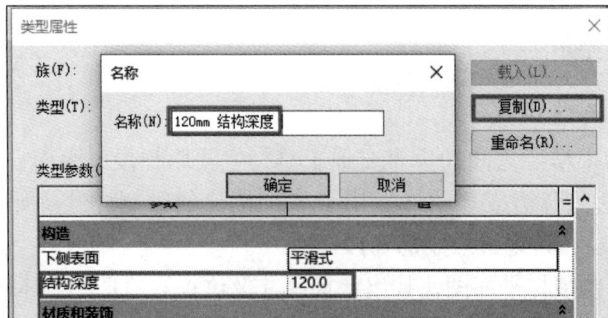

图 14-3　梯段结构深度

（4）单击"平台类型"的参数值，复制一个新的平台，将其命名为"100mm 厚度"，将"整体厚度"修改为"100"，如图 14-4 所示。

（5）修改"属性"面板中的"所需踏面数"和"实际踏板深度"数据，如图 14-5 所示。

图 14-4　设置平台整体厚度

图 14-5　踢面及踏板参数

14.1.2　楼梯的绘制与修改

（1）单击"修改|创建楼梯"选项卡中的"参照平面"，如图 14-6 所示。

图 14-6　"参照平面"选项卡

（2）根据员工宿舍楼楼梯平面图中梯段和休息平台的位置，绘制一条水平参照平面，并复制出其他水平参照平面，如图 14-7 所示。

（3）根据员工宿舍楼楼梯平面图中梯段及梯井的宽度，绘制一条竖直的参照平面，并复制出其他竖直参照平面，如图 14-8 所示。

（4）单击"修改|创建楼梯"选项卡中的"梯段"，依次捕捉并单击下图中的 4 个捕捉点，楼梯初步绘制完成，如图 14-9 所示。

（5）选中休息平台，拖拽向上的箭头，使其与第一条水平参照平面对齐，休息平台绘制完成，如图 14-10 所示。

（6）单击"修改|创建楼梯"选项卡中的"√"，完成楼梯的编辑模式，如图 14-11 所示。

图 14-7　水平参照平面

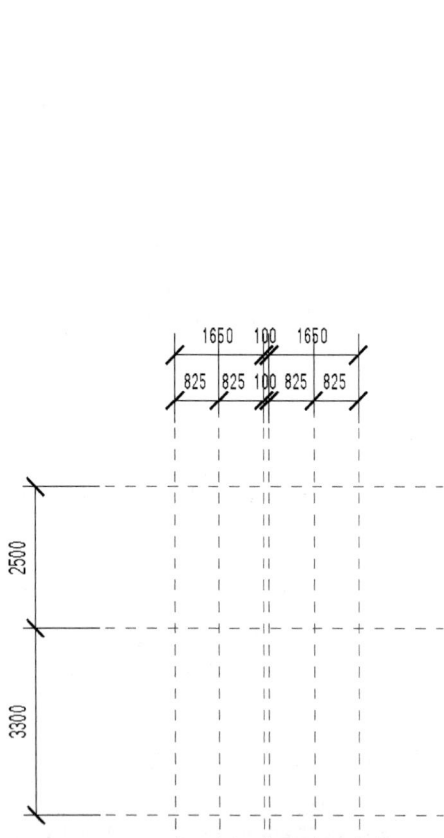

图 14-8　竖直参照平面

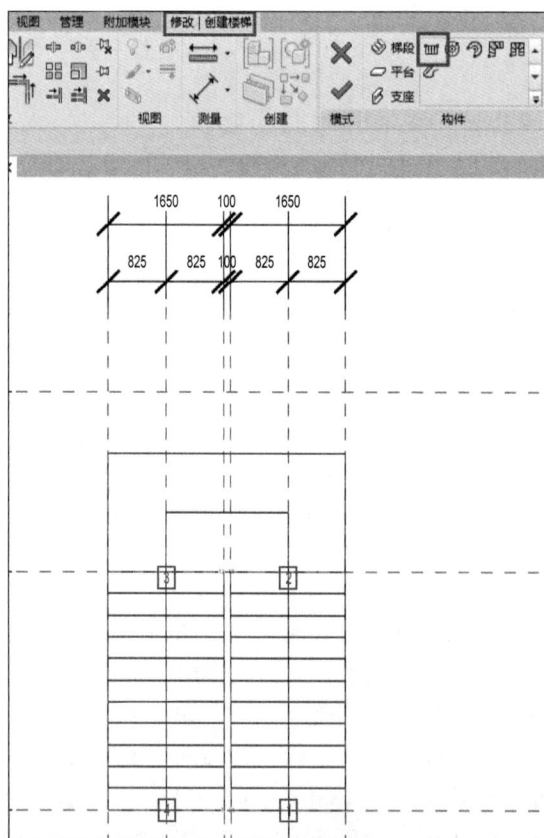

图 14-9　绘制楼梯

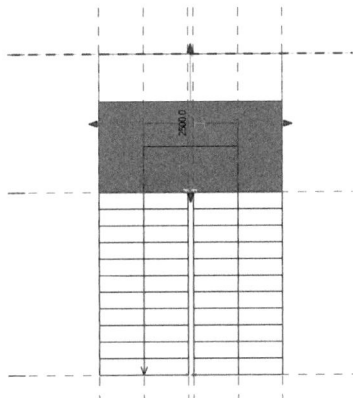

图 14-10   绘制休息平台

（7）楼梯的外侧为墙体且没有栏杆扶手，在 3D 状态下选中外侧的栏杆扶手并删除，如图 14-12 所示。

图 14-11   楼梯 3D 模型

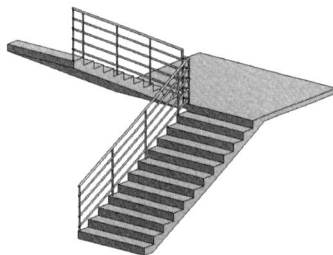

图 14-12   删除外侧楼梯栏杆

（8）框选楼梯，单击"修改|选择多个"选项卡中的"移动"，选择左上角作为移动捕捉点，将楼梯移动到正确位置，如图 14-13 和图 14-14 所示。

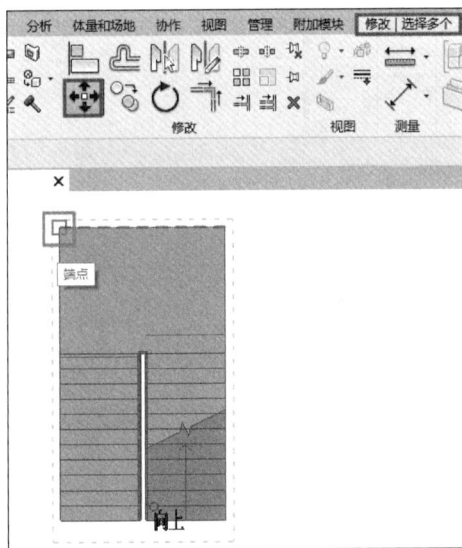

图 14-13   移动楼梯位置

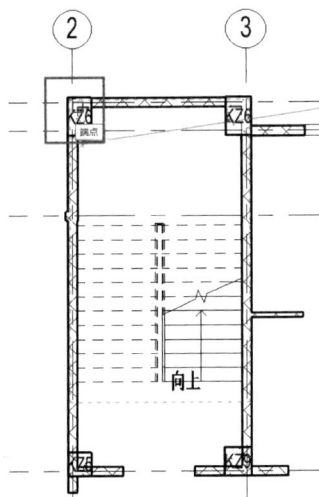

图 14-14   一层楼梯平面图

（9）设置梯梁 TL1 的属性，如图 14-15 所示。

图 14-15　设置 TL1 参数

（10）结合楼梯详图 TL1 的具体位置，分别在 E 轴和 G 轴绘制 TL1，如图 14-16 所示。

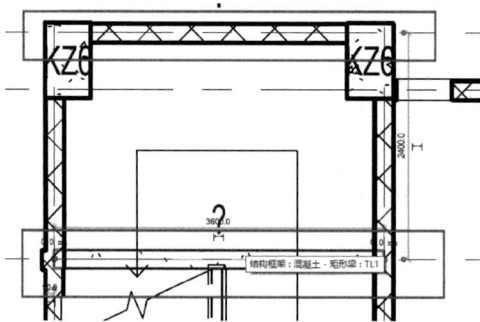

图 14-16　绘制 TL1

（11）设置梯柱 TZ1 的属性，如图 14-17 所示。

（12）结合楼梯详图 TZ1 的具体位置绘制 TZ1，如图 14-18 所示。

（13）单击绘图区域的剖切框，一层楼梯的三维剖切结果，如图 14-19 所示。

（14）一层楼梯与二层楼梯参数相同，复制一层楼梯到二层，如图 14-20 和图 14-21 所示。

（15）在"项目浏览器"中"楼层平面"切换到 3F，单击"建筑"选项卡中的"栏杆扶手"，单击"绘制路径"，如图 14-22 所示。

（16）在适当的位置绘制二层顶面栏杆的扶手路径，二层顶面栏杆延伸绘制完成，如图 14-23 和图 14-24 所示。

图 14-17 设置 TZ1 参数

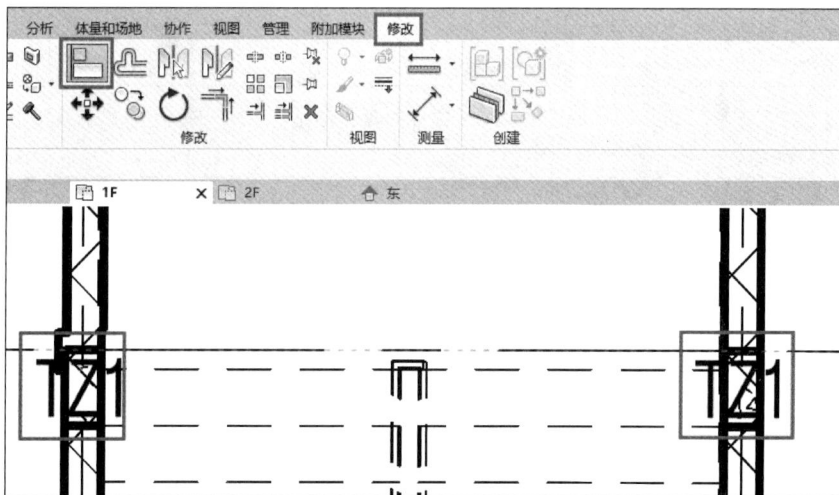

图 14-18 绘制 TZ1

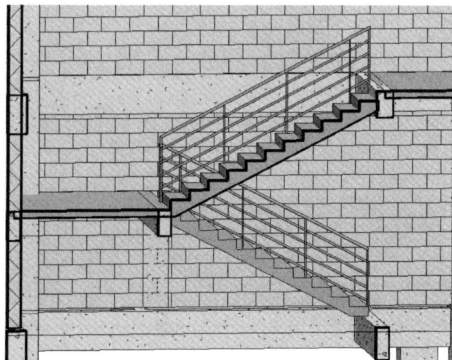

图 14-19 一层楼梯 3D 剖面模型

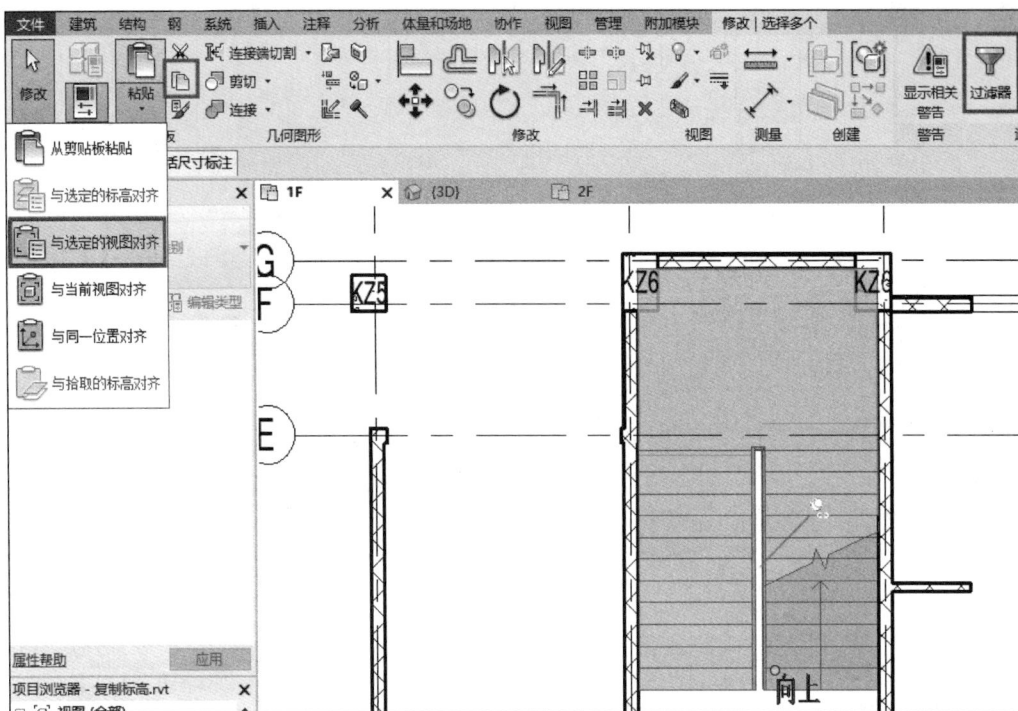

图 14-20　楼梯的复制粘贴

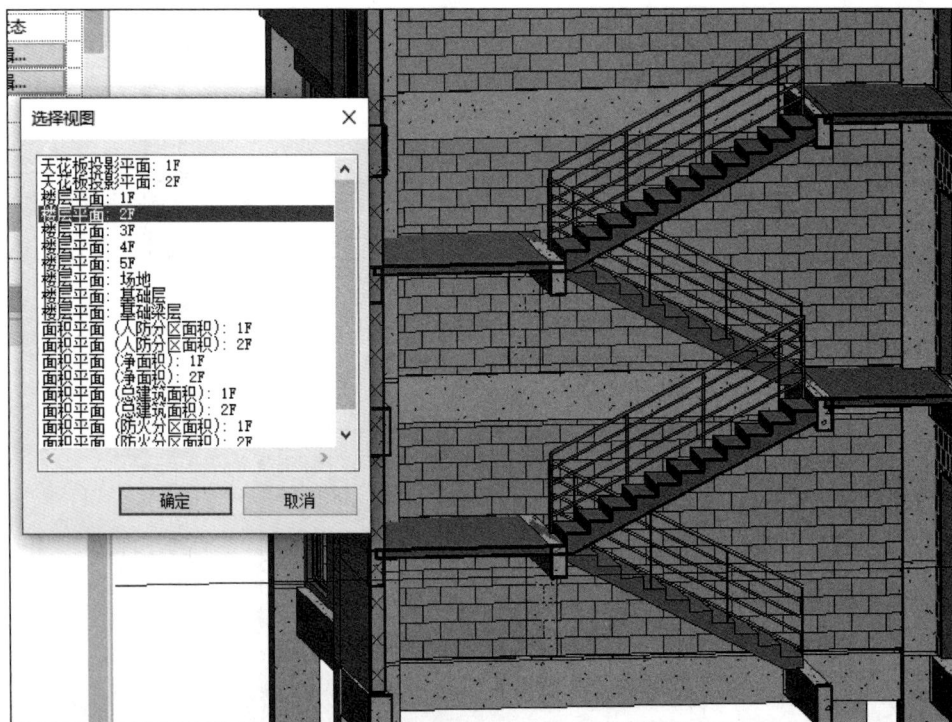

图 14-21　一层及二层楼梯 3D 剖面模型

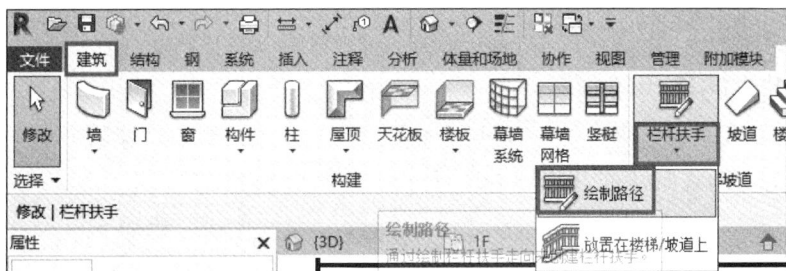

图 14-22　栏杆扶手绘制路径

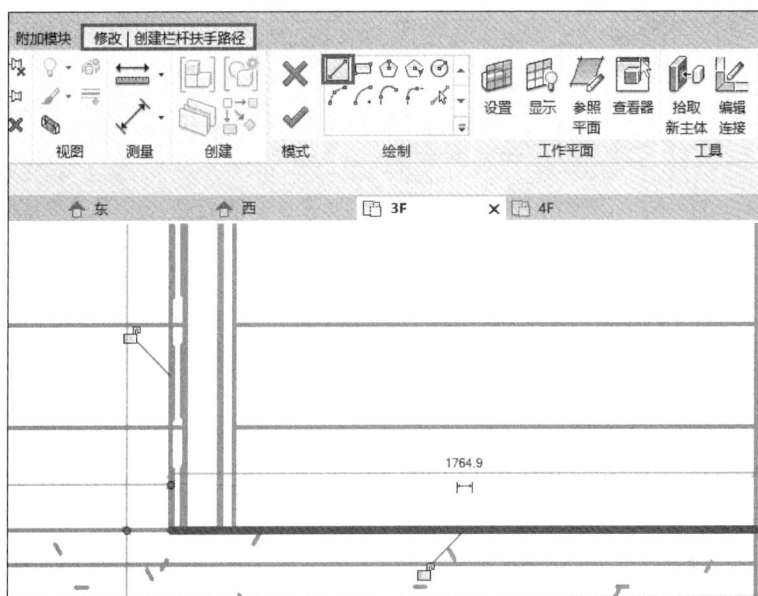

图 14-23　绘制栏杆扶手路径

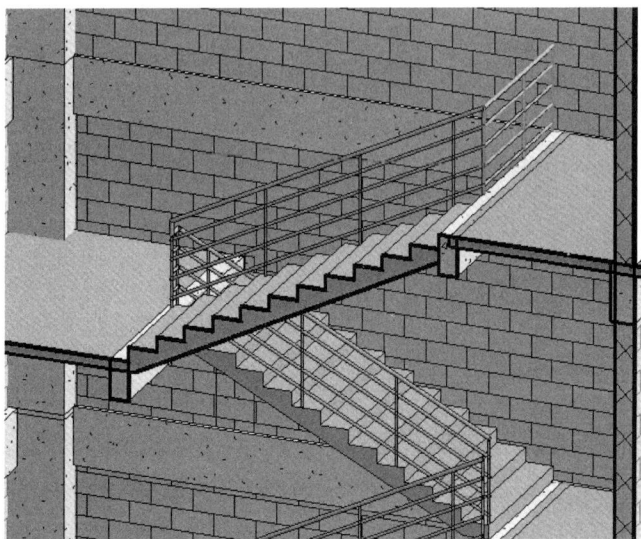

图 14-24　二层顶面延伸栏杆

14.2 散水的绘制

14.2.1 散水路径的绘制

（1）在"项目浏览器"中"楼层平面"切换到 1F，单击"建筑"选项卡，选择"构件"中的"内建模型"，如图 14-25 所示。

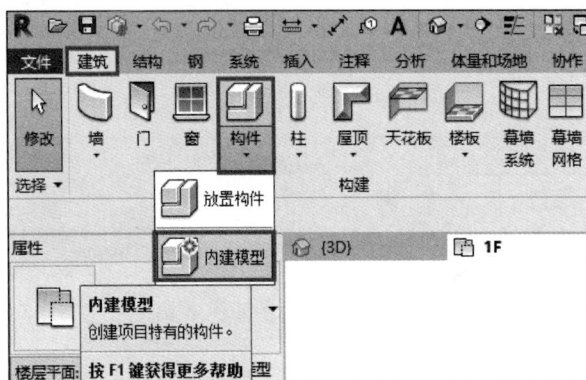

图 14-25 "内建模型"选项卡

（2）在弹出的"族类别和族参数"对话框中选择"常规模型"，单击"确定"按钮，在弹出的"名称"对话框中输入"散水"，如图 14-26 所示。

（3）进入散水族创建界面，单击"创建"选项卡中的"放样"，单击"修改 | 放样"选项卡中的"绘制路径"，如图 14-27 和图 14-28 所示。

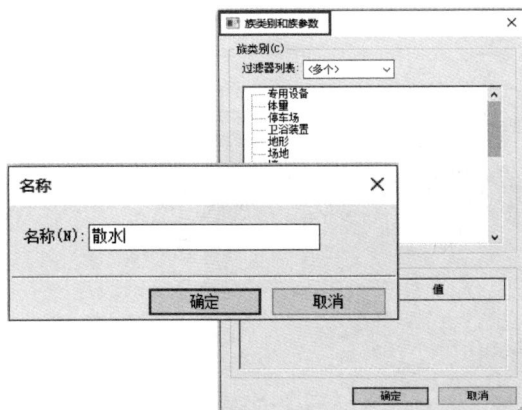

图 14-26 载入常规模型——散水

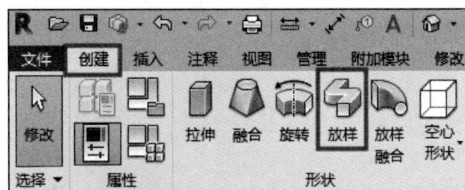

图 14-27 散水的创建放样

图 14-28 修改 | 放样绘制路径

（4）使用直线沿外墙外边线完成散水路径的绘制，如图 14-29 所示。

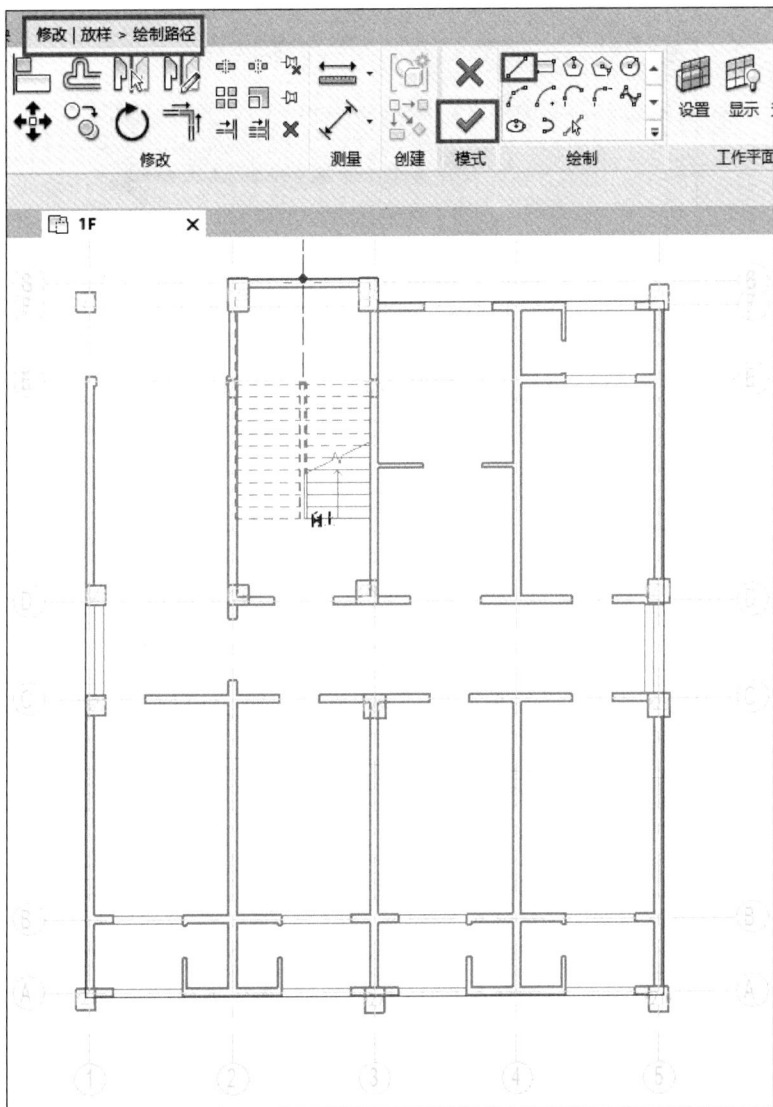

图 14-29　绘制散水路径

14.2.2　散水轮廓的绘制

（1）单击"修改 | 放样"选项卡中的"选择轮廓"，单击"编辑轮廓"，在弹出的"转到视图"对话框中选择"立面：西"，单击"打开视图"，如图 14-30 所示。

（2）使用直线绘制散水的轮廓，完成轮廓编辑，如图 14-31 所示。

（3）员工宿舍楼散水绘制完成，如图 14-32 和图 14-33 所示。

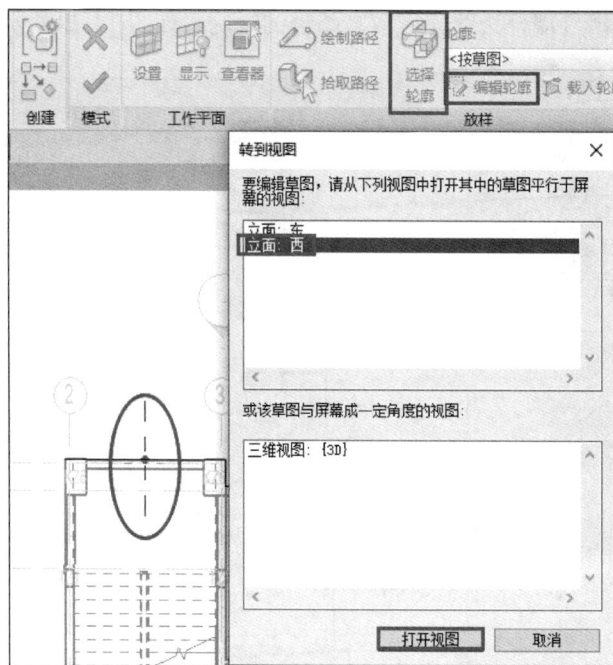

图 14-30 编辑轮廓选择视图——散水

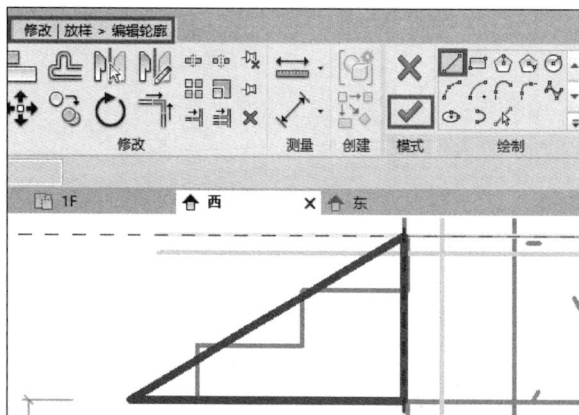

图 14-31 散水轮廓

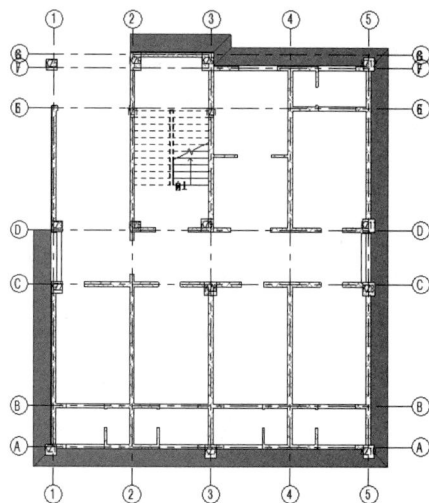

图 14-32 散水平面图

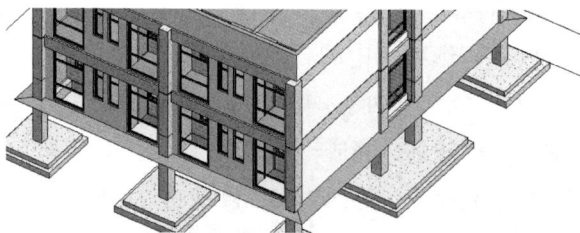

图 14-33 员工宿舍楼散水 3D 模型

14.3 台阶的绘制

14.3.1 台阶路径的绘制

（1）与散水相同，选择常规模型后命名为台阶，如图 14-34 所示。

（2）进行台阶的放样。台阶的路径如图 14-35 所示。

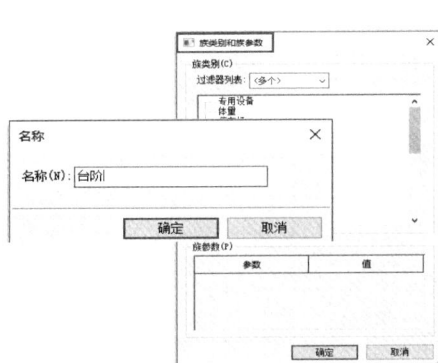

图 14-34 载入常规模型——台阶

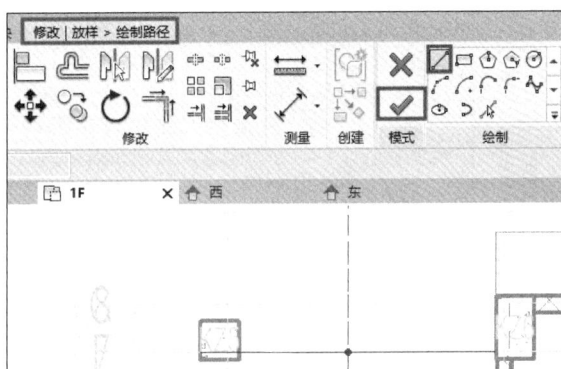

图 14-35 完成编辑台阶路径

14.3.2 台阶轮廓的绘制

（1）单击"修改 | 放样"选项卡→"选择轮廓"，单击"编辑轮廓"，在弹出的"转到视图"对话框中选择"立面：西"，单击"打开视图"，如图 14-36 所示。

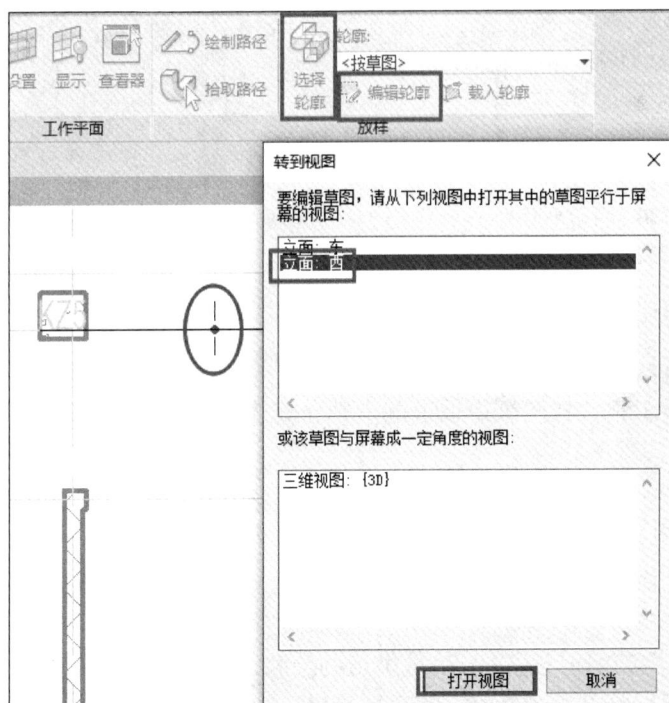

图 14-36 编辑轮廓选择视图——台阶

（2）使用直线绘制台阶的轮廓，完成轮廓编辑，如图 14-37 所示。

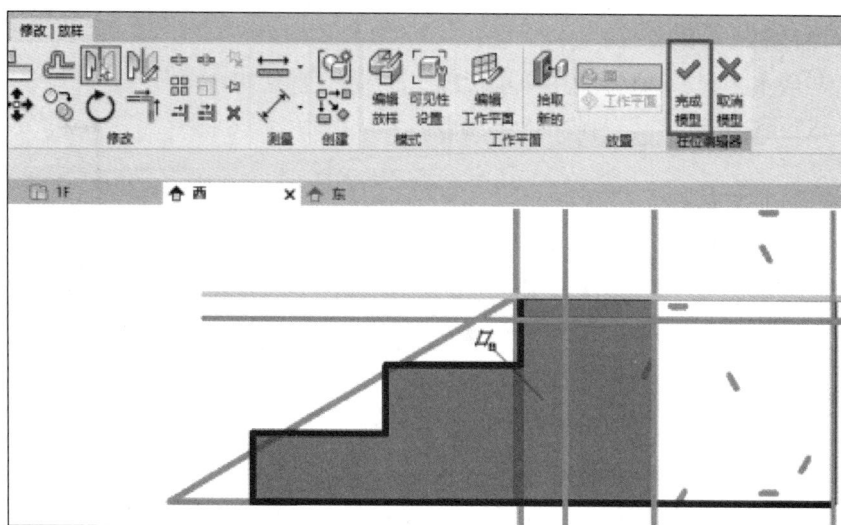

图 14-37　台阶轮廓

（3）员工宿舍楼台阶绘制完成，如图 14-38 和图 14-39 所示。

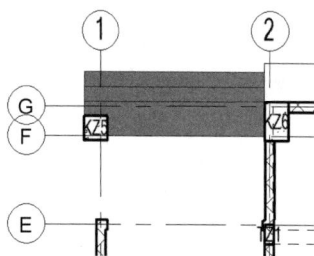

图 14-38　台阶平面图

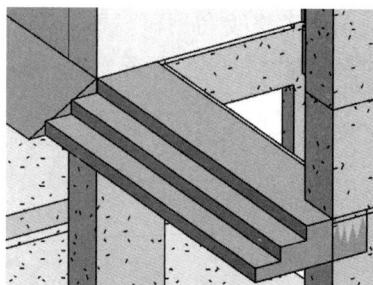

图 14-39　员工宿舍楼台阶 3D 模型

14.4　坡道的绘制

（1）在"项目浏览器"中，将"楼层平面"切换到 1F，单击"建筑"选项卡→"坡道"。根据员工宿舍楼图纸中坡道的参数，修改"属性"面板中坡道的参数值，如图 14-40 所示。

（2）单击"修改|创建坡道草图"选项卡→"参照平面"，完成坡道参照平面的绘制，如图 14-41 所示。

（3）单击"修改|创建坡道草图"选项卡→"梯段"，绘制坡道的轮廓线，如图 14-42 所示。

（4）将坡道移动到正确位置，完成坡道的绘制，如图 14-43 和图 14-44 所示。

（5）与楼梯栏杆扶手绘制方法相同，分别绘制坡道栏杆扶手的外侧和内侧，如图 14-45 和图 14-46 所示。

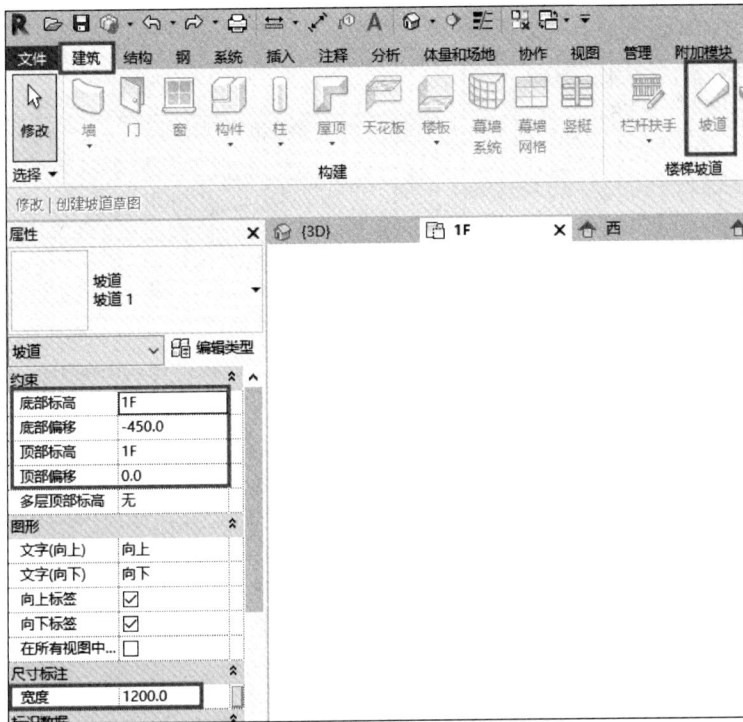

图 14-40 坡道参数

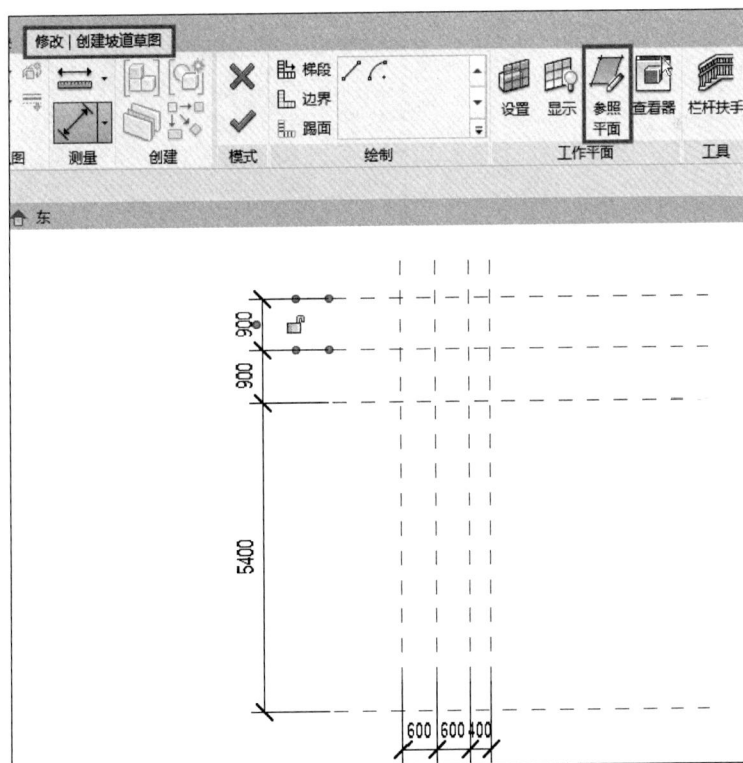

图 14-41 绘制坡道参照平面

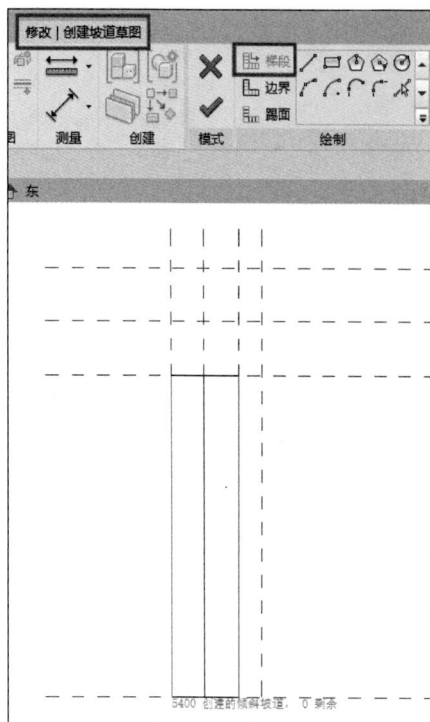

图 14-42　坡道轮廓线

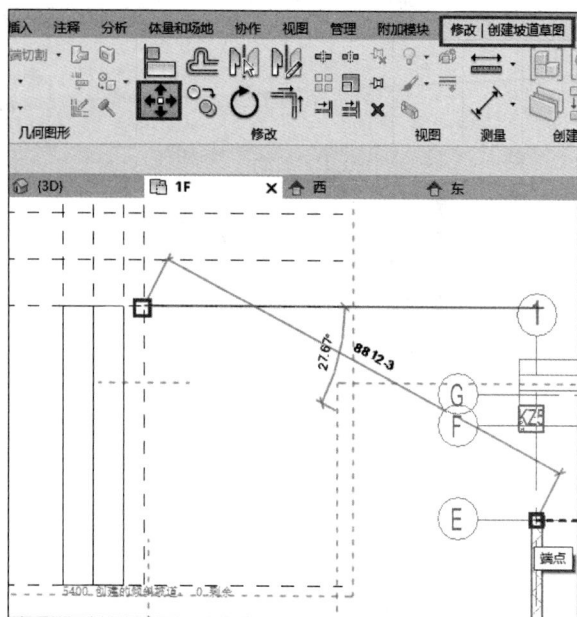

图 14-43　移动坡道位置

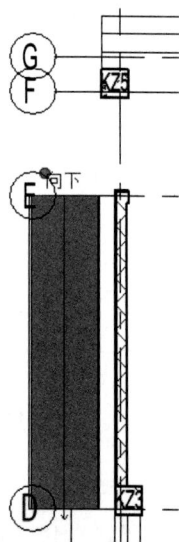

图 14-44　坡道平面图

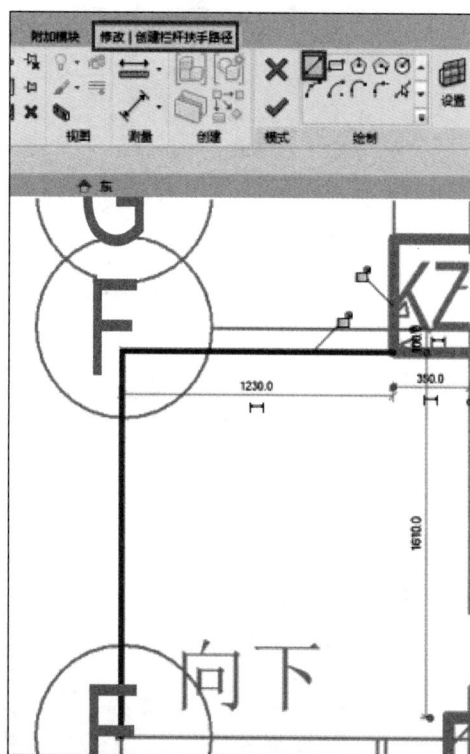

图 14-45　外侧栏杆扶手路径

（6）员工宿舍楼坡道绘制完成，3D 模型如图 14-47 所示。

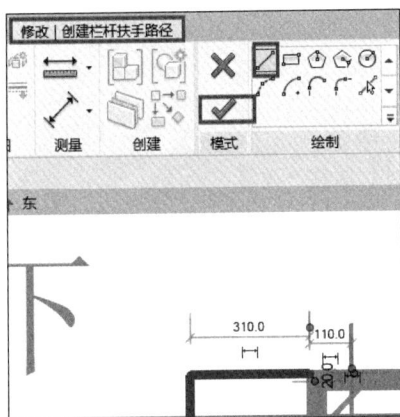

图 14-46 内侧栏杆扶手路径

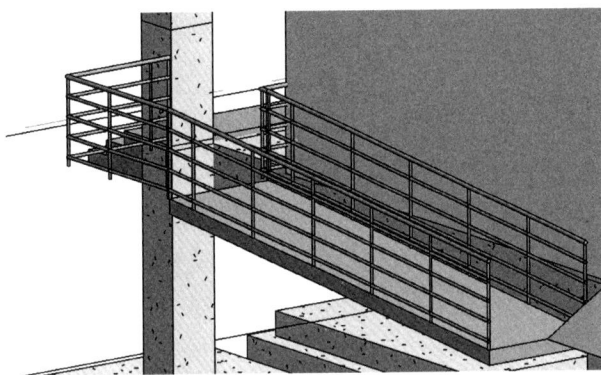

图 14-47 员工宿舍楼坡道 3D 模型

习题

1. 台阶有哪些创建方法？

2. 如何定义楼梯的栏杆样式？

3. 练习创建员工宿舍楼的楼梯、散水、台阶、坡道。

参 考 文 献

[1] 郑贵超 . 建筑识图与构造 [M]. 2 版 . 北京：北京大学出版社，2014.

[2] 邬京虹，夏玲涛 . 建筑构造与识图 [M]. 3 版 . 北京：机械工业出版社，2024.

[3] 肖芳 . 建筑构造 [M]. 3 版 . 北京：北京大学出版社，2021.

[4] 李元玲，简亚敏，陈夫清 . 房屋建筑构造 [M]. 北京：北京大学出版社，2014.

[5] 匡星 . 建筑识图与构造 [M]. 2 版 . 北京：北京出版社，2000.

[6] 郭进保 . 中文版 Revit2016 建筑模型设计 [M]. 北京：清华大学出版社，2016.

[7] 陈凌杰，凌标锋，卓海旋 . BIM 应用：Revit 建筑案例教程 [M]. 北京：北京大学出版社，2022.

[8] 史瑞英，王亚茹，张磊 . 房屋建筑构造与 BIM 技术应用 [M]. 北京：化学工业出版社，2019.

附录

教材附图——员工宿舍楼建筑及结构施工图

模型文件——员工宿舍楼